Mythos Strategie

Hans Bürkle (Hrsg.)

Mythos Strategie

Mit der richtigen Strategie
zur Marktführerschaft

Die Erfolgsstrategien von 15 regionalen
und globalen Marktführern

2., aktualisierte und ergänzte Auflage

 Springer Gabler

Herausgeber
Hans Bürkle
Nierstein, Deutschland

ISBN 978-3-8349-3596-0   ISBN 978-3-8349-3597-7 (eBook)
DOI 10.1007/978-3-8349-3597-7

Die Deutsche Nationalbibliothek verzeichnet diese Publikation in der Deutschen Nationalbibliografie;
detaillierte bibliografische Daten sind im Internet über http://dnb.d-nb.de abrufbar.

Springer Gabler
© Gabler Verlag | Springer Fachmedien Wiesbaden 2010, 2012

Lektorat: Ulrike M. Vetter
Einbandentwurf: KünkelLopka GmbH, Heidelberg

Gedruckt auf säurefreiem und chlorfrei gebleichtem Papier

Springer Gabler ist eine Marke von Springer DE.
Springer DE ist Teil der Fachverlagsgruppe Springer Science+Business Media
www.springer-gabler.de

Für den Visionär Wolfgang Mewes

Vorwort

Dies ist ein Buch für Unternehmer kleinerer und mittlerer Unternehmen (KMU), für Führungskräfte und für jene, die es werden wollen – nämlich Existenzgründer.

Jeder Unternehmer hat sein Geschäftsmodell, sonst würde er nicht existieren. Hat er jedoch die für ihn beste Strategie? Oder steckt er gar auf der Suche danach in einem Tohuwabohu von strategischen Erfolgsmodellen? Die Analyse von erfolgreichen Unternehmen zeigt, dass es gar nicht so schwierig ist, vom Stadium des planlosen „Wurschtelns" zu einem zielorientierten Verhalten zu kommen, das im Markt hervorragende Ergebnisse erzielt.

Die Fallbeispiele in diesem Buch – vom Existenzgründer bis hin zum Weltmarktführer – basieren alle auf dem gleichen Strategieansatz. Dabei handelt es sich nicht um Strategiemodelle, wie sie in der Literatur häufig beschrieben werden und die als frühere Kriegsstrategien einfach auf Managementsituationen übertragen werden. Die hier aufgezeigte Strategie basiert nicht auf „Kampf", sondern auf Integration und Kooperation. Es handelt sich dabei um die „Engpass-konzentrierte Strategie" (EKS®) von Wolfgang Mewes. Sie ist einerseits sehr einfach in den Grundzügen, passt jedoch auf der anderen Seite nicht so recht in das Bild der herkömmlichen ökonomischen Lehren. Sie ist das einzige Strategiemodell, das sich konsequent am Kundennutzen (präziser: an den Engpässen der jeweiligen Zielgrupppe) ausrichtet und darüber hinaus den eigenen Erfolg optimiert.

Mit der richtigen Strategie heben sich diese Mittelständler (hidden champions, so benannt von Hermann Simon) wohltuend von Großunternehmen ab, die politisch gefördert werden und dennoch kaum Steuern zahlen und bei der Schaffung von Arbeitsplätzen an hinterer Stelle stehen. Aufgrund der nutzenorientierten Geschäftsstrategie können die zumeist familiengeführten Unternehmen als Leitbilder gesehen werden: Sie entwickeln konsequent Innovationen und die meisten hier beschriebenen KMU haben Preise gewonnen als „kundenfreundliches Unternehmen" (das sollte eigentlich selbstverständliches Ziel jedes Unternehmens sein). Sie denken und handeln langfristig, sehen Kundenprobleme und -wünsche als Chance, lösen Engpässe zügig zum Nutzen der Zielgruppe, der verbundenen Partner, Lieferanten und Kommunen.

So ist es nicht vermessen, solche innovativen Unternehmen, besser die UnternehmerInnen, als echte Elite zu benennen. Eliten sind Vorbild durch ihr am Gemeinwohl orientiertes Tun, vor allem auch dadurch, dass sie für sich selbst und die Familie sorgen, ohne bei geringstem Bedarf nach Fürsorge staatlicher oder halbstaatlicher Einrichtungen zu rufen. Nach außen pflegen sie den rationalen Altruismus. Sie wissen, dass sie sich selbst nur nutzen, wenn sie der Gemeinschaft nützen. Ihr Ziel ist es, mit ihrem Unternehmen langfristig Werte zu schaffen. Solche Elite-Unternehmen brauchen wir mehr, und das gelingt mit der hier aufgezeigten Strategie.

Was erwartet den Leser im Teil I? Um das EKS-Modell ansatzweise zu verstehen, wird zunächst der Schleier des Mythos um den Begriff Strategie gelüftet und das Paradigma der Gewinnorientierung in Frage gestellt. Wer direkt in die konkreten Fallbeispiele des Teils 2 einsteigen und die Lehren der darin dargestellten Marktführer auf die eigene Situation übertragen will, kann Teil I überspringen.

Teil III widmet sich der höheren Kunst, die richtige Strategie im Markt zu verankern, dem Franchising. Unter dem Motto von Wolfgang Mewes „Schöpfe, programmiere, multipliziere" werden äußerst erfolgreiche Geschäftsmodelle vorgestellt, die für Unternehmer von Interesse sind, die schnell expandieren wollen, um Marktführer zu werden. Dieser Teil ist zudem für Existenzgründer wichtig, die bei Franchiseunternehmen Partner werden und/oder die EKS als Basis für Existenzgründungsideen nutzen möchten.

In Teil IV finden sich weitere Erfolgsbausteine der EKS, und Professor Wolfgang Mewes kommt dort zu Wort.

Das Anliegen des Buches ist es, die Leser mit einer Strategie vertraut zu machen, die aus der Praxis für die Praxis entwickelt wurde und eine Vielzahl von Unternehmen in eine (teils welt-) marktführende Position gebracht hat. Die hier dargestellte Strategie bedarf keines aufwändigen MBA-Studiums; sie ist einfach erlern- und praktizierbar und unterliegt keinen Modeströmungen. Die aufgezeigten konkreten Unternehmenserfolge basieren alle auf denselben strategischen Bausteinen. Mit der EKS und ihren Instrumenten sind ähnliche Erfolge leichter zu erreichen, und in diesem Sinne wünsche ich allen LeserInnen mehr Erfolg mit der richtigen Strategie.

Besonderen Dank darf ich den Unternehmern aussprechen, die ihre Fälle zur Verfügung gestellt haben, den Interviewpartnern und Beraterkollegen und insbesondere Wolfgang Mewes, der uns allen und seinen tausenden Schülern ein universell gültiges Wissen zur Lösung unternehmerischer und gesellschaftlicher Aufgaben an die Hand gab.

Sehr erfreulich ist, dass die aufgezeigten Erfolgsfälle keine Eintagsfliegen waren, sondern dass die jeweiligen Unternehmenserfolge nachhaltig sind und in der vorliegenden zweiten und aktualisierten Auflage ihre Berücksichtigung finden konnten.

Hans Bürkle

Herausgeber

Inhaltsverzeichnis

Teil III
Marktführer werden per Franchise

Teil IV
Erfolgsbausteine der Engpass-konzentrierten Strategie

Teil I

Kundennutzen – das A und O der Strategie

Mythos Strategie – mit der richtigen Strategie zur Marktführerschaft

Hans Bürkle

Wirtschaft und Gesellschaft befinden sich in äußerst unruhigen Zeiten. Unternehmer und Politiker suchen vermehrt nach stabilisierenden und richtungweisenden Konzepten. Dieses Buch liefert ein strategisches Kerngerüst, dargestellt an konkreten Praxisfällen, um das Risiko unternehmerischer Fehlentscheidungen durch den Einsatz methodischer Arbeitsinstrumentarien zu mindern.

Jedermann meint eine Strategie zu haben. Tagtäglich wird in der Presse über erfolgreiche und nicht erfolgreiche Strategien berichtet. Der Begriff Strategie hat jedoch fast nie dieselbe Bedeutung. Bei seiner Definition scheiden sich die Geister.

So gibt es Werbestrategien, Personalstrategien, politische Strategien, militärische Sukzessivstrategien, die Strategie der Kostenführerschaft und viele andere mehr. In Managementseminaren und Unternehmerworkshops werden in den Diskussionen meist zwei Kategorien herausgeschält: erstens Strategie als Methode oder Vorgehensweise und zweitens Strategie als Langfristplanung; beide Kategorien treffen jedoch nicht den Kern der Sache, auch wenn sie bei Unternehmern und Führungskräften weit verbreitet sind.

Einer Strategie werden Euphorie und Siegesgewissheit unterstellt und militärische Erfolge der uralten Strategen wie Alexander der Große mystifiziert. Der Mythos „Strategie" wird seit Jahrhunderten von verschiedenen Interessengruppen instrumentalisiert, ohne den Begriff zu präzisieren und zu einer plausiblen Vereinheitlichung zu führen.

Wenn die Strategie eines Unternehmens Ziel führend sein soll, dann ist es für Wirtschaft und Management unerlässlich, von einem unverwechselbaren, eindeutigen Strategiebegriff auszugehen. Nur auf dieser Grundlage können klare Konzepte entwickelt, operative Entscheidungen abgeleitet und Kontrollen wirkungsvoll eingesetzt werden. Das Herausarbeiten einer strategisch unangreifbaren Grundlage mit ihrer praktischen Nutzanwendung ist für erfolgreiche Existenzgründungen genauso wesentlich wie die nachhaltige Weiterentwicklung von Unternehmen.

Ausgehend von den verbreiteten Strategie-Definitionen und deren Mythos geht es hier um das Wesentliche der Strategie, nämlich wie man den Wirkungsgrad „sozio-technischer" Systeme optimiert. Es wird modellartig und an vielen Praxisbeispielen erfolgreicher Unternehmen aufgezeigt, wie eine richtige Strategie aussieht, welche Regeln dahinter stehen und wie sie von anderen Unternehmern, Geschäftsführern und Führungskräften ebenso erfolgreich umgesetzt werden kann: Eine Strategie zur Entwicklung von Unternehmen und zur Sicherung von Erfolgen, auch im internationalen Spannungsfeld.

Strategie und Mythos

Bücher über strategisches Denken von Sun Tsu bis Jack Welch füllen ganze Bücherregale. Ob Mitarbeiterführung, feindliche Übernahmen, Lean Management oder globale Expansionsfeldzüge – zu beinahe jeder Managementherausforderung der Gegenwart gibt es bei den Militärstrategen der Vergangenheit ein exotisches Bonmot. Und damit ist der konfliktbezogene Strategie-Begriff meist mit Kampf und Tod verbunden. Alle sogenannten Strategen der vergangenen Jahrhunderte waren „Kriegshelden" im weitesten Sinne. Zu ihnen gehören u. a. General Sun Tsu (um 500 v. Chr.), Hannibal (246 - 183 v. Chr.), Alexander der Große (356 - 323 v. Chr.), Napoleon Bonaparte (1769 - 1821), Carl von Clausewitz (1780 - 1831), Erwin Rommel (1891 - 1944), Winston Churchill (1874 - 1965), Basil Liddell Hart (1895 - 1970), Mao Tse-tung (1893 - 1976), um nur die Bekannteren zu nennen.

Dass diese Figuren seit langem tot sind, gilt offenbar weniger als Manko denn als Gütesiegel: In einer immer komplexeren Welt suchen Führungskräfte vom Abteilungsleiter bis zum Konzernlenker offenbar nach historischen Wahrheiten, allen Umbrüchen zum Trotz. Dabei sind es heute eher Ammenmärchen.

Der Strategiebegriff wird vorrangig noch gebraucht mit Blick auf Heroisches, Gewalttaten Verherrlichendes bis hin zu groß angelegten Vorhaben. Erfolgsmythen aus der Militärgeschichte besetzten den Begriff Strategie positiv: Strategen seien Gewinner! Das *Großartige* führte dann – obwohl gemordet wurde – zur Mystifizierung.

Ein Beispiel für den Mythos von Militärstrategen ist aktuell: Obwohl Mao Tse-tung Millionen seiner eigenen Leute in den Tod trieb und in der Kulturrevolution einen Großteil der chinesischen Kultur vernichtete, wird er noch heute von vielen Chinesen verehrt, und sein Konterfei findet man auf den heutigen chinesischen Banknoten.

Begriffe der Militärstrategie schwappten mit dem Zweiten Weltkrieg und seinen Folgen hinein in die Wirtschaftszentralen der westlichen Welt. Operations-Research-Modelle wurden für Managementprozesse verfeinert. Heute noch heißen die Vorstände bzw. Mitglieder der Geschäftsführung vieler Unternehmen Chief Executive Officer (CEO) und CIO oder COO.

Werden die Mythen um die Kriegsveteranen beiseite gelassen, findet man den Kern der „Strategie" und kann sich auf eine klare Definition einigen.

Mittlerweile sind die strategischen Grundlagen erforscht und ohne „Kriegserklärung" für Unternehmen nutzbar. Eine Solidaritäts-Strategie wirkt besser als eine Sanktions-Strategie.

Von der Langfristplanung zur Meta-Strategie

Topmanager – so zeigen es unsere Strategieseminare – betrachten die Beschäftigung mit strategischen Fragen als ihre dringendste Aufgabe. Zugleich können wir feststellen, dass im Tagesgeschäft dieses Thema sträflich vernachlässigt wird und dass es große Unsicherheit bei der Bestimmung des Begriffs Strategie gibt. In der Fachliteratur findet sich bislang keine einheitliche Definition des Strategiebegriffs (vgl. Bickhoff, S. 5). Er wird meist synonym mit dem Terminus „Langfristplanung" oder „strategische Planung" verwandt, analog zum Begriff Taktik für Kurzfristplanung. Damit wurde ein Paradigma zementiert, das bis zum heutigen Tage Gültigkeit besitzt: Als vorherrschende Meinung gilt demnach die Auslegung: Strategie ist die Art und Weise, wie ein gesetztes Ziel zu erreichen ist. (Offene Frage: Wer bestimmt dann das Ziel?)

Gleichwohl brachten Theorien zur Kriegskunst strategische Auffassungen hervor, die heute modern anmuten. Der Chinese Sun Tzu erkannte bereits um 500 v. Chr. die Notwendigkeit, eigene Bedürfnisse und Verhaltensweisen und jene des Gegenübers in die (Kriegs-)Strategie einzubeziehen: „Wenn du den Feind und dich selbst kennst, wirst du keine Schlacht verlieren" (Clavell, S. 39). Und hebt man die Strategie-Definition der renommierten deutschen Clausewitz-Gesellschaft aus dem militärisch-politischen Umfeld heraus, so bezeichnet Strategie schlicht die *Art und Weise, wie vorhandene (Streit-)Kräfte optimal eingesetzt werden* (Clausewitz, S. 157).

Allein die Frage des Kräfteeinsatzes entscheidet über Erfolg und Misserfolg, nicht dagegen die Langfristplanung, die fälschlicherweise mit Strategie gleichgesetzt wird. In einer Welt, die sich weniger denn je genau planen lässt, nimmt naturgemäß die Bedeutung der Planung ab.

Bis zum heutigen Tage wird Strategie im konventionellen Sinne als Vorgehensweise verstanden, um ein einmal gesetztes Ziel durch eine möglichst optimale Planung zu erreichen. Dieser Ansatz begrenzt jedoch das Denken des Unternehmers und beschränkt sein Handeln weitestgehend auf die Steigerung der betrieblichen Effizienz, in der Hoffnung auf höhere Erträge. Ein wenig erfolgversprechender Weg, wie Michael E. Porter in seinem Aufsatz „Strategie" im Harvard Business Manager darlegt (Porter, S. 42 ff.).

Modernes Strategiedenken hingegen ordnet den Zielfindungsprozess dem Gesichtspunkt des optimalen Kräfteeinsatzes unter: Strategie ist eben nicht Mittel zur Zielerreichung, sondern im Sinne einer Meta-Strategie *Ausgangspunkt* des unternehmerischen Verhaltens. Erst nach Klärung grundsätzlicher Sinnfragen folgt die Bestimmung des Ziels und des „Wie" zur Zielerreichung.

Das Verständnis von Strategie bewegt sich somit auf zwei ganz unterschiedlichen Ebenen, wie die Abbildung 1 zeigt.

Konventionelles Strategiedenken	Modernes Strategiedenken (EKS)
Meta-Strategie Grundsätze: Eigener Gewinn, „militärische Planspiele", Erfolg kurzfristig, Wettbewerbsorientierung	**Meta-Strategie** Grundsätze: Nutzen bieten, wechselnder Minimumfaktoreinsatz, Erfolg langfristig, Kooperation
Ziel-Setzung meist *quantitativ*	**Ziel-Findung** *qualitativ* (Engpassorientierung bei der Zielgruppe)
Strategie (a) vorrangig als Langfristplanung	**Strategie (b)** vorrangig die Selbstorganisation nutzend
Denken an Marktanteile, größten Bedarf	**Denken an Zielgruppen, dringendsten Bedarf, Engpassüberwindung**

Abbildung 1: *Strategisches Denken im Vergleich*

Mit der Meta-Strategie werden Wirkungsbereich und Nutzenthema des vorgesehenen Geschäfts entwickelt, was dann zu konkreten Business-Zielen führt. Und diese Ziele müssen Nutzen-Ziele sein. Nutzen-Ziele deshalb, weil es schließlich die ureigene Aufgabe einer Unternehmung ist, einen volkswirtschaftlichen Nutzen zu bringen. Von der Umwelt-, besser der Markt- oder Kundenseite her, muss die jeweilige Strategie entwickelt werden. Fredmund Malik ist einer der wenigen, die den Kundennutzen konsequent als Ausgangspunkt der Geschäftsstrategie beschreiben. Meta-Strategien mit dem Aspekt des Kampfes, der Zerstörung, der Ausrichtung gegen den Wettbewerb haben ausgedient. Sanktionsmacht führt zu Widerstand gegen „mächtige" Unternehmensführungen, Solidaritätsmacht führt zur Stärkung der unternehmerischen Entfaltung.

Entwicklung von Strategiekonzepten

Porter zeigt in seinen Ausführungen zutreffend, dass Effizienzsteigerungsmodelle (wie Lean Management) mühelos von Wettbewerbsbetrieben nachgeahmt werden (können) und somit keine dauerhaft herausragende Marktposition gewährleisten. Wer dieses Ziel erreichen wolle, müsse seine unverwechselbaren Stärken (Differenzeignung) in ein System einzigartiger, kaum imitierbarer Geschäftsaktivitäten fließen lassen. Strategie ist nach Porter das Schaffen dieser einzigartigen und werthaltigen Marktposition „unter Einschluss einer Reihe differenter Geschäftstätigkeiten" (Porter, S. 48).

Roman Stöger kommt zu folgendem Schluss: „Die Gegenwart ist durch zwei an sich gegenläufige Tendenzen gekennzeichnet. Nach wie vor bestimmen verschiedene Modeerscheinungen die Diskussion, wie etwa Customer Relationship Management (CRM), Geschäftsmodell (Business Model) oder akademische Dehnungsübungen, wie etwa der Streit um ‚Market Based View' oder ‚Resource Based View'. Gleichzeitig ist aber auch zu beobachten, dass sich die Praktiker nicht mehr von jedem neuen Konzept blenden lassen. Viele Führungskräfte besinnen sich auf bewährte Orientierungspunkte, wie etwa Kundennutzen, Marktanteil und Konzentration auf das Kerngeschäft" (Stöger, S. 7).

Schwarzweiß-zeichnend können wir also differenzieren zwischen der im Volksmund üblichen

- Strategie zur Ziel- oder Projekterreichung einerseits (Langfristplanung) und

- einer (Meta-)Strategie zur Gestaltung von Regeln und Prozessen, damit das sozioökonomische System erfolgreich Leistungen für die Umwelt (Markt) entwickeln und sich langfristig durchsetzen kann.

Dieses Buch befasst sich speziell mit den Spielregeln und Verhaltensmustern der „Meta-Strategie", und in diesem Sinne wird bei den nachfolgenden Beiträgen der Begriff Strategie so gebraucht.

Der Systemanalytiker Wolfgang Mewes hatte bereits in den 70er Jahren völlig unabhängig vom damaligen Strategiemuster die „Engpass-konzentrierte Strategie" (EKS) entwickelt. Seither ist sie in vielen Unternehmen erfolgreich angewendet worden. Strategie ist in der Mewes'schen Managementlehre nicht Instrument zur unternehmerischen Zielerreichung, sondern der systemische Grundsatz für jegliches ökonomisches Denken und Handeln.

Während Porter die *Orientierung an Kundenbedürfnissen* als eine von drei möglichen strategischen Positionierungsoptionen betrachtet, ist diese in der EKS Dreh- und Angelpunkt aller unternehmerischen Aktivitäten. Diese Strategie lässt als einzige Produkte und Dienstleistungen entwickeln und anbieten, indem konsequent vom drängendsten Bedürfnis („Engpass") des Kunden ausgegangen wird. Damit wird Nutzwertsteigerung statt Gewinnmaximierung zum vorrangigen Unternehmensziel erklärt. Wird ein echter Kundennutzen geboten, verbessert sich über die Bindung an das Unternehmen fast automatisch der Gewinn.

Das EKS-Prinzip funktioniert bei Großunternehmen ebenso wie bei kleinen und mittleren Unternehmen. Sie verzeichnen mit der EKS spektakuläre Erfolge: Ein Türen-Schreiner mit stagnierendem Umsatz entwickelte ein Türenbeschichtungsverfahren mittels einer neuartigen Kunststofffolie. Daraus entstand Portas, der Marktführer in der Franchise-Szene für die Wohnungsrenovierung. Eine württembergische Schraubengroßhandlung wuchs mit der richtigen Strategie vom Drei-Mann-Betrieb zu einem internationalen Konzern, der mit über 65.000 Mitarbeitern in 84 Ländern präsent ist und die 9-Milliarden-Euro-Umsatzgrenze überschritten hat (Würth, S. 53 ff.). Eine Gärtnerei entwickelte ein Konzept für die Dachbegrünung und ist darin heute als Optigrün international AG der führende Anbieter dank der nutzenorientierten Strategie. Optigrün erhielt übrigens 2010 den Baden-Württembergischen Landespreis. Die Strategie als Werkzeug zur Nutzenstiftung setzt sich glücklicherweise immer mehr durch.

Der Paukenschlag 1970

Der Systemforscher und Kybernetiker Wolfgang Mewes stillte mit seinen inzwischen klassischen Fernlehrprodukten den betriebswirtschaftlichen Fortbildungsbedarf von Unternehmern und Freiberuflern im westlichen Nachkriegsdeutschland der 1950er und 60er Jahre. Aus der Analyse der unterschiedlichen Karrierewege seiner Schüler und Kunden entwickelte Wolfgang Mewes nach dem Managementlehrgang „Machtorientierte Führungslehre" die „Engpasskonzentrierte Verhaltens- und Führungsstrategie" (EKS), eine praktische Anleitung für viele Geschäftserfolge seit Beginn der 1970er Jahre.

Sein Konzept widersprach der landläufigen Meinung über Strategie: „Während die bisherige Betriebswirtschaftslehre eine Sammlung von Methoden ist, wie man den eigenen Gewinn steigert, ist die Energo-kybernetische Strategielehre eine Sammlung von Methoden, wie man seinen Nutzen für seine Mitwelt und damit seine Umwelt steigert. Jedes Unternehmen kann seinen Nutzen für seine Bedarfsträger auf das Zehn- und Mehrfache steigern bei gleichem Einsatz der Kräfte und Mittel wie zuvor – mit entsprechend stärkerem Echo für den eigenen Umsatz, dem daraus resultierenden Gewinn und der unverzichtbaren Liquidität" (Lange-Prollius, Kap. 7, S. 26).

Dass Mewes mit seiner Engpass-konzentrierten Strategie äußerst erfolgreich war, zeigt eine Fülle von Karriere- und Geschäftserfolgen vor allem mittelständischer Unternehmer. Mewes argumentierte gegen die Planungssysteme und forcierte stattdessen das Prinzip der Selbstorganisation. Statt Gewinnmaximierung empfahl er Nutzenmaximierung, statt Diversifikation die Konzentration und Bündelung der Kräfte. Seine Hauptthese: Alle Bilanzen sind falsch! Er stellte sich gegen die herkömmliche Betriebswirtschaftslehre und fand bei seinen Aktivitäten zunächst nur geringe Zustimmung. Um sich mehr Gehör zu schaffen, rüttelte Mewes die Ökonomen mit ganzseitigen Anzeigen in der Frankfurter Allgemeinen Zeitung auf, die er regelmäßig schaltete (Abbildung 2).

Mewes zeigte den Ökonomen auf, dass und warum sie falsche Ziele verfolgen. Darüber hinaus bewies er als Kybernetiker, dass sein Strategiekonzept auf Naturgesetzen basiert. Eine seiner Kernaussagen: Positive Wirkungen der richtigen Strategie ergeben sich als Folge kybernetischer Wechselwirkungen.

Nach Eugen Böhler werden auch in der heutigen Gesellschafts- und Wirtschaftspolitik manche Gedanken und Konzepte „vergöttlicht", zu Mythen erhoben, wie „Wirtschaftswachstum", „Vollbeschäftigung" u. a. Ein solcher Mythos liegt vor, wenn plötzlich alle, die öffentlich zu Wort kommen, dasselbe glauben und Kritik daran als unzulässig gilt (Böhler, S. 65). In diesem Sinne wurden die Mewes'schen Thesen von vielen als unglaubwürdig angesehen, was sich glücklicherweise geändert hat.

Abbildung 2: *Ganzseitige Anzeigen in den 70er bis 90er Jahren*

So fand Mewes Ende der 70er Jahren mit seinen Arbeiten immer mehr Aufmerksamkeit bei Naturwissenschaftlern. In der Folge führten naturwissenschaftlich fundierte Arbeiten dazu, den Begriff Strategie von seinem Mythos zu befreien, unter anderem durch den Tauchpionier Hans Hass, der 2009 seinen neunzigsten Geburtstag feierte. Durch die Anwendung seiner zunächst biologisch untermauerten Theorie von der aktiven Energiebilanz auf Management-strategien entwickelte der 1977 in Wien zum Professor ernannte Hans Hass die naturwissen-schaftliche Betriebswirtschaftslehre „Energon". Einige seiner Erkenntnisse unterstützten das Mewes'sche Konzept. Zudem konnte Mewes die Erkenntnisse von Justus von Liebig in seine Strategielehre integrieren, da diese die Wirkung des Engpassfaktors (Mewes) genau erklären, analog zum Minimumfaktor in der Biologie.

Fast 20 Jahre hat das Missionieren von Mewes gedauert, bis seine unkonventionelle Strate-gielehre von renommierter Stelle aus Akzeptanz fand: Die Frankfurter Allgemeine Zeitung übernahm 1989 die Werknutzungsrechte der EKS und seit 2008 liegen diese beim Malik Managementzentrum St. Gallen.

Die „richtige" Strategie

Die neue strategische Zielsetzung – das Nutzen-Bieten – verändert das gesamte unternehmerische Denken und Handeln. Wer in einer wirtschaftlichen Situation zuerst immer an seinen eigenen Gewinn denkt, handelt und denkt in der Praxis anders, als wer an die Steigerung seines Nutzens für seine Zielgruppe denkt. Und auch seine Umwelt reagiert darauf anders. Man denke zum Beispiel an die kurzfristigen (und falschen) Entscheidungen von Konzernen beim Shareholder-Value-Prinzip; das Ziel der Aktionäre, nämlich kurzfristige Gewinnmaximierung, hat mit langfristiger Geschäftsausrichtung nichts zu tun. Fredmund Malik äußerte sich in einem Spiegel-Gespräch 2003 sehr pointiert über das amerikanische Wirtschaftswunder, die Tricks der dortigen Statistiker und das falsche Vorbild USA. Malik warnte schon seit Jahren vor dem großen amerikanischen Bluff und einer von den USA kommenden Finanzkatastrophe. Mittlerweile haben wir sie, jedoch scheinen die Politiker den Teufel mit dem Beelzebub austreiben zu wollen.

Das kurzsichtige, gewinnorientierte Verhalten und Streben nach „automatisch wachsendem" Wohlstand verblendeten viele Wirtschaftsführer und machte sie zu Opfern ihrer eigenen Verhaltensweise (Mewes, S. 79 ff.).

Dagegen wächst mit dem Nutzen für die Umwelt automatisch der eigene Erfolg. Und zwar sicherer, leichter und vor allem dauerhafter, als unter der bisherigen direkten Gewinnorientierung. Und auch nicht nur der finanzielle Erfolg, also das, was wir üblicherweise unter Gewinn verstehen, sondern der Gewinn in einem viel umfassenderen, ganzheitlichen Sinn. Vor allem auch der Zuwachs an Freunden, an Freude, Unabhängigkeit, Freiheit und Zufriedenheit. Und, wie inzwischen auch der amerikanische Psychologie-Professor Mihály Csikszentmihályi aufgezeigt hat, ebenso der Gewinn an Motivation, Energie, innerem Antrieb, sozialer Anziehungskraft, an Einfluss und Macht (Csikszentmihályi 2008).

Strategie ohne Mythos

„Strategie ist die Art und Weise des Kräfteeinsatzes" – diese Definition streift den Mythos anderer „Strategien" ab, denn Kräfte sind in hohem Grade messbar, als Vektoren addierbar, naturwissenschaftlich nutzbar.

Diese Definition gilt für Militärstrategen wie für Unternehmer: Die Kräfte und Mittel (Mewes), Energien (Hass) und Ressourcen (Malik) sind bestmöglich einzusetzen. Im Militärischen geht es um den Einsatz von Material, Menschen, Luft-, Wasser-, Landstreit*kräften*, Natur*kräften* und Kooperations*kräften*.

In der Ökonomie geht es um Führungskräfte, Bodenkräfte (Rohstoffe), Finanzkräfte (Kapital), Arbeitskräfte (Human Kapital), Geisteskräfte (Wissen und Kreativität), Anziehungskräfte, Leistungskräfte (Produktivität) und Antriebskräfte (Motivation).

Kräfte im Newton'schen Sinne sind im physikalischen Verständnis die *Ursache von Veränderungen*, sei es hinsichtlich der Bewegung von Körpern oder hinsichtlich ihrer Form oder ihres Volumens. Eine Kraft ist immer das Resultat einer *Wechselwirkung* zwischen mindestens zwei Körpern. Sie hat einen *Angriffspunkt und damit eine Richtung*.

Bei einer Militärstrategie können wir als Angriffspunkt den schwächsten Punkt des Feindes annehmen, um ihn zu vernichten oder unschädlich zu machen. Analog ist bei einer (positiven) Geschäftsstrategie der schwächste Punkt des Freundes anzusteuern, um ihm zu helfen, sein Problem zu überwinden. Die größte positive Wechselwirkung ergibt sich alleine bei der positiven Unterstützung.

Aufgabe eines Strategen ist also – ausgehend von vorhandenen Kräften – den Angriffspunkt so festzulegen, dass die Kräfte die größtmögliche Wirkung haben werden. Das ist, auf Unternehmen übertragen, die Zielgruppe mit dem dringendsten Bedarf (das Ausrichten von Kräften gegen den Wettbewerb wäre falsch).

Das Ziel der Strategie ist, den Engpass der Zielgruppe zu lösen. Der Engpass ist in der Regel ein brennendstes Problem. In diesem Punkt tritt die größte Wechselwirkung auf – die Dankbarkeit für den Problemlöser, auch in Form von Gewinnen.

Vor diesem Hintergrund definiert Mewes seine Engpass-konzentrierte Strategie:

Strategie in Wirtschaft und Gesellschaft ist die Art und Weise, eigene und kooperierende Kräfte zu bündeln und zur Lösung des jeweiligen Engpasses der Zielgruppe einzusetzen.

Diese Definition ist frei von Modeströmungen und naturgesetzlich unterlegt. Und mit den EKS-Prinzipien und Umsetzungsphasen wird strategisches Handeln konkret und auf wirtschaftliche – im Prinzip auch auf gesellschaftliche und politische Sachverhalte – operativ anwendbar.

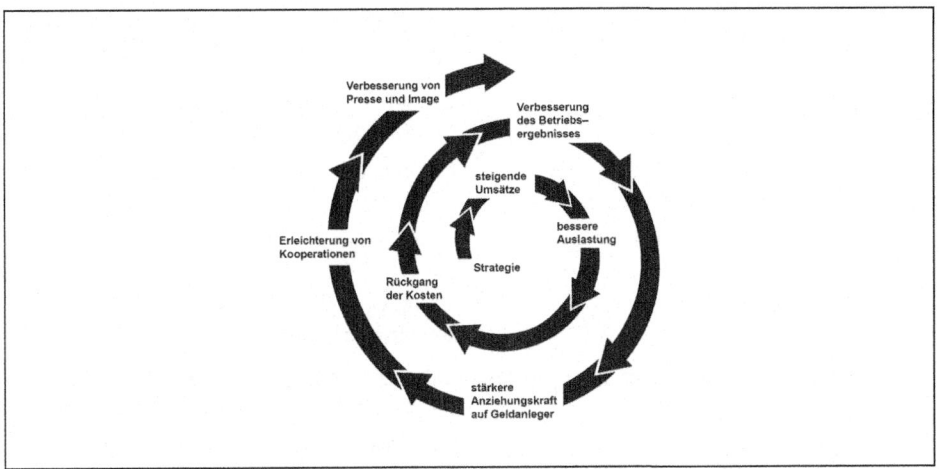

Abbildung 3:   *Folgen besserer Strategie*

Differenzierung herkömmlicher Strategien und der EKS

Wie zuvor schon erwähnt, lassen sich zwei Strategiewelten unterscheiden: zum einen Strategie als „Langfristplanung" und zum anderen die Engpass-konzentrierte Strategie. Unterscheiden können wir die strategischen Grundprinzipien und daran anschließend die Regeln und Schrittfolgen bei der Umsetzung der jeweiligen Strategie. Zum besseren Verständnis der unterschiedlichen Sichtweisen sei auf die Abbildung 4 verwiesen:

Strategie im Sinne konventioneller Methoden	Engpass-konzentrierte Strategie (Mewes)
Marktführern nacheifern	Das machen, was Großunternehmen vernachlässigen
Schwächen analysieren und beseitigen	Stärken und Wettbewerbsvorteile ausbauen
In die Breite gehen, möglichst überall perfekt werden	Spezialisieren in zunächst kleinem Teilgebiet, Nr. 1 werden
Größerer Erfolg durch mehr Einsatz und Anstrengungen	Intelligenterer Einsatz der Kräfte – mit weniger Aufwand mehr erreichen
Wettbewerb bekämpfen	Anders als der Wettbewerb werden, in Lücke zwischen die bestehenden Angebote gehen
Me too, Erfolge anderer nachmachen	Einzigartig, unverwechselbar werden
Preiskampf	Sonderlösungen
Problemlösungen isoliert angehen	Ganzheitliche Problemlösung vom Engpass aus
Lineares Denken	Vernetztes, kybernetisches Denken
Gewinn als Ziel	Nutzenverbesserung als Ziel, Gewinn als Ergebnis
Kapitalvermehrung	Vermehrung immaterieller Güter, wie Anziehungskraft, Good Will
Produktions-, Anlagen- und Immobilienbesitzer werden	Zielgruppen- und Know-how-Besitzer werden
So viele Kunden wie möglich, Marktverzettelung	Klare Zielgruppenorientierung und Definition der „Nicht-Kunden"
Kunde ist statistische Größe	Kunde soll uns als besten Problemlöser kennen und mögen
„Strategische" Entscheidungen über theoretische Modelle	Entscheidungsgrundlage sind praktische Ergebnisse und Feedback der Zielgruppe
Sich selbst attraktive Ziele setzen und alleine umsetzen	Umweltkonforme Ziele entwickeln und mit Kooperationskräften umsetzen

Strategie im Sinne konventioneller Methoden	Engpass-konzentrierte Strategie (Mewes)
Geschäftsmodell verbreitern	Geschäftsmodell in die Tiefe entwickeln, konsequent innovieren
Image: Der Größte	Image: Der beste Problemlöser
Profitabilität kurzfristig	Gewinne erarbeiten für langfristiges Überleben, soziale Grundaufgabe ansteuern
Mitteleinsatz breit, aufwendig	Kräfteeinsatz im Engpass

Abbildung 4: *Unterschiede herkömmliche Strategien versus EKS (Kurzfassung)*

Wie aus den Kriterien in der linken Tabellenhälfte ersichtlich wird, werden die Kräfte im Rahmen der „Langfriststrategie" eher introvertiert und gegen Wettbewerber eingesetzt, bei der rechten Tabellenhälfte (EKS) eher extrovertiert, kundenrelevant und somit wirkungsvoller. Entscheidungen nach der Strategie „links" werden so völlig anders ausfallen als Entscheidungen nach der Strategie „rechts".

Die in diesem Buch dargestellten Praxisfälle zeigen hervorragend auf, wie Unternehmer ihre Geschäftsstrategie konsequent nach den rechten EKS-Prinzipien ausgerichtet und überdurchschnittliche Erfolge erzielt haben. Erfolge, aus denen man lernen kann und die alle dieselbe Strategie, die EKS, nutzen.

Strategie und Methodik

Um eine Strategie zu entwickeln, benötigt man einerseits den Ankerpunkt (die Zielgruppe, den Kundennutzen) und andererseits Prinzipien und Spielregeln für den optimalen Kräfteeinsatz. Hierzu hat Wolfgang Mewes ein Schritt-für-Schritt-Programm, die EKS-Methodik, entwickelt, die ausführlich in dem Standardwerk beschrieben ist und in diesem Buch in den verschiedenen Fallbeispielen aufgezeigt wird. Als Kurzfassung der EKS-Methodik möge die Abbildung 5 dienen.

Mit diesem geistigen Gerüst kann für jedes Unternehmen, für Non-Profit-Unternehmen wie auch für die persönliche Karriere, eine optimale, den individuellen Umständen angepasste Strategie entwickelt werden. Wie schon angedeutet, spielt dabei die Zielrichtung der Kräfte eine wesentliche Rolle: Wer ist Zielgruppe für mein/unser Engagement? Hat die Zielgruppe Bedarfe/Probleme/Engpässe, die wir mit unserem Kräftepotenzial lösen könnten? Ist das unklar, dann muss an diesen beiden Ankerpunkten der Strategie, nämlich unseres Stärkenpotenzials, in Abgleich zur Zielgruppe gearbeitet werden. So lange, bis ein Kundennutzen ersichtlich wird, den man bedienen könnte. Ohne Kundennutzen kein Gewinn.

EKS-Grundprinzipien	EKS-Phasen zur Umsetzung
1. Konzentration, Bündelung der Kräfte, Abbau von Verzettelung	1. Stärken verstärken zur Topleistung
2. Zielgruppen-Orientierung, Zielgruppen-besitzer statt Produktionsmittelbe-sitzer werden	2. Nutzwert verbessern, Wachstumsfelder und Lücke entdecken
3. In Lücke gehen zwischen die anderen Angebote	3. Zielgruppen differenzieren bis hin zur erfolgversprechendsten Teilzielgruppe
4. Nicht in die Breite und Perfektion gehen, sondern die tieferen Zusammenhänge und Probleme angehen	4. Engpassanalyse, Finden brennender Probleme der Zielgruppe
5. Nutzen stiften geht vor Gewinnmaximierung	5. Innovationsentwicklung vom Kundenproblem her
6. Immaterielle Werte vor den materiellen Werten schaffen	6. Kooperieren zur Verbesserung des Kundennutzens
7. Engpässe, Minimumfaktoren finden als Hebelpunkte und Ansatz für Kettenreaktionen	7. Langfristige, soziale Spezialisierung; sesshaft werden als bester Problemlöser

Abbildung 5: *Kurzfassung der EKS-Methodik*

Diese Fragestellung zu beantworten fällt vielen Existenzgründern sehr schwer, aber auch Unternehmern, die sich neu ausrichten müssen oder ihre Strategie verbessern wollen. Den Einstieg hierzu zu erleichtern, dazu dienen die Praxisbeispiele sehr erfolgreicher Unternehmer in diesem Buch.

Literatur

BICKHOFF, NILS, Quintessenz des strategischen Managements, Heidelberg 2008

BÖHLER, EUGEN, Der Mythus in Wirtschaft und Wissenschaft, Freiburg 1965

CLAUSEWITZ, CARL VON, Vom Kriege, 3. Auflage, München 2002

CLAVELL J. (HRSG.), Sunzi: Die Kunst des Krieges, München 1988

CSIKSZENTMIHÁLYI, MIHÁLY, Flow – Das Geheimnis des Glücks, Stuttgart 2008

FRIEDRICH, KERSTIN/MEWES, WOLFGANG, EKS-Unternehmensstrategie, Band 1 und 2, zweite Auflage, hrsg. von der FAZ, Frankfurt 1995

FRIEDRICH, KERSTIN/MALIK, FREDMUND/SEIWERT, LOTHAR J., Das große 1 x 1 der Erfolgsstrategie, EKS – Erfolg durch Spezialisierung, Offenbach 2009

HASS, HANS, Energon. Das verborgene Gemeinsame, Wien 1971

LANGE-PROLLIUS, HORST, Kräfte und Mittel – eine Schule des Denkens im Zeitalter des Globalismus, hrsg. von PMM/KPMG, Frankfurt 1986

MALIK, FREDMUND, Management – das A und O des Handwerks, Frankfurt 2007

MEWES, WOLFGANG, EKS-Lehrgang, Heft 1, 1970

PORTER, MICHAEL E, „Strategie", in: Harvard Business Manager 3/97
STÖGER, ROMAN, Strategieentwicklung für die Praxis, Stuttgart 2007
VENOHR, BERND, Wachsen wie Würth, Frankfurt 2006
WU, ZHONG, Tough times breed nostalgia for Mao, in: Asia Times, Hong Kong, 6.5.2009
WÜRTH, REINHOLD, Beiträge zur Unternehmensführung, Schwäbisch Hall 1985

Säe Nutzen – ernte Gewinn

Manfred Antoni

Weshalb entwickeln sich manche Menschen und Unternehmen auffällig schneller und besser als die meisten anderen? Dies war die Ausgangsfragestellung von Wolfgang Mewes, dem Begründer und Spiritus rector der „Engpass-konzentrierten Strategie" (EKS), als er vor mehr als 20 Jahren bemerkte, dass einzelne Absolventen seiner betriebswirtschaftlichen Lehrgänge ungewöhnliche Erfolge erzielten. Bei der Suche nach den Gründen stieß er auf einen Faktor, der bis dahin wenig Beachtung gefunden hatte; die Strategie, also die Art, wie Menschen ihre Kräfte einzusetzen pflegen, war verschieden.

Zwei Prinzipien, so folgerte Mewes daraus, lassen sich hinter den Strategien erfolgreicher Menschen entdecken:

1. Man muss seine Kräfte konzentrieren, um

2. das brennendste Problem zu lösen.

Um diese Prinzipien herum hat Mewes eine Strategielehre entwickelt, deren grundsätzlichen Aspekten und Orientierungen gegenwärtig weit mehr als 1.000 Unternehmer und eine Vielzahl an Angestellten aus den unterschiedlichsten Branchen folgen. Von ihren Anhängern wird die EKS als eine universelle Strategielehre für Unternehmensführung und auch für die private Karrieregestaltung verstanden. Was steckt dahinter?

Gesetzmäßigkeiten der Natur gelten auch im Management

Menschen, Unternehmen und die Natur sind miteinander verflochtene, vernetzte Systeme. Verändert sich ein Teil dieses Gesamtsystems, dann löst dies Anpassungsreaktionen bei anderen Systemelementen aus, die wiederum Auslöser für Veränderungen bei anderen Elementen sind.

Diese kybernetischen Zusammenhänge haben bereits vor mehr als 130 Jahren den deutschen Forscher Justus von Liebig (1803 - 1873) beschäftigt. Er stand vor dem Problem, das Wachstum einer Pflanze fördern zu wollen, ohne deren innere Wechselwirkungen zu kennen. Dabei entdeckte er die Regelfunktion des sogenannten Minimumfaktors. Unter den vielen Faktoren, die eine Pflanze zum Wachstum benötigt, ist immer einer der knappeste. Dieser be- oder verhindert die Entwicklung, auch wenn alle anderen Faktoren im Überfluss vorhanden sind.

Justus von Liebig musste deshalb nur seine Pflanze genau analysieren, um den Minimumfaktor zu entdecken. Durch Zugabe dieses Stoffes konnte das Wachstum beschleunigt werden, bis ein anderer Faktor wachstumshemmend wirkte. Förderte man dann weiterhin den alten, nützte dies dem Wachstum der Pflanze nicht mehr, sondern schadete unter Umständen anderen Systemelementen.

Die von Justus von Liebig entdeckten Gesetzmäßigkeiten der Natur wendet Mewes mit seiner Engpass-konzentrierten Strategie (auch Energo-Kybernetische Strategie genannt) auf Menschen und Unternehmen sinngemäß an. Er behauptet, dass auch hier die gleiche Methode zu Wachstumswirkungen führen würde. Dabei sei es ganz gleichgültig, ob es sich um einzelne Personen, Familien, Vereine, Betriebe oder ganze Volkswirtschaften handele. Man müsse sich nur dem Wandel der Bedingungen anpassen und sich auf die Förderung des Minimum- oder Engpassfaktors konzentrieren.

Erforderlich ist daher zur Erfolgssteuerung, dass das hypnotische Starren auf nur einen Faktor durch die Einsicht abgelöst wird, dass die Wirklichkeit ein vielfach in sich vernetztes Beziehungsgefüge darstellt. Um erfolgreich zu sein, muss man also unterschiedliche Engpassfaktoren berücksichtigen.

Neuere wissenschaftliche Forschungsergebnisse zeigen, dass diese aus den Naturwissenschaften übertragene Perspektive auch für die Sozialwissenschaften, also zum Beispiel die Betriebs- und Volkswirtschaftslehre, die Soziologie, die Politologie, um einige Disziplinen zu nennen, große praktische Bedeutung besitzt.

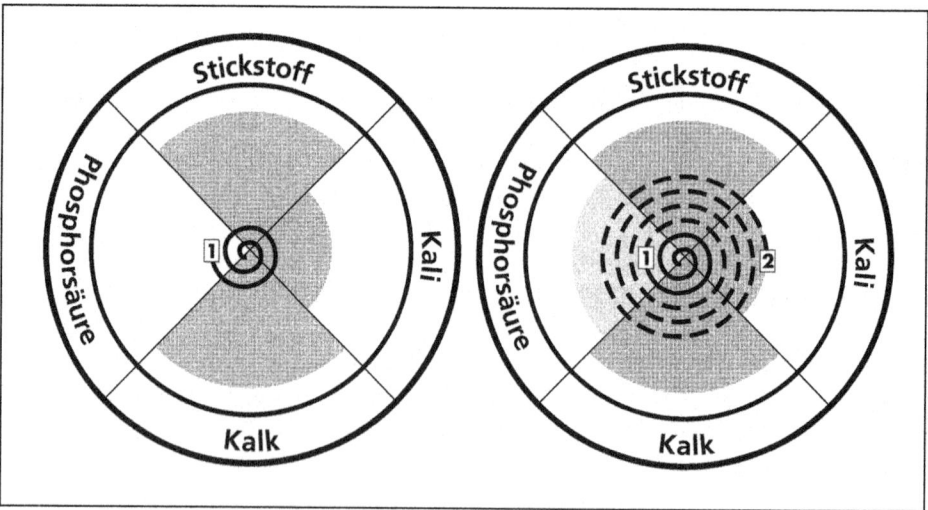

Abbildung 1: *Der wechselnde Minimumfaktor (nach Justus von Liebig)*

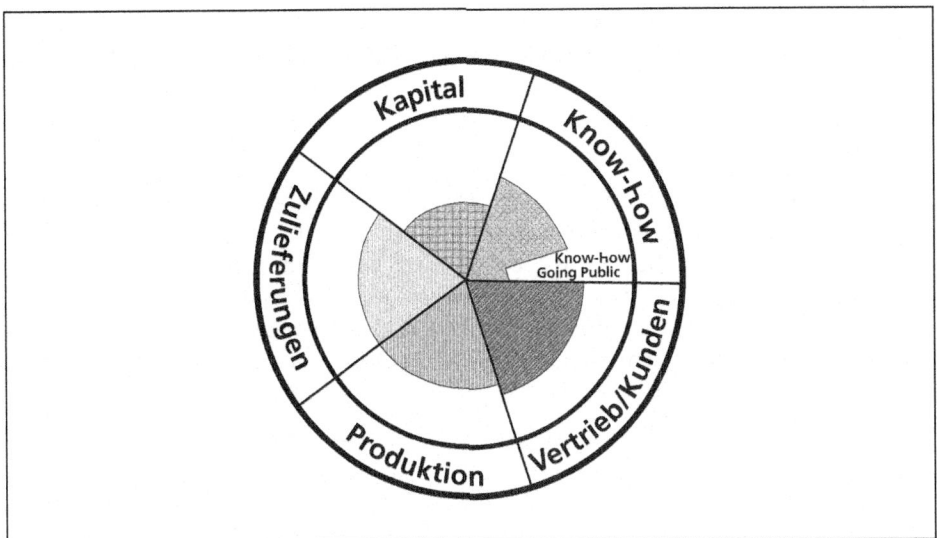

Abbildung 2: *Engpassfaktor „Know-how" bei einem Unternehmen, das an die Börse*
gehen will

Spitz statt breit!

Zum zentralen Problem wird bei Mewes, wie man die zur Verfügung stehenden Ressourcen (beispielsweise Kapital, Know-how, Fähigkeiten, Kräfte) einsetzt. Versuche ich also als Abteilungsleiter, jede anfallende Arbeit in meiner Abteilung besser zu beherrschen, als dies die Sachbearbeiter können, oder konzentriere ich mich darauf, die Koordination zwischen den Sachbearbeitern und deren individuellen Fähigkeiten zu verbessern? Setze ich also meine Zeit dazu ein, zu zeigen, dass ich alles besser kann, oder dafür, dass ich besser führen kann? Setze ich also meine Ressourcen breit gestreut oder spitz konzentriert ein?

Die EKS plädiert eindeutig für die starke Konzentration der Kräfte, weil durch gezielten und konzentrierten Einsatz die Wirkungen weitaus größer sind, als wenn man dem „Gießkannen-Prinzip" folgt. David besiegte Goliath nicht deshalb, weil er über größere Kräfte verfügte, sondern weil er seine schwächeren Kräfte mit der Steinschleuder wirksamer einsetzte. Es kommt also offensichtlich nicht auf die absolute Größe des Ressourceneinsatzes an, sondern darauf, dass man diese konzentriert zur Wirkung bringt. Dies ist das erste Prinzip der EKS.

Auf den Punkt!

Die Wirkung des konzentrierten Kräfteeinsatzes lässt sich erhöhen, wenn diese Kräfte konzentriert auf den wirkungsvollsten Punkt gelenkt werden. Dieser Wirkungspunkt bzw. das

Ziel muss genau definiert werden. Um beim David-Goliath-Beispiel zu bleiben: David hatte deshalb bereits mit der ersten Aktion Erfolg, weil er nicht irgendwohin zielte, sondern auf den wirkungsvollsten Punkt, nämlich Goliaths Schläfe. Die Konzentration der Kräfte auf den wirkungsvollsten Punkt kann als das zweite Prinzip der Energo-Kybernetischen Strategie bezeichnet werden.

Was ist dieser wirkungsvollste Punkt? Hierzu ein Beispiel: B. war lange Jahre Logistikleiter in der Niederlassung eines französischen Konzerns und hatte frühzeitig erkannt, dass aufgrund des Firmenwachstums und neuer Lager die Kosten der Materialwirtschaft wie auch die Frachtkosten ernorm stiegen. Zudem stieg die Komplexität der Logistikprozesse an. Er entwickelte zwei Modelle, eines zur Zentralisierung von Warengruppen, ein anderes zur Senkung der Frachtkosten, und testete diese am Markt über seine Verbindungen und den Bundesverband Logistik.

Die Recherche ergab ein brennendes Problem bei den Frachtkosten. Das war der kybernetisch wirkungsvollste Punkt. Eine von ihm für den Nebenerwerb selbst gegründete Agentur sammelte von mehreren Logistikzentren die Frachtanfragen, bündelte diese und holte Angebote bei Frachtführern ein. Über das Mengenkonzept konnte er die Preise drastisch senken und hatte zudem den Überblick, wer jeweils am kostengünstigsten anbieten konnte. Das „Freight-Concept" bot er seinem Unternehmen an wie auch anderen, größeren Unternehmen. Der eigene Geschäftsführer war erstaunt, dass er nicht selbst auf die Idee kam und wusste nicht recht, ob er sie in sein strategisches Konzept einbauen sollte. In dieser Zeit meldeten sich mehrere Firmen mit Sofortinteresse, so dass B. die Wahl hatte, Logistikchef in einem Konzern zu werde, oder sich selbständig zu machen. Er nahm die Führungsaufgabe des Konzerns an und konnte über sein Freight-Concept hinaus seine anderen Ideen zur Kostensenkung bei Logistikprozessen und in der Materialwirtschaft durchsetzen.

So weit die Erfolgsstory. Die Lehre, die Mewes daraus zieht, veranschaulicht die Optimierungsspirale (Abbildung 3): Statt am größtmöglichen Gewinn für sich selbst, solle man sich in erster Linie am größtmöglichen Nutzen für seine konkrete Zielgruppe orientieren; dann wachsen der eigene Gewinn und die Bewegungsfreiheit über die steigende Anziehungskraft bei dieser Zielgruppe. Dass dies mit einer ständigen Verbesserung und/oder Optimierung der eigenen Fähigkeiten einhergeht, sei der Vollständigkeit halber erwähnt. Die individuelle Karriere ist dann unmittelbare Konsequenz dieser Strategie. Analog gilt diese Vorgehensweise für Unternehmen.

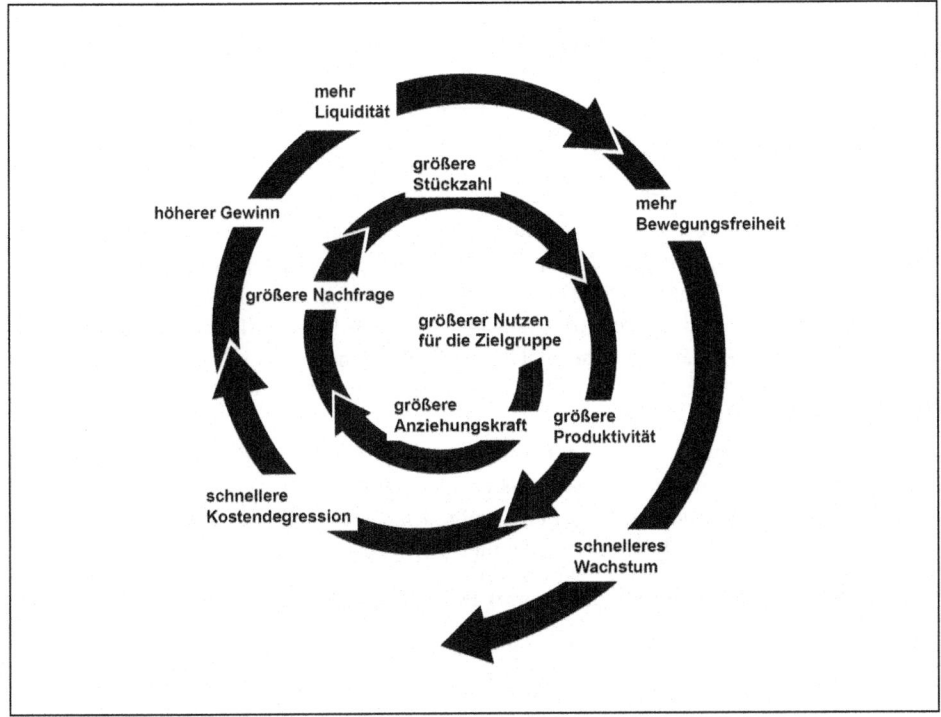

Abbildung 3:   *EKS-Optimierungsspirale*

Wie wird die EKS eingesetzt?

Um den wirkungsvollsten Punkt zu finden, muss man – so Mewes – seine intuitiven und rationalen Kräfte auf die Probleme einer genau definierten Zielgruppe verengen. Dies kann in folgenden Phasen geschehen.

1. Phase: Ist-Analyse

Welche besonderen Eigenschaften habe ich (berufliche Eigenschaften, Problemerfahrung, Wunschvorstellung, Selbstbild)?

2. Phase: Differenzanalyse

Wie unterscheide ich mich von anderen? Was sind meine Schwächen, was meine Stärken? Was fällt mir leicht? Spezielle Erfahrungen?

3. Phase: Transfer

Welche Aufgabe passt am besten zu meinen Stärken? Wo bin ich besonders nützlich? Welche Probleme kann ich lösen?

4. Phase: Zielgruppenbestimmung

Welche Zielgruppe hat diese Problematik? Wie kann ich meine Spezialkenntnisse in die aktuelle Problemstellung einer Zielgruppe integrieren?

5. Phase: Zielgruppenselektion

Da bestimmte Probleme zumeist mehrere Zielgruppen haben, gilt es, sich auf eine Zielgruppe zu konzentrieren, um deren Problem optimal zu lösen. Nicht auf einen Teil eines Problems soll man sich konzentrieren, sondern auf einen Teil der Zielgruppe! (Nicht die Entwicklung von Kenntnissen über computergestützte Fertigungsverfahren an sich ist sinnvoll. Wichtiger ist es, Kenntnisse über diese Verfahren in einem speziellen Teil der Maschinenbauindustrie zu entwickeln, in der Spezialkenntnisse ohnehin vorhanden sind!)

6. Phase: Profilierung

Welches ist das brennendste Problem meiner Zielgruppe, welches ist der Engpassfaktor? Um dies herauszufinden, muss man sowohl das Problem als auch die Zielgruppe stärker unterteilen. Hat man den wirkungsvollsten Punkt gefunden, dann führt die Konzentration auf ihn dazu, dass man bereits nach kurzer Zeit deutlich überlegene Lösungen präsentieren kann.

7. Phase: Konzentration auf den Engpass als Daueraufgabe

Hinter jedem aktuellen Bedarf steht ein grundsätzliches Bedürfnis (Mewes: soziale Grundaufgabe). Je konsequenter man einen aktuellen Problemlösungsbedarf befriedigt, desto eher wird es gelingen, für die Zielgruppe unentbehrlich zu werden. So kann man seine Position – sei es als Angestellter, Selbständiger oder Unternehmer – festigen und unangreifbar machen.

Die EKS-Lehre wird über die sieben Phasen hinaus durch Themen wie Kooperation, Innovation und die dadurch bessere Möglichkeit, den Kundennutzen zu steigern, ergänzt.

Was sich in der Konzeption so einfach anhört, ist in der Realität natürlich ungemein schwer umzusetzen. In vielen Unternehmen gibt es weder Personalentwicklungsgespräche noch jemals die Chance, einen Einblick in das Geschehen des Gesamtunternehmens zu erhalten. Fehlt die Möglichkeit, ein Feedback über die eigenen Fähigkeiten und ihre soziale Einordnung zu erhalten, ist es nahezu unmöglich, selbständig die Phase 1 (Ist-Analyse) durchzuführen. Nicht viel besser ergeht es dem, der zwar bis zur 3. Phase gekommen ist, dem aber aufgrund mangelnder Möglichkeiten, sich einen Überblick zu verschaffen, der Transfer der eigenen Fähigkeiten auf eine adäquate Zielgruppe nicht gelingt.

Und für manchen Unternehmer ist es schwierig, seine soziale Grundaufgabe zu definieren, ohne die er schnell ins geschäftliche Abseits kommen kann.

Hier ist Unterstützung und Erfahrung von anderer Seite nötig. Deshalb bietet die Studiengemeinschaft Darmstadt (www.sgd.de) das EKS-Know-how in Form eines Fernlehrganges an. Das Malik Managementzentrum St. Gallen hat die Werknutzungsrechte an EKS seit 2008 übernommen und bietet einen Kurs zur EKS (Malik EKS® Training) sowie Seminare, Beratung und Kongresse dazu an (www.eks.de).

Fortbildungsmöglichkeiten und Erfahrungsaustausch gibt es im Bundesverband StrategieForum e. V. (www.strategie.net) und in der Beratergruppe Strategie e.V., ein Zusammenschluss freier Berater unterschiedlichster Sparten (www.beratergruppe-strategie.de). Damit ist eine Infrastruktur geschaffen, die den einzelnen je nach dessen Bedürfnis über den Lehrgang hinaus begleitet und auch fördert.

Wolfgang Mewes wurde 2004 der Professorentitel verliehen. Dies als Auszeichnung für einen alternativen Weg im ökonomischen Denken und Handeln. Zum einen plädiert Mewes für ein besseres Bildungswesen, in dem nicht der Wettbewerbsdruck geschürt, sondern die Innovations- und Kooperationsfähigkeit gestärkt wird; zum anderen zeigt er konsequent auf, dass Gewinn nicht unternehmerisches Ziel, sondern Ergebnis konsequenten Nutzenstiftens ist. Darum: Säe Nutzen, ernte Gewinn.

Auslaufmodell Gewinnmaximierung

Kerstin Friedrich

Befindet sich die Weltwirtschaft an der Schwelle eines Paradigmenwechsels? Führen die Finanzkrise und ihre Auswirkungen auf die Güterwelt zu einem weltweiten Umdenken und einem grundlegenden Wertewandel? Werden ganzheitliche und kooperative Strategien wie die EKS künftig das Denken und Handeln der Manager und Führungskräfte bestimmen?

Solange es die Betriebswirtschaftslehre und die Nationalökonomie gibt, solange tobt der Kampf um das Konzept der Gewinnmaximierung, dem Herzstück der Marktwirtschaft und der Managementlehre. Nachdem sich der Sozialismus und die damit verbundene Zentralverwaltungswirtschaft in den 1990ern nach und nach von der Weltbühne verabschiedeten, schien die Überlegenheit der westlichen Ökonomie erwiesen. Mit der Finanzkrise haben die Kritiker wieder Oberwasser bekommen – sie sehen das Ende der traditionellen, auf die Materie reduzierten ökonomische Theorie und einen Systemwechsel voraus. Ganzheitlichen Strategien wie der EKS scheint eine goldene Zukunft zu blühen.

Bilanz

Unbestreitbar hat das Paradigma der Gewinnmaximierung und der darum herum entwickelten betriebswirtschaftlichen Methoden und Instrumente den Industrienationen binnen 100 Jahren einen kaum für möglich gehaltenen Wohlstand beschert. Doch der Wohlstand ist nur eine Seite der Medaille – denn der Preis, den wir dafür zahlen, ist hoch. Bei den Menschen hat die Doktrin der Gewinnmaximierung auf der emotionalen, geistigen und körperlichen Ebene schwere „Kollateralschäden" hinterlassen:

- Nur noch 10 Prozent der Mitarbeiter gehen einer Gallup-Umfrage vom Januar 2009 zufolge motiviert und mit vollem Einsatz zur Arbeit – der Rest macht Dienst nach Vorschrift oder hat schon innerlich gekündigt.

- 85 Prozent der Führungskräfte sind stressbedingt krank: Herz-Kreislaufprobleme, Rückenschmerzen und Übergewicht gehören fast schon zu normalen Begleiterscheinungen des Berufslebens. 17 Prozent der deutschen Führungskräfte sind entweder alkoholabhängig oder suchtgefährdet.

▦ Nur noch 52 Prozent der Deutschen halten die Marktwirtschaft für eine gute Idee (Focus-Umfrage Herbst 2008).

Wer solche und andere Missstände in der Vergangenheit deutlich oder zaghaft kritisierte, wurde gern in die Ecke der Systemkritiker und Sozialromantiker gestellt. Erst der Zusammenbruch der Finanzmärkte und die folgende Krise in der Realwirtschaft haben auch bei eingefleischten Marktfetischisten zu neuen Einsichten geführt.

An der Ausbildung junger Manager scheinen Jahrzehnte der Systemkritik folgenlos vorbeigegangen zu sein. Schauen wir in den „Wöhe", das Standardlehrbuch für angehende junge Betriebswirte und Manager. Dort wird nach wie vor die langfristige Gewinnmaximierung als oberstes Ziel der Unternehmensführung proklamiert; aktualisiert und ergänzt um das Shareholder-Value-Konzept (Wöhe, a. a. O.).

Das Shareholder-Value-Konzept wurde erstmals 1986 von Alfred Rappaport publiziert. Danach hat die Unternehmensleitung im Sinne der Anteilseigner zu handeln. Ihr Ziel ist die Maximierung des langfristigen Unternehmenswertes durch Gewinnmaximierung und Erhöhung der Eigenkapitalrendite. Der geforderten Mindestverzinsung des Eigenkapitals haben sich alle andere Belange unterzuordnen. Weil der Begriff mittlerweile massiv in die Kritik geraten ist, wurde er sowohl in der Fachliteratur als auch in den Unternehmen durch „Value Based View" (*engl. wertbasierte Sicht*) ersetzt. Auch in diesem Konzept spielt die Gewinnmaximierung eine zentrale Rolle. Heute wird das Shareholder-Value-Prinzip weltweit von den meisten börsennotierten Unternehmen angewandt.

Die Kritik am Oberziel „Gewinnmaximierung" ist so alt wie die Betriebswirtschaftslehre selbst. Einig ist man sich weitgehend, dass neben der Gewinnmaximierung noch diverse Nebenziele verfolgt werden; diese stehen mit dem Gewinnziel häufig in Konflikt und sind diesem untergeordnet.

Dass die Gewinnmaximierung (oder davon abgeleitete Konzepte wie der Shareholder Value) nach wie vor als oberste Maxime wirtschaftlichen Handelns gilt, hat vor allem zwei Gründe:

▦ Nach wie vor gilt das Kapital als wichtige begrenzende Ressource des Unternehmenswachstums. Wer expandieren und innovieren will, braucht Kapital; und dies stellen die Anleger bevorzugt denjenigen Unternehmen zur Verfügung, die über die attraktivsten Renditen verfügen oder dieses zumindest versprechen.

▦ Zum anderen wird bemängelt, dass andere Ziele wie beispielsweise ein optimaler Nutzen für Kunden oder Mitarbeiter als oberstes Unternehmensziel nicht operational und berechenbar seien – zumal sich der Erfolg solcher Ziele letztlich auch im Gewinn niederschlagen müsste.

Wolfgang Mewes hat im Rahmen der EKS eine Liste der Kritik an der Gewinnmaximierung zusammengestellt (Mewes, a. a. O.):

▦ In einer ausschließlich gewinnorientierten Wirtschaft kommt das Allgemeinwohl zu kurz. Das zeigten schon die betriebswirtschaftlichen Theoretiker Schmalenbach und Nicklisch. Auch der Urvater der Marktwirtschaft, Adam Smith, hielt das freie Walten der Marktkräfte nur dann für funktionsfähig, wenn die Gesellschaft ein hochentwickeltes Moral- und Sozialbewusstsein besitzt. Die gleichen Ansichten vertraten Liberale wie Schumpeter oder von Hayek, die heute gern als Kronzeugen für das freie Walten der Marktkräfte missbraucht werden.

▦ Je mehr sich ein Mensch am eigenen Vorteil und Gewinn orientiert, desto mehr reduzieren sich die zwischenmenschlichen Beziehungen auf das rein Materielle. Das haben Verhaltens- und Gehirnforscher über die schädlichen Wirkungen des gewinnzentrierten und damit egoistischen Verhaltens herausgefunden. Ein Beispiel ist die wachsende Kälte und Rücksichtslosigkeit im Profisport. Dort ist es schon so weit gekommen, dass normale menschliche Eigenschaften wie Ehrlichkeit und Bescheidenheit mit Fairnesspreisen ausgezeichnet werden müssen.

▦ Im Unternehmen lockern sich die Bindungen zwischen Mitarbeitern und Management, so dass man am Ende lediglich eine Gemeinschaft egoistischer Gewinn- und Einkommensmaximierer bildet. Wenn Unternehmen trotz Rekordgewinnen Tausende von Mitarbeitern entlassen um noch höhere Renditen zu erwirtschaften, wirkt dies zynisch und verantwortungslos auf die Verbliebenen. Die höheren menschlichen Werte wie Freundschaft, Verständnis, Mitleid oder Moral schwinden. Die ideellen Gemeinschaften wie Familie, Kirche und Nationen lockern sich. Es ist charakteristisch für diese schleichende Entwicklung, dass früher dominierende Begriffe wie Ehre, Fairness, Gewissen, Kameradschaft und Moral gegenüber dem Gewinn an Bedeutung verlieren, ja auf manche Menschen nur noch lächerlich und antiquiert wirken.

▦ Das direkte Profitstreben widerspricht den Naturgesetzen. Amerikanische Verhaltensforscher haben nachgewiesen, dass sich die Egoisten im gesamten Verlauf der Evolution (und reines Profitstreben ist Egoismus) längerfristig immer wieder selbst vernichtet haben.

„Genau betrachtet ist Shareholder-Value die blödeste Idee der Welt" gab der legendäre Jack Welch gegenüber den Journalisten der Financial Times am 13. März 2009 freimütig zu Protokoll. Jack Welch war von 1981 bis 2001 Chef von General Electric, dem größten Mischkonzern der Welt. Er steigerte in dieser Zeit den Unternehmenswert von 13 auf 400 Milliarden Dollar und galt als führender Verfechter der Shareholder-Value-Philosophie. Was ließ ihn an seiner alten Überzeugung zweifeln? „Shareholder-Value ist ein Ergebnis, keine Strategie, die wichtigsten Interessensgruppen sind die eigenen Mitarbeiter, die eigenen Kunden und die eigenen Produkte."

Fredmund Malik, der schon seit vielen Jahren zu den prominentesten Gegnern des platten Gewinnmaximierungsdenkens zählt und die Finanzkrise exakt in dieser Form vorausgesehen hatte, durfte sich bestätigt fühlen. Gegenüber der FAZ diagnostizierte er die Krise im Januar 2009 folgendermaßen: „Eine der Hauptursachen des Debakels ist die total fehlgeleitete amerikanisierte Corporate Governance mit ihrer desaströsen Shareholder-Value-Doktrin, die noch immer vorherrscht. Sie muss radikal und ersatzlos eliminiert werden, denn diese programmierte die systematische und unvermeidbare Fehlsteuerung entscheidender Teile der Wirtschaft und vom Menschen. Selten zuvor haben ökonomische Theorien deutlicher ihre Untauglichkeit öffentlich bewiesen. Die meisten Menschen sind keine ökonomisch-rationalen

Wesen im Sinne der Ökonomie. Die Sozialwissenschaften haben das längst erwiesen. Daher fügen sich Menschen nicht den realitätsfernen ökonomischen Gewinnmaximierungskalkülen. Zwar gibt es den geldgetriebenen, egozentrischen, koordinationsunfähigen Menschen auch, aber er ist eine pathologische Erscheinungsform. An der Spitze von Unternehmen richtet er irreversiblen Schaden an."

Die Alternative: Nutzenmaximierung

Doch was stattdessen? Kennern und Anwendern der Engpass-konzentrierten Strategie stellt sich diese Frage nicht, denn sie haben eine praktikable und funktionierende Alternative zu Hand. EKS-Begründer Wolfgang Mewes setzt der direkten Gewinnmaximierung das Konzept der Nutzenmaximierung entgegen. Er hatte schon in den 1960ern herausgefunden, dass die langfristig wirklich erfolgreichen Unternehmer erkannt hatten, dass sie zuerst den Nutzen für ihre Kunden steigern mussten, um ihren Gewinn zu steigern. Diese besonders Erfolgreichen hatten etwas begriffen, was im Grunde banal ist: Unternehmen sind nicht dazu da, um Gewinne zu erzielen, sondern um die Probleme anderer zu lösen. Je besser sie das tun, desto größer sind die Gewinne. Die Gewinnerzielung ist nur eine „Nebenbedingung" für das Unternehmen – eine überlebenswichtige zwar, aber nicht der Dreh- und Angelpunkt allen Denkens und Handelns. Besonders eindrucksvolle Beispiele sind Henry Ford und Duttweiler, der Begründer der Schweizer Einzelhandelskette Migros. Duttweiler hat seine Gewinne stets über Rabatte und Preissenkungen an seine Kunden weitergegeben und dadurch eine lawinenartige Nachfrage erzeugt. Obwohl er eigentlich nicht mehr als ein Angestellter verdienen wollte, hat er sich der explodierenden Gewinne kaum erwehren können und wurde Milliardär.

Ein aktuelleres Beispiel ist das thüringische Bauunternehmen Town & Country Haus; ein EKS-geführtes Franchisesystem, das sich auf Bau und Vertrieb von Einfamilienhäusern spezialisiert hat. In dieser Branche geht der Absatz seit Jahren massiv zurück, und in regelmäßigen Abständen verabschiedet sich ein etabliertes Bauunternehmen nach dem anderen vom Markt. Während andere pleitegingen, stieg Town & Country in nur zehn Jahren zum Marktführer auf und baut heute das am meisten verkaufte Markenhaus Deutschlands. Auch im Krisenjahr 2009 wächst das Unternehmen weiter. Der Schlüssel zu diesem außergewöhnlichen Erfolg liegt in einer schon fast perfektionistisch anmutenden Nutzenstrategie sowohl für den Endkunden als auch für die Franchisepartner.

Die Vorteile der Nutzenmaximierung

Die Nutzenmaximierung hat gegenüber der Gewinnmaximierung gravierende Vorteile:

Die direkte Gewinnmaximierung führt zu Konflikten, Spannungen und Interessengegensätzen. Den Kunden ist unmittelbar klar, dass das Unternehmen mit allen Mitteln das aus ihm herauspressen will, was möglich ist. Wenn Unternehmen heute die „Geiz-ist-geil"-Mentalität ihrer Kunden beklagen, so übersehen sie, dass sie selbst es waren, die diese Haltung erzeugt haben: Die Kunden ahmen nur nach, was ihnen die Unternehmen jahrzehntelang vorgelebt haben, nämlich das Raffen um jeden Preis. Über Preisverhandlungen werden heute nichts anderes als Machtkämpfe ausgetragen, deren geistige Quelle die Gewinnmaximierung ist.

Die Nutzenmaximierung führt dazu, dass sich Interessengegensätze verringern oder vollkommen auflösen: Ein Unternehmen, das sich die Maximierung des Kundennutzens auf die Fahnen geschrieben hat, erzeugt ein völlig anderes geistiges und emotionales Klima. Mewes hat an unzähligen Beispielen gezeigt, wie Unternehmen von ihrer Zielgruppe mit Ideen und Informationen unterstützt werden, wenn es darum geht, ein Problem dieser Zielgruppe zu lösen. Kundenzufriedenheit, Image, Loyalität und Zahlungsbereitschaft verbessern sich in diesem positiven Klima.

Die Nutzenmaximierung führt auch dazu, dass sich die massiv auftretenden Sinn- und Motivationsprobleme der Mitarbeiter verringern oder komplett auflösen. „Der Mensch ist ein Wesen auf der Suche nach Sinn" lautet eine der zentralen Erkenntnisse des großen Psychologen Viktor Frankl. Psychisch normal entwickelte Menschen finden eher Sinn darin, ihren Nächsten etwas Gutes zu tun, statt die Gier anonymer Kapitalmärkte zu bedienen.

Die Nutzenmaximierung fördert ebenso die Kreativität und Innovationskraft. Dies zeigt wunderbar ein kleines Experiment, das in jedem Unternehmen sehr leicht durchführbar ist. Man nehme zwei Gruppen von Mitarbeitern. Die einen bekommen die Aufgabe, Maßnahmen zur Maximierung des Gewinnes zu entwickeln, die anderen bekommen die Aufgabe, den Nutzen für eine klar definierte Zielgruppe sowie die Lösung für deren Probleme und Engpässe zu entwickeln. Die Gewinn-Gruppe wird ein ganzes Sammelsurium von Ideen produzieren – in aller Regel stehen auf Platz 1 Maßnahmen zur Kostensenkung. Jeder eingesparte Euro findet sich schließlich eins zu eins in der Bilanz wieder und wirkt unmittelbar auf den Gewinn. Weiter werden Maßnahmen zur Verkaufsförderung oder (eher selten, weil nur langfristig wirksam und risikobehaftet) zur Produktinnovation auf der Liste zu finden sein. Möglicherweise steigert sich die Gruppe bis ins Kriminelle hinein: Phänomene wie Korruption und Betrug sind bewährte Mittel, um Gewinne zu sichern und zu steigern.

Schauen wir uns Gruppe 2 an, deren Aufgabe die Maximierung des Kundennutzens war. Hier werden alle Ideen in eine Richtung gehen: in eine kreative, innovative und produktive. Es ist schon lange bekannt, dass der Mensch um ein Vielfaches einfallsreicher ist, wenn er die Probleme anderer lösen soll, als wenn es um die eigenen Probleme geht. Die meisten der Maßnahmen von Gruppe 2 werden möglicherweise undurchführbar sein – doch der Rest, der übrig bleibt, birgt den Stoff, aus dem die Zukunft des Unternehmens gemacht wird: die Ideen, aus denen innovative Verhaltensweisen und Produkte entstehen, die den Kunden langfristig an das Unternehmen binden.

Nutzenmaximierung und Gewinn schließen sich keineswegs aus, sondern vertragen sich allerbestens. Der Gewinn ist eine zwangsläufige Folge der Nutzenmaximierung, sofern ein Unternehmen ordentlich wirtschaftet. Die Nutzenorientierung wirkt auf den Gewinn wie ein Filter. So entsteht ein wesentlich positiveres Bild des Unternehmers, des Unternehmens und der Marktwirtschaft. Der Unterschied scheint zwar gering zu sein, hat aber dramatisch andere Folgen.

Unzählige Unternehmen – nicht nur EKS-geführte – haben hinreichend unter Beweis gestellt, dass die beste Überlebens- und Wachstumsstrategie darin besteht, der beste Problemlöser für eine genau definierte Zielgruppe zu werden und zu bleiben.

Alles bereit zur Wende?

Ist nun im Zuge der Finanzkrise damit zu rechnen, dass die Shareholder-Value-Konzepte und die Gewinnmaximierungsdoktrin beerdigt werden? Müssen sich die Fachverlage darauf einstellen, dass die BWL-Bücher umgeschrieben werden?

Ein rascher Wandel in der Managementlehre ist vor allem deswegen wenig wahrscheinlich, weil das Glaubenssystem der Gewinnmaximierung und das ihm zugrunde liegende Menschenbild tief im Bewusstsein der Manager und der gesamten Gesellschaft verankert sind. Dazu kommt: Die der Betriebswirtschaftslehre zugrunde liegende Erkenntnistheorie bezogen darauf, wie Menschen „funktionieren", ist relativ schlicht und entspricht teilweise dem, was jahrhundertelang als allgemeiner Konsens galt.

Der Hauptakteur der Wirtschaftstheorie ist der sogenannte homo oeconomicus: ein kühl kalkulierendes Wesen, das Kosten und Nutzen eines jeden miteinander konkurrierenden Gutes stets in Perfektion gegeneinander abzuwägen in der Lage ist. So wurden Heerscharen von angehenden Kaufleuten und Managern in dem Glauben gefestigt, ihren künftigen Kunden (und ihnen selbst!) gehe es bei der Kaufentscheidung hauptsächlich um Dinge wie Mengen, Preise, Qualitäten, Termine und anderes „objektiv" Messbares. Der homo oeconomicus trifft seine (Kauf-)Entscheidungen rational und so gut wie autonom – und zwar bei Konsumentscheidungen ebenso wie bei Investitionsentscheidungen. Außerdem verfügt er über schier unmenschliche Fähigkeiten: Er kann in kürzester Zeit alle relevanten Informationen verarbeiten, ist daher stets vollständig informiert und kann blitzschnell auf Veränderungen im Angebot reagieren. Hinter diesem Konstrukt steckte die tiefe Sehnsucht der Ökonomen, ihre Wissenschaft möge ebenso berechenbar und zuverlässig sein wie die Physik oder Mathematik.

Auch was die Motivationsstruktur des Menschen angeht, machen es sich die Ökonomen sehr einfach. Eine zentrale Emotion beherrscht die Akteure auf den Märkten: die Gier nach *mehr*. Unternehmen sind gierig nach Gewinnen; Kunden sind gierig nach Nutzen: Sie wollen die beste Qualität zum niedrigsten Preis. Damit motivieren sie die Unternehmen zu Höchstleistungen, die sich im Wettbewerb um die Zuneigung der Kunden gegenseitig übertrumpfen. Treffen nun diese beiden Parteien mit ihrer Gier auf den Märken aufeinander, so entsteht auf geheimnisvolle Weise ein wirtschaftliches Optimum.

Tatsache aber ist: Der Mensch ist keineswegs ein kühl abwägendes, rationales Wesen, sondern wird in erster Linie von Emotionen regiert – und zwar nicht nur, wenn er sich zwischen Schokoladenpudding und Eiscreme zu entscheiden hat, sondern auch bei der Wahl des richtigen Zulieferers und der passenden Maschine. Der Mensch entscheidet sich nämlich keineswegs für das jeweils „objektiv beste Angebot", sondern er trifft daran gemessen in aller Regel höchst „irrationale" Entscheidungen – das haben schon viele Unternehmen zu spüren bekommen, die zwar hoch innovative und „objektiv" bessere Leistungen angeboten haben, sich aber dennoch nicht gegen etablierte Mitbewerber haben durchsetzen können. Glaubten wir bisher, dass die Gefühle unserer Kunden nur in der Werbeabteilung etwas zu suchen haben, so sehen wir uns heute mit ganz anderen Wahrheiten konfrontiert: Gefühle regieren überall – sogar in der Abteilung Buchhaltung.

Wer wirklich wissen will, was Menschen antreibt und wie man diese Triebfedern für den eigenen Erfolg nutzen kann, sollte sich einer relativ jungen Wissenschaft zuwenden: der Neurobiologie. Vertreter dieser Zunft haben nahezu schockierende Erkenntnisse zu Tage gefördert. „Einen freien Willen gibt es nicht!" lautet die provokante Erkenntnis von Forschern wie Wolf Singer (Direktor des Max-Planck-Instituts für Hirnforschung) oder Gerhard Roth, Professor für Verhaltensphysiologie an der Universität Bremen (Singer, a. a. O.; Roth a. a. O.). Demnach sind wir keineswegs großhirn-gesteuert, sondern einzig und allein Opfer unserer urzeitlich geprägten limbischen Instruktionen. Nicht der Neokortex beherrscht die Emotionen – im Gegenteil: Unsere im Stammhirn ansässigen Emotionen beherrschen unsere Ratio. Soziale Prägungen, frühkindliche Erziehung und unbewusste Lernprozesse tun ein Übriges, damit der Mensch ist, wie er ist. Wirkliche Veränderungen finden nur ganz selten statt, ansonsten sind einmal programmierte Denk- und Verhaltensweisen kaum noch zu beeinflussen. Angesichts solch desillusionierender Szenarien ist es kaum verwunderlich, dass die wenigsten Veränderungsprozesse in Unternehmen von Erfolg gekrönt sind: Die mit viel Aufwand und Brimborium inszenierten „Change Projects" scheitern letztlich daran, dass die meisten Menschen weder willens noch in der Lage sind, ihre Verhaltensweisen grundlegend zu ändern.

All you need is love

Ist der Mensch von Natur aus auf Wettbewerb, Verdrängung und Krieg programmiert? Entsprechen der kalte Kapitalismus und die ungezügelte Gier unserer menschlichen Natur? Sind wir – wie einige Soziobiologen uns glauben machen – lediglich Raubtiere, die durch Erziehung und Gesetzgebung zu sozialem Verhalten gezwungen werden müssen? Prominente Vertreter ganzheitlicher Managementstrategien wie der Biologie Hans Hass waren genau dieser Meinung. Im Rahmen seiner Energontheorie kam er zwar zu ähnliche Schlussfolgerungen wie Mewes und die EKS; Hass zweifelte jedoch daran, dass die EKS jemals „funktionieren" könne: Der Mensch sei im Kern ein Raubtier und nicht zu altruistischem, nutzenorientiertem Verhalten fähig.

Zur Frage nach der Natur des Menschen hat die Neurobiologie interessante Ergebnisse zu Tage gefördert. Beispielhaft sei hier der Freiburger Professor Joachim Bauer genannt, der 80 neurobiologische Studien weltweit auswertete und zu folgendem interessantem Ergebnis kam:

„Wir sind – aus neurobiologischer Sicht – auf soziale Resonanz und Kooperation angelegte Wesen. Kern aller menschlichen Motivation ist es, zwischenmenschliche Anerkennung, Wertschätzung, Zuwendung oder Zuneigung zu finden und zu geben. Das Bemühen des Menschen, als Person gesehen zu werden, steht noch über dem, was als Selbsterhaltungstrieb bezeichnet wird (…). Die stärkste und beste Droge für den Menschen ist der andere Mensch" (Bauer, a. a. O.). Wer jemals glücklich verliebt war in seinem Leben oder wer sich schon einmal über das Lob eines Kunden oder des Chefs gefreut hat, kann dies sicherlich sofort bestätigen.

Es stellt sich hier die Frage, warum wir so viel Gewalt und Aggression in der Welt sehen, wenn doch der Mensch von Natur aus kooperativ und sozial veranlagt ist. Auf diese Frage findet Bauer drei Antworten:

1. Das angeborene Bedürfnis nach zwischenmenschlichem Kontakt und Wertschätzung muss durch starke und verlässliche Bindungserfahrungen vom Moment der Geburt an gefördert und weiterentwickelt werden, ansonsten verkümmern die dafür zuständigen Rezeptoren, und der Weg ist frei für aggressive und unsoziale Verhaltensweisen, wie wir sie in jeder Gesellschaftsschicht finden.

2. Aggression und Isolation sind häufig die Folge fehlgeschlagener Bindungsversuche. Auch dieses Phänomen kennt man aus dem Privatleben: Gerade noch stand der/die Angebetete im Mittelpunkt der Träume, doch kaum ist man abgeblitzt, drehen sich die Gefühle möglicherweise in genau die entgegengesetzte Richtung.

3. Man erfährt in der gemeinsam ausgeübten Aggression Bindung, soziale Akzeptanz und Wertschätzung. Beispiele sind Bandenkriminalität, Armeen oder Unternehmen, die ihre Mitarbeiter auf den Kampf um Marktanteile und/oder die Vernichtung von Konkurrenten einstimmen.

Praktisch alles, was wir heute tun, tun wir letztlich für Anerkennung und Wertschätzung – und dieses Grundmotiv ist es auch, das uns selbst und die Märkte am Laufen hält.

Wenn wir zu einer ganzheitlichen, nachhaltigen und sozial akzeptierten Form des Wirtschaftens finden wollen, so müssen die Betriebswirtschaft und Managementlehre aus dem engen Korsett ihres weltfremden Reduktionismus und von ihrem negativen Menschenbild befreit werden. Die Alternativen dazu existieren – neben der EKS – längst. Unzählige kleine und mittlere Unternehmen, die nicht von Angst und Gier getrieben werden, sondern von Werten wie Kundennutzen, Innovationsfreude und Verantwortung für ihre Mitwelt leben es täglich vor; sind jedoch unsichtbar in den Medien und in der ökonomischen Theorie.

Eine nachhaltige Wende auf breiter Front indes bedarf einiger grundsätzlicher Weichenstellungen – angefangen damit, wie wir junge Menschen ausbilden. Die Skandale in deutschen Großunternehmen rund um Schmiergeld, Bestechung, Prostitution und Bespitzelungen sind das Ergebnis eines jahrzehntelangen Drills Richtung Gewinnmaximierung in den Universitäten und der Vermittlung eines dumpfen, undifferenzierten Menschenbildes. Wer schon jungen Menschen beibringt, dass im Profit der höchste Wert der Unternehmensführung liegt, muss sich nicht wundern, wenn diese Menschen alle anderen Werte diesem unterordnen, sobald sie später in Amt und Würden sind. Es ist zynisch, wenn Politik, Kirchen und Presse jetzt die Gier der Manager beklagen, aber tatenlos zugeschaut haben, als diese in ihrer Ausbildung zu genau diesem Verhalten erzogen wurden.

Gunter Dueck schreibt in seinem Buch „Abschied vom Homo Oeconomicus": „Die heutigen Manager sind ganz solche ihrer jetzigen Instinktphase: Sie sind äußerst ehrgeizig, haben Biss und Energie, können brutal umsetzen und schnell exekutieren. Sie nehmen kaum Rücksichten auf Einzelschicksale und tragen tausendfaches Arbeitnehmerleid mit dem Gleichmut des Gewinners in einer Welt der Loser ... Die Manager sind ein genaues Abbild des Mainstream-Instinktes. Sie denken das, was man in dieser Phase der Ökonomie denken muss, nichts anderes" (Dueck, a. a. O.).

Die derzeitige Diskussion um die negativen Folgen der Gewinnfixierung mögen dazu beitragen, dass diese Trendwende sich beschleunigt und mehr öffentliche Aufmerksamkeit bekommt. Ansonsten ist zu befürchten, dass sich einmal mehr ein Max Planck zugeschriebenes Bonmot bewahrheitet: „Neue wissenschaftliche Erkenntnisse pflegen sich nicht in der Weise durchzusetzen, dass die Gegner überzeugt werden, sondern dadurch, dass diese Gegner allmählich aussterben."

Literatur

BAUER, JOACHIM, Prinzip Menschlichkeit – warum wir von Natur aus kooperieren, München 2008

DUECK, GUNTER, Abschied von Homo Oeconomicus, Frankfurt 2008

MEWES, WOLFGANG, Kerstin Friedrich, EKS-Fernlehrgang, Darmstadt 2009

ROTH, GERHARD, Wir sind determiniert – Die Hirnforschung befreit von Illusionen, in: FAZ v. 9.11.2003

SINGER, WOLF, Keiner kann anders, als er ist – Verschaltungen legen uns fest: Wir sollten aufhören, von Freiheit zu reden, in: FAZ v. 8.1.2004

WÖHE, GÜNTER, Ulrich Döring, Einführung in die Allgemeine Betriebswirtschaftslehre, 23. Auflage, München 2008

Teil II

Von der Existenzgründung bis zur Marktführerschaft

Von der Nische zum Weltmarktführer – die Belimo AG

Interview mit Anton H. Hütte und Jacques Sanche

Einleitung und Interviewführung: Hans Bürkle

Das Umfeld der 1975 in der Schweiz gegründeten Belimo AG war und ist die Klimatechnik. In klimatechnischen Anlagen werden Luftströme geregelt, gekühlt oder erwärmt. Ziel der Gründung war, bessere Verstellmöglichkeiten für die Luftklappen in lufttechnischen Anlagen zu entwickeln und zu liefern.

Um entsprechende Besserlösungen kümmerten sich die sechs Firmengründer, die alle zusammen ein sich ergänzendes Know-how aus der Branche Klimatechnik bzw. Regelungstechnik mitbrachten.

Die in der Branche bestehenden regelungstechnischen Unternehmen befassten sich vorrangig mit kompletten Regelsystemen für Lüftungs- und Klimaanlagen und verkauften ein breites Sortiment. Die Gründer dagegen suchten nach einem Produkt, das im Bereich der Klimatechnik eine Innovation darstellt, die von einem kleinen Unternehmen auch in diesem Markt durchsetzungsfähig war.

Das konnte keine Lösung sein, wie sie von den bisherigen Anbietern geliefert wurde. Den Gründern war klar, dass es eine ganz neue und überzeugend bessere Lösung sein musste. Diese fand man weniger im Bereich der Steuer- und Regeltechnik, sondern in der besseren Montage eines neuen Stellantriebs für die Luftklappenverstellung. Die Nische gegenüber den großen Anbietern war gefunden.

Die Innovation war teilweise in einer Verkürzung der technischen Installation begründet, man kann sagen, in einer wertanalytischen Verbesserung. Denn die bisherigen Klappenstellantriebe wurden indirekt über eine Stange (Vaterprinzip) angesteuert, der neu konstruierte Steckmotor hatte dagegen das „Mutterprinzip" – er war Aufnehmer der Klappenachse und steuerte diese direkt.

Der neue Steckmotor hatte für den Anwender diverse Vorteile, wie präzisere Steuerung der Klappen, bessere Fixierung an den Lüftungskanälen, einfachere und kostengünstigere Montage und auch noch einen sehr günstigen Preis.

Die Belimo AG entwickelte das Produkt zur Serienreife und ging so mit nur einem einzigen Produkt, dem elektrisch angetriebenen Getriebemotor zur Verstellung von Luftklappen in Lüftungs- und Klimaanlagen, an den Markt. Dieser Steckmotor ist bis heute der wichtigste Erfolgsträger der Aktiengesellschaft in Hinwill (CH). Belimo ist mit großem Abstand Marktführer in Innovationen und Umsatz. 1977 wurde Anton H. Hütte Verwaltungsratspräsident der AG und übernahm die Leitung der Belimo-Vertriebsgesellschaft in Stuttgart, von wo aus er den deutschen Markt zügig eroberte.

Die Belimo AG wurde 1976 gegründet und entwickelte sich mit einer Strategie, die sich speziell mit einem Nischenprodukt am Kundennutzen orientierte, zum Weltmarktführer mit mittlerweile über 35 Mio. verkauften Antriebsmotoren.

Die Belimo AG erzielte 2008 einen Umsatz von mehr als 400 Mio. Schweizer Franken und einen Betriebsgewinn (EBIT) in Höhe von ca. 15 Prozent – ein hervorragender Wert.

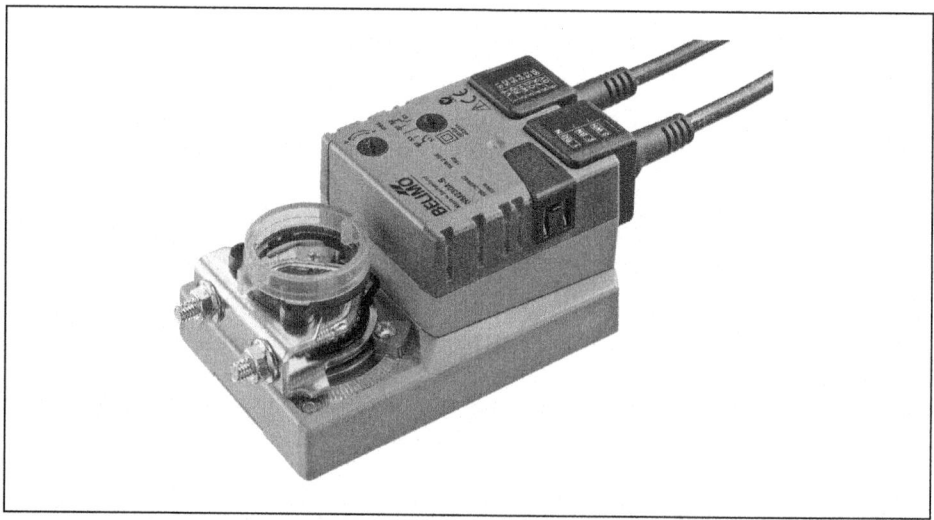

Abbildung 1:   *Belimo-Steckmotor*

Interview mit Anton Heinrich Hütte, Mitgründer und langjähriger Verwaltungsratspräsident der Belimo AG in der Schweiz

Wie hat die Gründungsphase der Belimo AG ausgesehen?

Wir, die sechs Gründungsmitglieder Burkhalter, Gebrüder Linsi, Roner, Stocker und ich, waren bislang in leitenden Positionen eines Schweizer Unternehmens für Heizungs- und Klimaregelung tätig. Wir kannten uns also. Aus diversen Gründen wollten wir uns alle beruflich neu orientieren. In dieser Phase lernten wir die EKS kennen, die aufzeigte, dass Kooperation besser ist, als wenn jeder seine eigene Suppe kocht. Kurz, wir kamen zu dem Entschluss, gemeinsam ein Unternehmen zu gründen mit dem Zweck, die Lüftungs- und Klimabranche mit besseren Lösungen zur Verstellung von Luftklappen in lufttechnischen Anlagen zu versorgen. Belimo ist übrigens die Zusammenfassung der Begriffe Beraten, Liefern, Montieren.

Die Ursache der Existenzgründung lag vor allem darin, dass uns allen die bisherige Beteiligung am Unternehmenskapital in der Firma für Regelungstechnik, in der wir tätig waren, unter großem Druck abgenommen wurde. Das schweißt zusammen. Wir hatten alle Fähigkeiten, die notwendig waren, um eine Firma aufzubauen und zu führen. Jeder konnte einen gewissen Beitrag leisten und mein Beitrag war eigentlich die Strategie, genauer gesagt die EKS von Wolfgang Mewes, die dazu führte, sich auf Klappenantriebe zu spezialisieren. Mit dieser Geschäftsidee hatten dann alle den Mut, sich gemeinsam selbständig zu machen. Wir hätten alle als Angestellte mit einem guten Gehalt weiter bleiben können. Wir bevorzugten jedoch die Selbständigkeit.

500.000 Schweizer Franken Startkapital der sechs Gründer kamen so zusammen: Keiner von uns wollte Alleininhaber sein, Partnerschaft war unser erklärtes Ziel und jeder sollte die Möglichkeit haben, sich mit seinen Stärken einzubringen. Und so hatten wir schon zu Anfang die erforderlichen Kompetenzen im Hause: Marketing, Vertrieb, Entwicklung, Konstruktion, Fertigung, Finanzen und Rechnungswesen sowie die richtige Strategie.

Letztere verlangte als wichtige Erfolgsvoraussetzung die Geschäftsausrichtung in eine Nische hinein. Ohne dieses Prinzip „in Lücke gehen" hätten wir höchstwahrscheinlich das Gleiche gemacht wie zuvor. Wir hätten auf breiter Front mit ähnlichem Sortiment den Markt bedient und hätten es bestenfalls zur Mittelmäßigkeit gebracht. Aber wer ist schon an Mittelmäßigkeit interessiert?

So haben wir gründlich überlegt, wo wir in dem uns bekannten Angebotsspektrum ein Thema herausgreifen könnten, mit dem eine Besserlösung machbar wäre. Wir kamen schließlich auf das Anwendungsgebiet „Klappenverstellung in Lüftungs- und Klimaanlagen". Bei den in der Klappenverstellung eingesetzten Antriebsmotoren gab es Konstruktions- und Montageprobleme, die wir meinten, besser lösen zu können.

Die Ausrichtung unserer Kräfte auf dieses für den Wettbewerb nebensächliche Thema hatte für uns einen großen Vorteil. Als wir auf den Markt kamen, wurde unsere Besserlösung zunächst belächelt und nicht besonders ernst genommen, so dass wir die Entwicklung ungestört weitertreiben konnten.

Der Innovationsentwicklung bei uns lag folgender EKS-Satz zu Grunde: „Es genügt nicht, nur besser zu sein als die anderen; einen echten Vorsprung erreicht man nur mit einer grundsätzlich anderen Lösung." Danach hatten wir gesucht und sie gefunden. Die Lösung war der Steckmotor als Direktantrieb für die Verstellung der Luftklappen. Das war die Innovation, die wir dann konsequent vorantrieben.

War dabei das Patent entscheidend für Ihren Erfolg?

Wir hatten ein Patent, das hat aber nicht standgehalten. Wir haben uns auch nicht weiter darum gekümmert, weil wir gesehen haben, dass die Patentsicherung eine Rückwärtsstrategie ist, das heißt, man muss etwas verteidigen. Und wir hatten ja von EKS gelernt, man soll eine Vorwärtsstrategie betreiben in der Form, dass man immer die bessere Lösung hat, dann müssen andere hinterherlaufen. Und wenn man konsequent diese Strategie beherzigt, dann bleibt der Nachahmer immer der Nachahmer, das heißt, er ist immer im Nachteil. Voraussetzung ist, dass man immer weiter fortentwickelt und nicht stehen bleibt.

Worin lag die Fortentwicklung? Lag sie in der Produktvariation, der kostengünstigeren Lösung oder in der Anwendung?

Die Fortentwicklung war mehrschichtig. Also zunächst die Preisgeschichte. Am Anfang stand natürlich die kybernetische Kalkulation als Anwendung auf unsere Motoren zur Diskussion stand. Wir hatten im vorhergehenden Unternehmen ein großes Sortiment mit tausend Artikeln und überlegten, was sich für eine Spezialisierung eignet und was man auch alleine verkaufen kann. Bis dato hatten all die großen Reglerfirmen wie Sauter, Siemens, Honeywell und Johnson ein Vollsortiment an Reglern, Temperaturfühlern, Feuchtfühlern, Druckfühlern sowie die Stellglieder für Warmwasser und Heißwasser.

Und wir wollten nicht eine weitere Reglerfirma werden – das haben wir gleich von Mewes gelernt. Dafür hatten wir auch viel zu wenige Ressourcen und es wäre nicht sinnvoll gewesen, weil es schon genügend Anbieter gab. Wir haben uns dann für die Klappenverstellung in raumlufttechnischen Anlagen entschieden.

Wir hatten zudem in Betracht gezogen, von Anfang an auch ein ergänzendes Regelventil zu entwickeln. Wir haben uns aber auf Klappenantriebe als selbständiges Produkt konzentriert.

Von Wolfgang Mewes hatten wir auch gelernt, dass man sich nur dort spezialisieren soll, wo man heimisch ist, wo man sich auskennt. Und auf dem Gebiet der Klimaregelung haben wir uns gut ausgekannt, da wir alle schon über zehn Jahre in diesem Markt tätig waren. Wir wussten wie groß der Markt ist, wussten jedoch nicht, wie schnell es uns gelingt, die Kunden zu veranlassen, die Regelgeräte weiterhin woanders zu kaufen, die Klappenstellantriebe jedoch bei uns.

Jetzt ging es noch um den Preis. So haben wir dann hin und her gerechnet, dabei eine ziemlich große Stückzahl kalkuliert und kamen demzufolge auch auf einen entsprechend niedrigen Preis (kybernetische Kalkulation). Das war wahrscheinlich eine unserer mutigsten Entscheidungen, Stückzahlen für die ersten Jahre zu schätzen, ohne ein einziges Stück verkauft zu haben. Und so hatten wir gleich zwei Besonderheiten im Angebot: eine völlig neue technische Lösung und einen unschlagbaren Preis. Wir waren 30 bis 40 Prozent niedriger im Preis als alle anderen Anbieter.

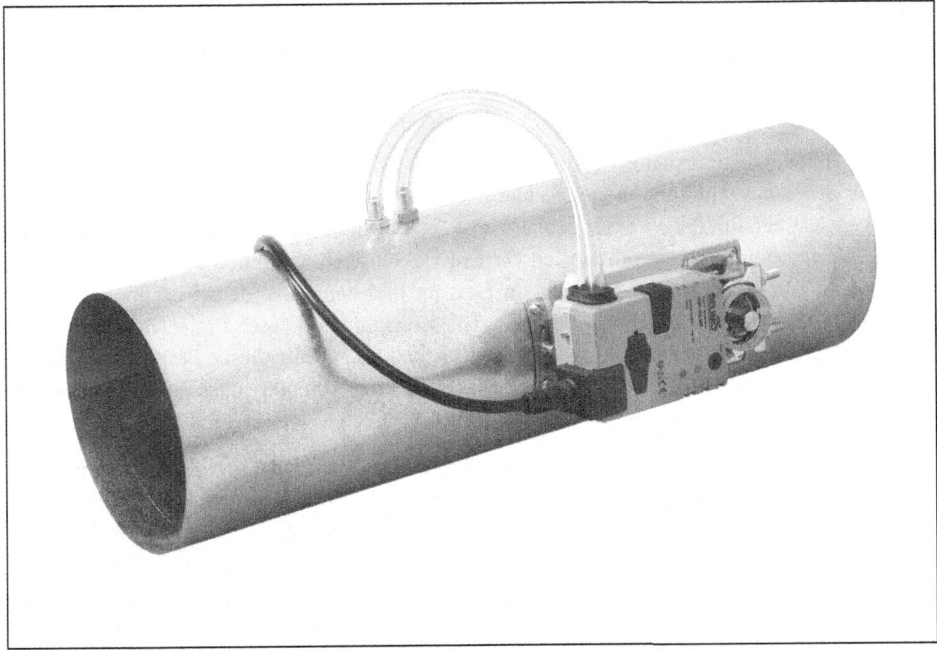

Abbildung 2:   *Lüftungsrohr mit aufgestecktem Stellmotor*

Was uns bei der Kalkulation so sicher machte, waren unsere Voraussetzungen: 1. Wir wissen, wovon wir reden, 2. Marktkenntnis, 3. die Branchenmitspieler kennen und 4. unsere eigenen Talente, denn wir hatten neben Fachleuten in Vertrieb, Betriebswirtschaft und Produktion einen Entwickler mit kaufmännischer Bildung, der zudem einen guter Konstrukteur war.

Wie haben Sie die Produktionskosten in den Griff bekommen?

In Verbindung mit den Stückzahlen mussten wir natürlich die Herstellkosten bei der Preisstellung berücksichtigen. Statt alles selbst zu machen, haben wir versucht, nach EKS extern einen Lieferanten zu finden. Mit einem Unternehmen auf der Schwäbischen Alb hatten wir Kontakt aufgenommen; als wir dem Unternehmer gesagt haben, was der Motor kosten dürfte, hat er gleich abgesagt (er ist übrigens dann einer der Nachahmer geworden).

Wir haben uns dann entschlossen, Entwicklung, Konstruktion und Montage selbst zu übernehmen, aber sämtliche Teile extern zu beschaffen. Auch mussten wir neue konstruktive Wege beschreiten, da Lösungen nach dem Stand der Technik, zum Beispiel Kugellager oder gefräste Zahnräder, nicht zu den notwendigen niedrigen Herstellkosten geführt hätten. Die Antriebsmotoren beschafften wir uns in Japan, während die übrigen Teile in der Schweiz und in Deutschland bezogen wurden. Im Schweizer Oberland konnten wir viele Spezialisten für die Fertigung der Kleinteile finden (die Schweiz ist ja auch für die Uhrenfertigung bekannt). Diese Kleinunternehmen haben gemeinsam mit uns die Teile entwickelt und optimiert. Wir haben also nie Teile selbst produziert, wie von Mewes vorgegeben: Wenn wir mit einer eigenen Fertigung angefangen hätten, dann hätten wir vieles neu erfinden, Know-how erarbeiten, Hallen bauen, Maschinen kaufen und Leute einstellen müssen. Ohne die EKS wären wir auf die Idee der Fremdfertigung nicht gekommen.

Bei den Herstellkosten spielte vor allem die Projektstückzahl eine ganz wichtige Rolle. Bei einer großen Stückzahl kann man sich teure Werkzeuge leisten und kommt dadurch zu sehr niedrigen Kosten für die werkzeugabhängigen Teile. So führten wir eine Kalkulation der Herstellkosten durch, legten die Kosten für Entwicklung, Konstruktion und Werkzeuge um, berücksichtigten noch einen bescheidenen Gewinn und kamen zu dem Listenpreis von damals 100 Schweizer Franken für den Standard-Steckmotor. Dieser Preis war sensationell günstig und der EKS entsprechend kybernetisch kalkuliert. Mit dieser Preisstellung hatten wir sozusagen die Garantie, die geplante Stückzahl von 100.000 Stück in spätestens fünf Jahren zu erreichen.

Die Fertigung haben wir wirklich konsequent delegiert, haben dann aber die Montage gemacht. Angefangen haben wir in einer alten Schreinerei. Unsere ersten Angestellten waren Rentner, die Lust hatten, etwas zu tun – das war eine herrliche Truppe, so im Aufbruch und so begeistert. Gleichzeitig war es ein wesentlicher Beitrag, die Montagekosten niedrig zu halten. Es sei auch noch darauf hingewiesen, dass man mit der Montage im eigenen Haus auch die Qualitätssicherung in eigenen Händen hat. Da wir, wie bereits erwähnt, aus Kostengründen bei der Konstruktion neue Wege beschreiten mussten, war es erforderlich, Grundlagenforschung zu betreiben und Dauertests durchzuführen. Das galt auch für die aus Japan bezogenen Antriebsmotoren, die ja nicht speziell für unsere Anwendung gebaut waren.

Wie lang ging diese Startphase bis zum fertigen Produkt?

Das war kaum länger als ein Jahr, also ziemlich schnell. Was da von unserem Team in einem Jahr geleistet wurde, war grandios. Wir waren eben alle sehr engagiert. Dann kam unser erster Messeauftritt mit gerade mal zwei Quadratmetern Fläche auf der Fachmesse in Frankfurt. Die Reaktion der Anwender war zurückhaltend aber interessiert, der günstige Preis verfehlte seine Wirkung nicht. Die neue technische Lösung verblüffte, Testkäufe wurden getätigt, der Widerstand bröckelte langsam. Wir waren jedenfalls das Gesprächsthema Nummer eins in der Branche. Viele lachten uns aus, vor allem die Mitbewerber. Sie konnten sich nicht vorstellen, wie jemand mit nur einem Produkt und das auch noch zu einem Preis von nur 100 Schweizer Franken eine Firma aufbauen will.

Man kann nicht behaupten, dass uns die Steckmotoren nur so aus den Händen gerissen worden wären. In dieser Phase kam uns dann unser persönlicher Bekanntheitsgrad zugute, man kannte uns. Die Leute haben uns ernst genommen und Vertrauen entgegengebracht. Und dann kamen die ersten fünf Jahre. Wir hatten 1975 angefangen und 1976 den ersten Umsatz mit 80.000 Schweizer Franken gemacht. Schon 1978 erreichten wir die Stückzahl von 100.000 und ein ausgeglichenes Jahresergebnis. Dann dauerte es noch bis 1981, also drei Jahre, bis die Verluste aus den Vorjahren abgetragen waren.

Lassen Sie mich hierzu Folgendes sagen. Wenn man erfolgreich ist, dann lassen die Nachahmer nicht lange auf sich warten. Grundsätzlich kann man stolz darauf sein, wenn man nachgeahmt wird. Ist es doch eine Bestätigung für eine besonders gute Leistung. Wie aber hält man die Nachahmer auf Distanz?

Für uns war das nie ein Problem. Anfangs hatten wir ein Patent auf den Steckmotor. Doch schon bei der ersten Nachahmung erwies es sich als nicht tragfähig und wir haben auch keine Energie verschwendet, es zu verteidigen. Unsere Strategie in dieser Hinsicht war, wie bereits erwähnt, eine Vorwärtsstrategie. Aufgrund unseres Know-hows mussten und wollten wir immer schneller und besser sein als unsere Mitbewerber. Darüber hinaus übten wir stets eine sehr zurückhaltende Preispolitik, das heißt wir hielten die Preise so niedrig wie irgend möglich. Für Nachahmer war dadurch preislich so gut wie kein Spielraum vorhanden, wir aber konnten uns durch unsere ständig steigenden Stückzahlen niedrige Preise leisten und gleichzeitig gute Gewinne machen. Keinem der inzwischen 30 Nachahmer ist es bisher gelungen, zu einem wesentlichen Marktanteil zu kommen. Ein Nachahmer läuft eben immer hinterher.

Inwiefern hat das Produkt „Steckmotor" eine langfristige Perspektive?

Für die langfristige Geschäftsstabilisierung orientierten wir uns an der von Mewes empfohlenen „dauerhaften sozialen Grundaufgabe". Das heißt, nicht der neue Antriebsmotor als solcher ist allein seligmachend, sondern die stets beste Lösung eines Problems. Derzeit ist der Steckmotor noch die wichtigste Lösung des Problems der Klappenverstellung. Seit einigen Jahren befasst sich Belimo auch mit der Verstellung von Regelventilen. Auch hier steht der Steckmotor im Vordergrund. Belimo sucht jedoch kunden- und lösungsorientiert stets nach neuen und besseren Lösungen. Ziel von Belimo ist, technologischer Marktführer zu sein und auch zu bleiben

Mit der Montage hatten Sie auch die Qualitätssicherung im Hause. Wie gingen Sie mit Qualitätsproblemen um?

Das Allerwichtigste war uns, immer ganz nah am Kunden zu sein und Feed-back zu bekommen. Das Qualitätsthema hat oberste Priorität. Wir haben gemeint, wir wären Experten in der Qualitätssicherung, aber trotzdem ist schon der eine oder andere Lapsus passiert. So hatten wir zum Beispiel bei einem speziellen Auftrag 300 Motoren geliefert, die wir in einer Produktionshalle, Höhe 12 m, mit Portalkränen über der Decke in der Lufttechnik einbauen ließen. Und alle waren oben an der Decke verteilt eingebaut, also ungünstiger ging es nicht mehr. Und da hatten wir diverse Stellmotoren, die versagt haben. Jetzt war was los, grand malheur. Das Großunternehmen hat sofort eine große Konferenz anberaumt, wir mussten nach Friedrichshafen zum Rapport kommen. Die Firmenvertreter kamen mit einem Rechtsanwalt und Gott weiß was an Fachleuten an und wollten ein großes Theater machen. Nun saßen wir da – es ging um die Schuldfrage. Üblicherweise wird darüber heftig gestritten. Für uns gab es nichts zu streiten. Für uns war klar, unsere Motoren hatten versagt und es war unsere Schuld.

Das konnten die Firmenvertreter gar nicht verstehen. So etwas hatten sie offensichtlich noch nicht erlebt. sie waren so perplex und richtig enttäuscht, weil es nichts zu streiten gab. Denn wir haben gesagt, dass es unsere Schuld ist und dass wir zum Thema kommen müssen, wie das Problem jetzt am besten aus der Welt geschafft werden kann.

Da sagte der überraschte Bereichsleiter des Anlagenbauers: „Gut also, wir stellen zwei Mann zur Verfügung, und dann werden die Motoren unter der Decke ausgetauscht". Und von dem Großunternehmen kam der Vorschlag zur Güte: „Wir können ja eine Feuerwehrübung machen am Wochenende und dann machen wir da mit". Und das Ergebnis war am Schluss für uns ein minimaler Aufwand, neue Steckmotoren sowieso, auch zwei Leute beistellen und am Ende ein Imagegewinn. Dass wir sofort die Schuld übernommen haben, das war für sie neu und wurde nun in der Branche weitererzählt.

Kulanz war und ist ein weiteres strategisches Element, auf das wir großen Wert legen. Dadurch werden die Kunden zu Werbeträgern und wir lernen dazu. Wir strebten wir von Anfang an ein positives Bild bei der Zielgruppe an unter dem Motto: „Belimo ist ein angenehmer und kulanter Partner, mit dem man es gerne zu tun hat".

Und was die Kundenzufriedenheit betrifft, konnten wir neben hoher Produktqualität 1994 einen „Kundenwunschterminerfüllungsgrad" von 97 Prozent erreichen.

Ihre Expansion ins Ausland – wie gingen Sie vor?

Unsere Zentrale war in der Schweiz, in Deutschland waren wir in Stuttgart vertreten. Zunächst suchten wir Vertretungen in Deutschland. Recht bald haben wir zurückgeschaltet und mit eigenen Leuten gearbeitet. Im Ausland haben wir schlechte Erfahrungen mit Externen gemacht und Lehrgeld bezahlt. Mit der Zeit haben wir auch dort angestrebt, alles selbst zu machen. Wir haben dann teilweise die Firmen aufgekauft und uns beteiligt. Inzwischen haben wir in den wichtigsten Ländern eigene Tochtergesellschaften. Und schon recht früh, 1987, gingen wir in die USA, wo wir einen Glückstreffer hatten. Wir fanden einen Schweizer, der bei einem großen Wettbewerber war und den amerikanischen Markt kannte. Mit ihm zusammen haben wir eine Firma gegründet und er ist bis heute noch aktiv im Verwaltungsrat in der Schweiz tätig. Er hat das US-Geschäft hervorragend gemacht, den Markt aufbereitet und erfolgreich gemanagt.

Ab wann waren Sie mit Belimo Marktführer?

Es hatte uns selbst überrascht. Bereits im 10. Jahr unseres Bestehens waren wir zum Marktführer in Westeuropa geworden. Vorausgeschickt sei, dass wir den von uns entwickelten Steckmotor preislich über lange Jahre hinweg kaum erhöht hatten. Die Stückzahlen wuchsen auf 1 Mio. im Jahr. Der Umsatz entwickelte sich zügig auf 21 Mio. Schweizer Franken in 1985. Den Marktanteil bei den Stellantrieben im Segment Lüftungsanlagen schätzten wir auf über 40 Prozent.

Die Frage nach der Marktführerschaft beantworteten wir mit zwei Thesen. Zum einen, wenn man deutlich den größten Marktanteil hat, und zweitens, wenn man technologisch den Markt prägt. Beides war schon 1985 gegeben und der Begriff Steckmotor war zwischenzeitlich in die Fachterminologie eingegangen und hat neue Maßstäbe gesetzt. Er gilt heute als Stand der Technik.

1995 hatten wir einen Umsatz von 120 Mio. Schweizer Franken. Obwohl es nie unser Ziel war, einen Konzern aufzubauen, wurde es jedoch nötig, all die Tochtergesellschaften unter einen neuen Hut zu bringen. Übereinstimmend kamen die Gründer bzw. Aktionäre zu der Auffassung, dass zur konstanten Weiterentwicklung des Unternehmens der Gang an die Börse der richtige Weg ist; dies auch deshalb, weil dadurch das Management unter öffentlicher Aufsicht steht. Und wir lösten die anstehenden Nachfolgeprobleme auch gleich mit.

Zur Sicherung der Unabhängigkeit der Belimo AG war es unser Ziel, die zum Verkauf kommenden Aktien möglichst breit zu streuen und das Stimmrecht pro Aktionär auf 5 Prozent zu beschränken. Die Mitarbeiter konnten Aktien zu Vorzugskonditionen bekommen. 49 Prozent der Aktien wurden am 10.11.1995 erfolgreich an der Börse platziert, der Börsenstart war gelungen.

Belimo AG aktuell – Interview mit Jacques Sanche, CEO der Belimo Holding AG

Wie steht das Unternehmen Belimo heute da?

Die Belimo AG in Hinwil (Schweiz) ist ein börsennotiertes Technologieunternehmen mit über 1.100 Mitarbeitern weltweit in 20 Tochtergesellschaften bei einem Umsatz von ca. 440 Mio. CHF, siehe auch unter www.belimo.ch.

Das Unternehmen entwickelt, produziert und vertreibt seit 1975 elektrische Antriebe für Luftklappen und Armaturen für die Heizungs-, Lüftungs- und Klimatechnik.

In diesem Markt ist das Unternehmen mit einem umfassenden Sortiment weltweit führend; so stammen rund zwei Drittel der in Europa und ein Drittel der auf dem Weltmarkt montierten Klappenantriebe von Belimo.

Die Belimo-Produkte tragen dazu bei, Sicherheit und Komfort in Gebäuden sowie die wirtschaftliche und ökologische Effizienz haustechnischer Anlagen zu erhöhen.

Belimo gewann 2011 erneut den „Corporate Excellence Award" als bestes Schweizer Unternehmen. Wie schon im Vorjahr erfolgte eine standardisierte Analyse der Kennzahlen bei 1700 börsenkotierten Unternehmen in Europa. Dabei wurden besonders die konstante Wertgenerierung und das Verhältnis von operativem Gewinn zu eingesetztem Kapital bewertet.

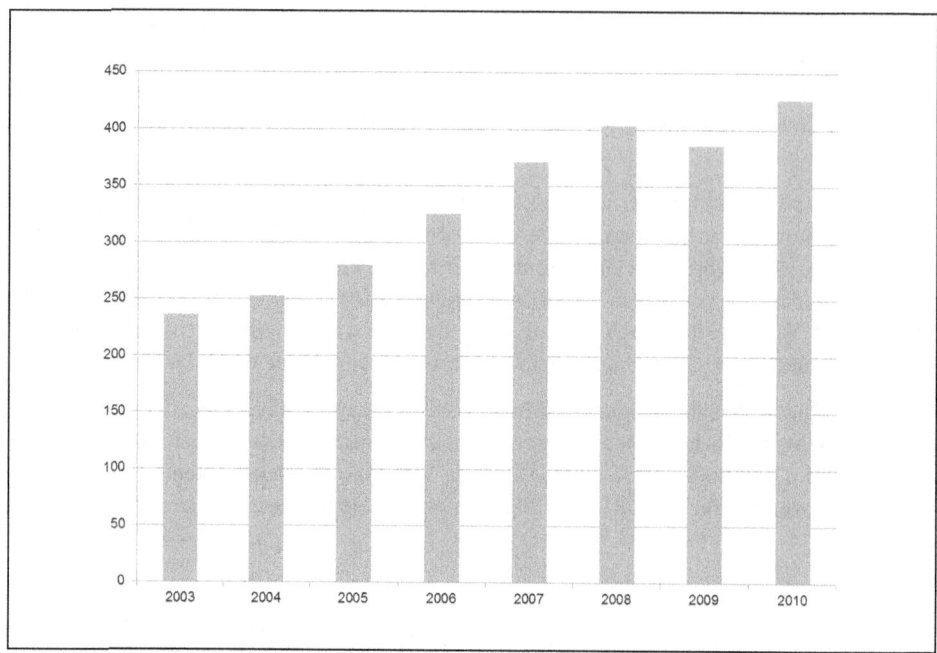

Abbildung 3:   *Umsatzentwicklung BELIMO AG in Mio. SFR*

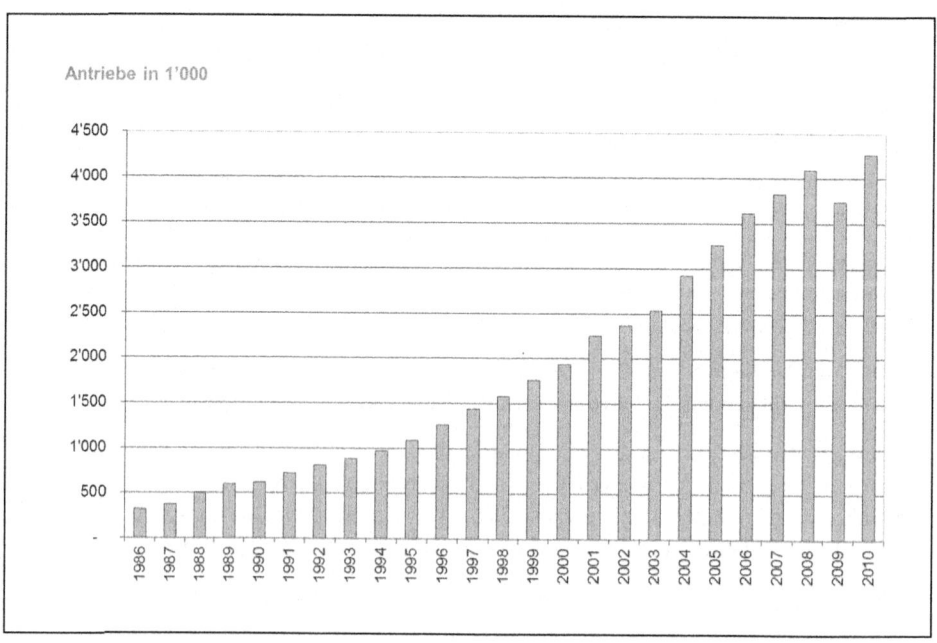

Abbildung 4:   *Stückzahlen hergestellter Antriebe*

Wie sieht die Wachstumsstrategie von Belimo heute aus?

Das Wachstum soll auf drei Pfeilern beruhen:

1. *Regionale Ausweitung*

   Wir sind in gewissen bedeutenden Ländern immer noch zu schwach vertreten. Mit lokaler Präsenz und aktiver Marktbearbeitung können wir unseren Kunden besser dienen und Marktanteile holen. Der Kunde soll von unserem Wissen profitieren und dank unserer einwandfreien Logistik die Produkte schnell und wie gewünscht erhalten.

2. *Sortimentsergänzung*

   Im angestammten Geschäft haben wir noch Möglichkeiten unser Sortiment zu erweitern. Wir können das Ventilsortiment vervollständigen oder auch größere Antriebe entwickeln.

3. *Lösungsorientierung*

   Für die HLK-Branche wollen wir vermehrt Antriebslösungen anbieten, die Sensorik und Intelligenz in unseren Antrieben enthalten. Der Nutzen unserer Produkte erweitert sich somit. Es geht nicht mehr alleine um die genaue Stellung einer Lüftungsklappe oder eines Ventils, sondern vermehrt um durchfließende Luft- oder Wassermengen, die letztendlich für den Kunden ebenso relevant sind.

Gibt es, verglichen mit den Anfängen der Belimo, Kontinuität bei den strategischen Grundprinzipien?

Belimo wird auch in Zukunft seinen Wurzeln treu bleiben. Wir schränken unseren Tätigkeitsbereich bewusst auf die Heizungs-, Lüftungs- und Klima-Branche ein. Unseren Kunden offerieren wir Lösungsansätze, die auf einem Luftklappen- oder einem Ventilantrieb beruhen. Wir sind stets bemüht, uns ihren Herausforderungen zu stellen. Dazu schicken wir regelmäßig unsere Ingenieure auf Anlagen, um die Anwendung besser zu verstehen oder konfrontieren Kunden frühzeitig mit neuen Ideen.

Der Anteil an Forschung und Entwicklung ist seit Jahren konstant hoch und beträgt ca. 6 Prozent des Umsatzes. Da wir mehr als doppelt so viele Antriebe herstellen, wie unser nächst größerer Wettbewerber, können wir uns im Markt als absoluter Spezialist positionieren. Laufend werden unsere Produkte optimiert und auch die Logistikkette den Bedürfnissen anpasst. Im Gegensatz zu vielen anderen kann Belimo in wenigen Tagen liefern. Dies erfordert vom Kunden keine wochenlange Vorausplanung.

Wo sehen Sie Engpässe im Sinne der EKS?

Aus meiner Sicht stellen sich zwei wesentliche Fragen. Zum einen muss beantwortet werden, wie weitere EKS-konforme Wachstumsschritte aussehen können, sobald die Marktführerschaft in einem Betätigungsfeld erreicht ist. Wie werden Felder identifiziert, die Wachstum ermöglichen, ohne den Konzentrationsgedanken zu unterwandern. Schließlich ist doch jeder erste Schritt in eine neue Richtung eine Verzettelung, bis auch hier wieder Marktführerschaft erreicht wurde.

Zum anderen herrscht eine Unsicherheit bei der Idee der Partnerschaften. Baut man zu fest auf Lieferanten auf und versucht, alle möglichen Schritte durch die besten Anbieter zu erledigen, läuft man Gefahr, Prozess-Know-how zu verlieren. Wir sind auch bei bester Partnerschaft nicht in der Lage, alle Lernschritte des Lieferanten zu erkennen und nachzuvollziehen. Hier braucht es eine Balance zwischen bester Ausführung (des Lieferanten) und Know-how-Gewinn (im eigenen Hause).

Lässt sich EKS in einem börsennotierten Unternehmen umsetzen?

Grundsätzlich werden Aktionäre nichts gegen eine nachhaltige Strategie wie zum Beispiel EKS haben, solange das Unternehmen damit einen regelmäßigen und beträchtlichen Gewinn erwirtschaftet. Tatsache ist aber, dass an der Börse eher ein Kompromiss gefahren werden muss als beispielsweise bei einer Familiengesellschaft.

Gerade in schwierigeren Zeiten sind vom Aufsichtsrat/Verwaltungsrat und dem Management eine klare Kommunikation und Überzeugungskraft vonnöten, damit die kurzfristig gewinn-orientierten Aktionäre nicht abspringen. Wobei Shareholder-Value für uns kein strategisches Ziel darstellt, sondern vorrangig der Kundennutzen.

Literatur

BURKHALTER, WALTER, Das Geheimnis des Belimo-Erfolges – eine Strategie führt zur Weltmarktführerschaft, Zürich 2010

BURKHALTER, WALTER, Praxisbericht Belimo AG – von kleinsten Anfängen zum Weltmarktführer, Vortrag beim Malik EKS-Kongress, Zürich 24.9.2009

HÜTTE, ANTON H. BELIMO: Mit EKS auch nach mehr als 30 Jahren unangefochtener Weltmarktführer, Vortrag am 12.11.2011 beim Kongress des Bundesverband StrategieForum e. V. in Frankfurt

SPÄTH, LOTHAR (HRSG.), Belimo – der Weltmarktführer bei elektrischen Motoren für Lüftungs- und Klimaanlagen, in „Top 100 Baden-Württemberg 1997", Frankfurt 1997

28 Jahre ununterbrochenes Wachstum – der Welterfolg des Unternehmens Kärcher

Roland Kamm

Turnaround

Im Jahr 1974 existierte die Firma Kärcher in Winnenden bereits fast 40 Jahre. 1935 hatte der Gründer, aus einer Familie mit zwölf Kindern stammend, in Bad Cannstatt bei Stuttgart ein Spezialmaschinenbauunternehmen aus der Taufe gehoben, Es gelang dem kreativen Diplom-Ingenieur, sein Unternehmen relativ betriebsfähig durch die Kriegswirren zu führen. Bis fast in die 70er Jahre hinein hatte sich die Firma trotz des relativ frühen Todes ihres Gründers im Jahr 1959 unter der soliden Führung der Witwe zu einem wohl fundierten, im besten Sinne schwäbisch behäbigen, mittleren Unternehmen entwickelt. Nahezu ohne fremde Mittel finanziert und mit einem Produktprogramm, das vorwiegend noch auf den Ideen des Gründers basierte, glaubte man sich für die Zukunft hinreichend gerüstet. Auch drei Vertriebstochtergesellschaften in Frankreich, Österreich und der Schweiz entstanden.

Dann übernahm 1968 ein angestellter Geschäftsführer die Leitung des Unternehmens. Für diesen war kurzfristige Gewinnmaximierung das Gebot der Stunde. Von der Zukunft der eigenen Produkte wenig überzeugt, suchte er das Heil in Diversifikation, zum damaligen Zeitpunkt eine gern getätigte Übung. So produzierte man nun auch Elektroheizkörper, Warmluftgeräte, Ölerhitzer, Grabeinfassungen, Katamaranboote und Plastiktiere, die für Kinder vor Kaufhäusern aufgestellt werden. Eine künstliche Niere sollte ebenfalls ins Programm aufgenommen und eine Klavierstuhlfabrik gekauft werden. Für möglichst abstruse Produktideen wurden Prämien ausgelobt. Bereits 1971 war dieser Spuk mit der Trennung von dem hierfür verantwortlichen Geschäftsführer jedoch zu Ende. Eine neue Geschäftsführung, in die auch ich mit Verantwortung für die gesamte Technik berufen wurde, besann sich auf die eigentlichen Stärken und rückte konsequent die Hochdruckreinigung, die ureigene Domäne des Hauses, wieder in den Vordergrund.

Das Unternehmen insgesamt erwirtschaftete 1974 knapp 19 Mio. Euro Umsatz und stellte mit einer Belegschaft von fast 600 Mitarbeitern rund 4.000 Geräteeinheiten her. Produziert wurde vorwiegend für den gewerblichen Bereich; Abnehmer waren neben Gewerbebetrieben aller

Art vor allem Tankstellen und Kraftfahrzeugbetriebe. Das Konsumentengeschäft, welches im Laufe der folgenden Jahre eine immer größere Bedeutung gewinnen sollte, spielte noch keine Rolle. Der Umsatz stammte 1974 (1975 = Jahr 1) noch überwiegend aus Baden-Württemberg und dem übrigen Deutschland. Im gleichen Jahr stieß ich auf die EKS und war von der darin enthaltenen Logik begeistert und überzeugt, diese Strategie auch in der Praxis umsetzen zu können. Die Abbildungen 1 bis 4 zeigen die Ergebnisse.

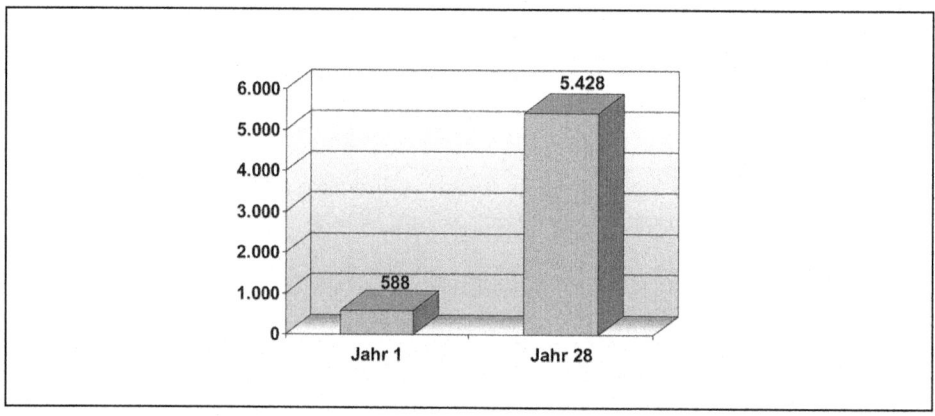

Abbildung 1: *Mitarbeiter-Entwicklung*

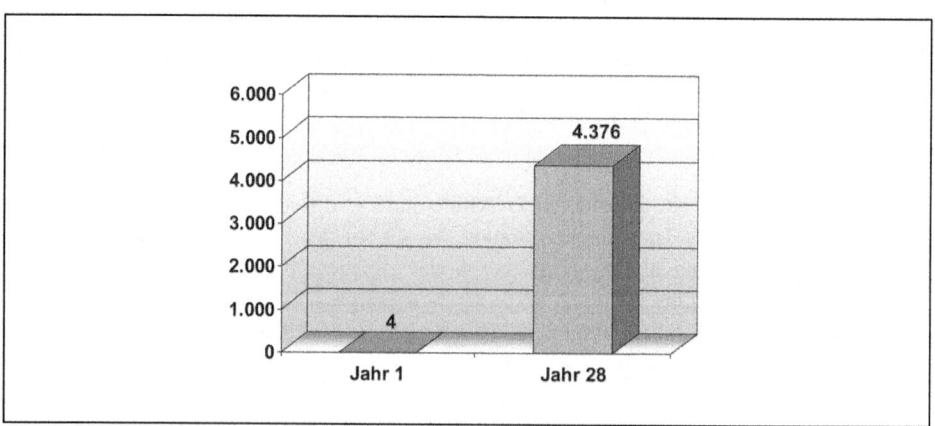

Abbildung 2: *Stückzahlen*

Von nun an ging's bergauf: „Stärken verstärken" hieß das Motto. In die anderen Geschäftsbereiche steckten wir keine Energie mehr hinein und die Entscheidung, sich auf den beheizten Hochdruckreiniger zu konzentrieren, katapultierte den Gesamtumsatz schon 1980 deutlich über die 100 Mio. Euro-Marke. 1985 waren es bereits 215 und 1990 mehr als 450 Mio. Euro. 1995 erreichten wir 620 Mio., 2000 über 930 Mio., und im Jahr 2002 war mit einem Gesamtumsatz von rund 1.040 Mio. Euro die Umsatzmilliarde überschritten.

In dem überschaubaren Zeitraum von noch nicht einmal 30 Jahren gelang das Kunststück, den Umsatz des ehemals typisch mittleren Unternehmens um mehr als das Vierundfünfzigfache (!) zu steigern. Noch imponierender wirkt dieser Erfolg, wenn man berücksichtigt, dass die Mitarbeiterzahl während dieser Zeitspanne lediglich um das Neunfache auf rund 5.500 Arbeitskräfte angestiegen ist.

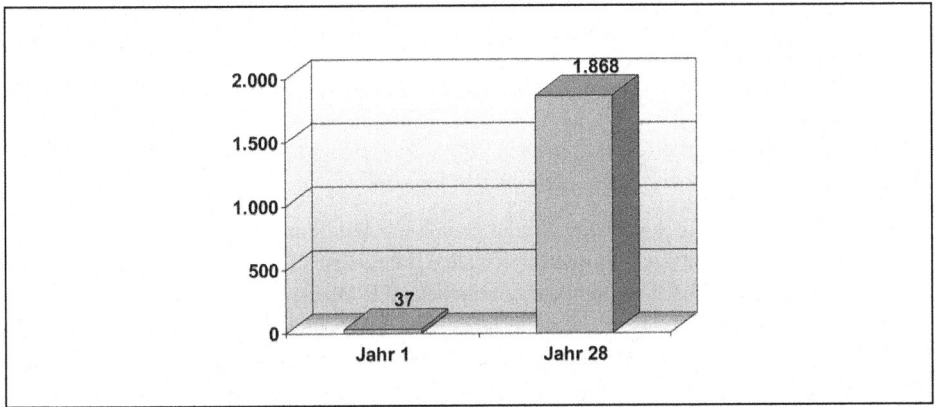

Abbildung 3:   *Umsatz*

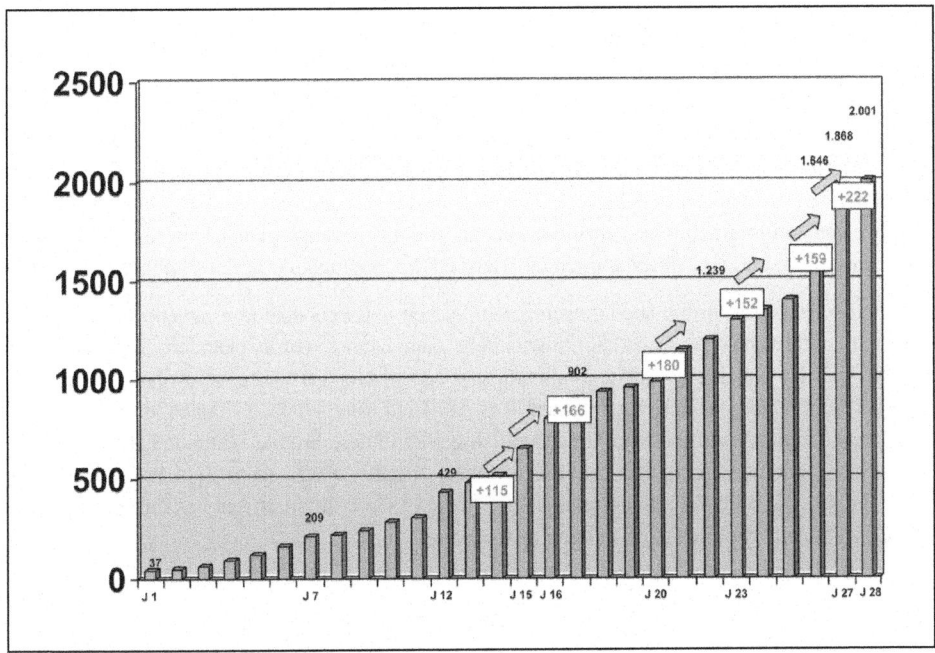

Abbildung 4:   *Umsatzentwicklung (in 1.000 Euro)*

In diesem Zusammenhang sollte auch erwähnt werden, dass das Unternehmen Kärcher niemals einem Arbeitgeberverband angehört hat und dadurch auch niemals irgendwelchen Tarifzwängen unterworfen war. So konnten in prinzipieller Übereinstimmung und vertrauensvoller Zusammenarbeit mit dem Betriebsrat die jeweils vorteilhaftesten Regelungen für das Unternehmen wie auch für die Mitarbeiter erarbeitet werden. Auf diese Weise war es auch dem langjährig tätigen Betriebsrat möglich, ohne Druck von betriebsfremden Berufsfunktionären äußerst flexiblen Arbeitsbedingungen und Erfolgsbeteiligungsmodellen für die Kollegen zuzustimmen, die gleichzeitig auch dem Wohl des Unternehmens dienten. Eine Art Mitbestimmung in nahezu unternehmerischer Verantwortung, die zeigt, wie vorteilhaft für alle Seiten sich die Dinge entwickeln können, wenn keine ideologischen Scheuklappen im Spiel sind und von außen initiierte Machtproben, die nicht selten zu Lasten der betrieblichen Mitarbeiter gehen, gar nicht erst angezettelt werden können.

Die beschriebene Entwicklung lässt sich im Detail aus Abbildung 4 herauslesen. Dabei übertreffen allein die Umsatzsteigerungen der letzten Jahre den Gesamtumsatz von 1974, dem hier angenommenen Basisjahr, um ein Vielfaches. Wie die Kurve der Umsatzentwicklung zeigt, wuchs der Gesamtumsatz Jahr für Jahr, wenn auch nicht immer gleichmäßig. In 28 Jahren mit unterschiedlichsten konjunkturellen Rahmenbedingungen gab es nicht ein einziges Jahr ohne Umsatzzuwachs. Im letzten DM-Jahr schließlich erreichte die Umsatzsteigerung stattliche 222 Mio. DM, das Sechsfache des ursprünglichen Umsatzes von 1974.

Drei Schritte zum Erfolg

Wie kam es nun zu diesem (auch bei Berücksichtigung des gestiegenen Index der Lebenshaltungskosten) spektakulären Wachstumserfolg, der die entsprechenden Vergleichswerte der in diesen Jahren wirklich nicht gerade an Erfolglosigkeit leidenden deutschen Industrie so deutlich übertraf? In der Retrospektive lassen sich in der Zeitspanne von 1974 bis zur Jahrtausendwende drei maßgebliche Schritte erkennen, die das herausragende Unternehmenswachstum ermöglicht und das Unternehmen auf stabilen Wachstumskurs geführt haben.

Die neue Geschäftsführung suchte nach neuen Wegen und beendete konsequent die erfolglosen Diversifikationsversuche. Auch die Ausrichtung zum Markt wurde geändert. So wurde beispielsweise das üblich gewordene knallharte und egoistische Verfahren, selbst langjährige Kunden bei Verstoß gegen „Kleingedrucktes" aus den Lieferungs- und Zahlungsbedingungen mit Zahlungsbefehlen zu überziehen, umgehend eingestellt. Diese brutale Methode hatte zu erheblichen Imageschädigungen geführt. Die betroffenen Kunden hatten diese Zahlungsbefehle meist zwar bezahlt, die rüde Vorgehensweise jedoch anderen Geschäftspartnern bekannt gemacht und die Geschäftsbeziehungen dann in der Regel beendet.

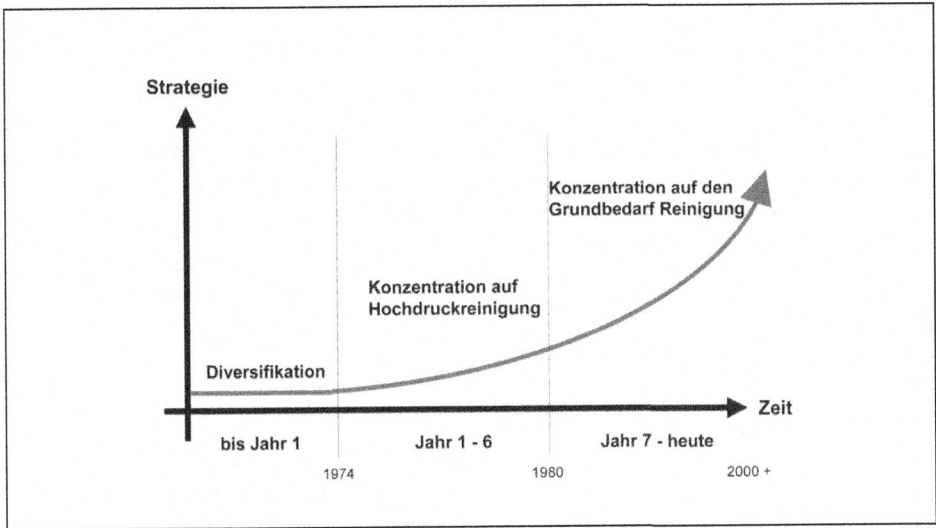

Abbildung 5:   *Strategische Maßnahmen*

Beendigung der erfolglosen Diversifikationsversuche

In einem ersten Schritt wurde 1974 beschlossen, alle Diversifikationsversuche konsequent einzustellen, Neben den schon vom 1959 verstorbenen Firmengründer eingeführten Produktreihen Schnelldampferzeuger und Dampfstrahlreiniger waren gemäß der auf schnellen Profit ausgerichteten „Führungsphilosophie" des 1971 abgelösten Geschäftsführers auch völlig artfremde Diversifikationsprodukte in das Firmenprogramm aufgenommen worden: bis hin zum Bau von Betonschalungen, Glasfaserteilen für die Industrie, Doppelrumpfbooten und anderen, bereits erwähnten Erzeugnissen. Man wollte auf mehreren Beinen stehen, das wirtschaftliche Risiko durch breite Streuung vermindern und überall dort „mitmischen", wo sich gute Entwicklungschancen andeuteten. Diese Strategie, die, wie man mittlerweile weiß, sogar renommierten Großkonzernen verhängnisvoll mitspielte, erwies sich auch hier nicht als Stein der Weisen. Eine Fülle von diversen Problemen zeichnete sich ab, aber kaum Wachstum. Daher wurde, nach der Übernahme der Leitungsfunktion durch die neue Geschäftsführung, eine Richtungsänderung für dringend notwendig erachtet.

Sechs Jahre Konzentration auf das Kerngeschäft Hochdruckreiniger

Bei der Suche nach einem neuen Weg spielte die Beschäftigung mit der EKS von Mewes eine wichtige Rolle. Nach eingehender Bewertung der vorhandenen Produktreihen fiel die Entscheidung, den beheizten Hochdruckreiniger als Kernprodukt in den Vordergrund zu stellen.

Die zum damaligen Zeitpunkt ebenfalls für das Gesamtgeschäft nicht unwichtige Produktreihe Schnelldampferzeuger trat bewusst in den Hintergrund, da diese Geräte speziell auf die Erfüllung der Vorschriften der deutschen Dampfkesselverordnung ausgerichtet waren und dadurch die Exportmöglichkeiten als sehr begrenzt angesehen werden mussten. Das Produkt Schnelldampferzeuger verblieb jedoch noch weitere fünf Jahre im Produktionsprogramm. Investitionen in Entwicklung und Fertigung dieser auslaufenden Produktreihe wurden aber nicht mehr vorgenommen. Danach stellte man die Produktion wegen zu geringer Stückzahlen und mangelnder Rentabilität endgültig ein.

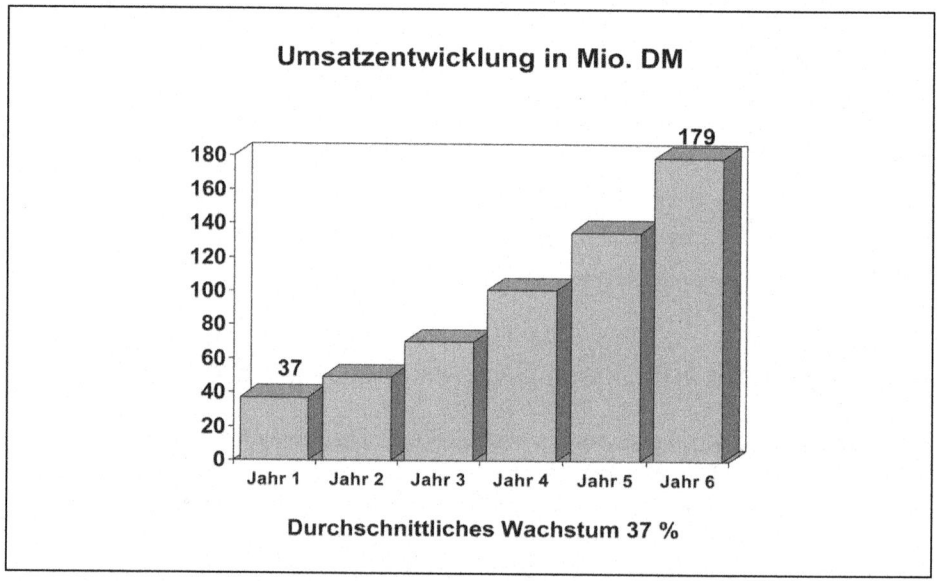

Abbildung 6:   *Konzentration auf Hochdruckreinigung*

Alle Kräfte sowohl der Technik als auch des Marketings wurden ab 1974 auf den Hochdruckreiniger konzentriert. Da die Firma den beheizten Hochdruckreiniger bereits 1950 als erste auf den Markt gebracht hatte, konnte auf sehr viel Know-how und beachtliche Erfahrungen zurückgegriffen werden. Die Erkenntnis, dass eindeutig der Heißwasserhochdruckreinigung die Zukunft gehöre, führte zu der Entscheidung, das in den 60er Jahren aufgebaute Dampfstrahlimage in den Hintergrund treten zu lassen. Das gelang insofern problemlos, als die neu auf den Markt gebrachte Hochdruckreinigerreihe den altbekannten Dampfstrahl ohne Aufpreis mit enthielt.

Durch Bündelung aller Kräfte auf den beheizten Hochdruckreiniger kamen in den nun folgenden Jahren durchschnittliche Umsatzwachstumsraten von rund 40 Prozent zu Stande. Dabei wuchs der Umsatz in ziemlich gleichmäßigen Schritten von 18 Mio. Euro im Jahr 1974 auf 90 Mio. Euro im Jahr 1979. Die Marktanteile in einigen europäischen Schlüsselmärkten konnten entsprechend von 10 auf über 40 Prozent gesteigert werden.

Der Marktauftritt des Unternehmens wurde vorwiegend auf den Hochdruckreiniger ausgerichtet. Großen Anteil hieran hatte die Umstellung der Produktfarbe von einem eher verträumten, leicht altbacken wirkenden „Hammerschlagblau" auf ein wesentlich prägnanteres, auffälliges Gelb, das durch seine Härte und Klarheit Aggressivität und damit gleichzeitig leistungsfähige Reinigung assoziiert. Außerdem wurde eine Corporate Identity erarbeitet, die den Außenauftritt des Unternehmens detailliert festlegte und regelte. Auch hier kamen wesentliche Anregungen von der EKS.

Nachdem auf den für die Firma wichtigsten Märkten die angestrebten hohen Marktanteile erreicht waren, kam bei der Suche nach weiteren Möglichkeiten der Umsatzausweitung, also nach weiterem, fortgesetztem Wachstum, die Frage der Programmerweiterung auf den Tisch. Dies führte zum dritten Schritt.

16 Jahre Konzentration auf Teilbereiche des Grundbedarfs Reinigung

Hier waren einige neue Erkenntnisse äußerst wichtig. In der jüngeren Vergangenheit war das Unternehmen auf ein maßgebliches Produkt, nämlich den beheizten Hochdruckreiniger, ausgerichtet gewesen. Alle Firmen, die dafür Verwendung hatten, kamen als potenzielle Kunden in das „Vertriebsvisier". Nicht die Befriedigung eines existierenden Grundbedarfs, sondern ein bestimmtes Produkt stand folglich im Mittelpunkt aller betrieblichen Überlegungen. Um 1980, wurde immer deutlicher, dass die Reinigung als weltweiter Grundbedarf einzustufen ist und in der Bedarfspyramide sogar auf der zweiten Stufe rangiert.

Aus einer durchgeführten Analyse des Gesamtbedarfs Reinigung weltweit wurde offenkundig, dass bei der Ausrichtung auf den Bedarf Reinigung auf Grund der äußerst vielfältigen Aspekte eine Konzentration auf bestimmte Sektoren unerlässlich sei. Bei der Selektion des zu bearbeitenden Sektors waren die bisherigen Hauptabsatzmärkte für die bislang vorhandene Produktpalette Ausgangspunkt der Überlegungen. Es wurde beschlossen, alles, was mit Transport und Gebäuden zusammenhängt, als Interessengebiet des Unternehmens zu definieren.

In dieser Zeit fand ein Gespräch zwischen mir und Professor Hans Hass („der mit den Haien") statt, dem das vorliegende Problem sowie die Furcht vor weiterer Diversifikation, die auf Grund der eigenen schlechten Erfahrungen und Ergebnisse vor 1974 noch immer gegenwärtig war, geschildert wurden. Die Reaktion des berühmten Naturwissenschaftlers hierauf bestand in einem Beispiel aus seiner eigenen Interessensphäre. Forschungen, so führte er aus, hätten ergeben, dass die Population von 20.000 Finken einer Galapagos-Insel sich inzwischen auf 120.000 Exemplare erhöhen konnte, weil die Schnabelformen der Vögel sich weiteren, früher nicht erreichbaren Nahrungsquellen im Laufe der Zeit angepasst haben. Eine indirekte Problemlösung: Diversifikation in Richtung Grundbedarf (siehe Abbildung 7).

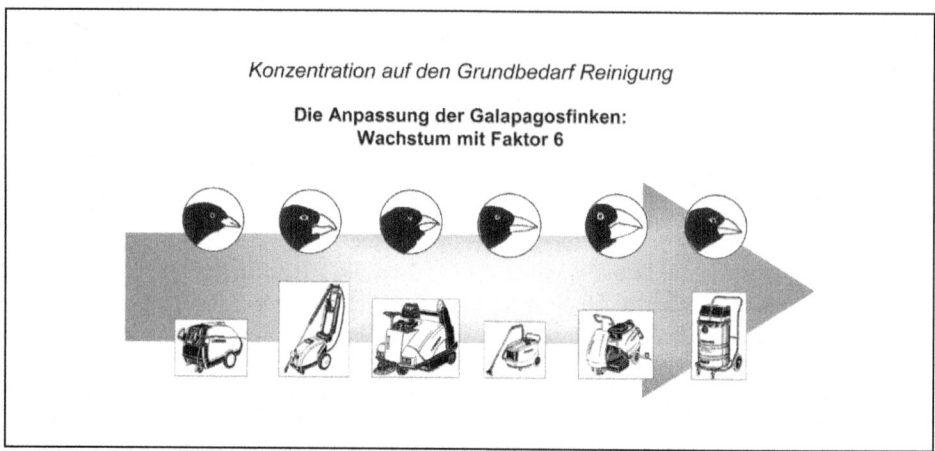

Abbildung 7:   *Die angepasste Strategie 1980 bis in die Gegenwart*

Seit 1974 auch für die Vertriebsleitung verantwortlich, begriff ich die Lektion. Der „Kärcher-Urfink" war der Heißwasser-Hochdruckreiniger und alle weiteren Diversifikationen würden Reinigungsgeräte sein, die in den bekannten Zielgruppen noch benötigt wurden. Hierzu war es erforderlich, zum Teil völlig neue Geräte zu entwickeln oder bestehende Angebote bedarfsgerecht zu verbessern. Nach nicht allzu langer Zeit war der Vertrieb (eigene Verkäufer oder kooperierender Fachhandel) nunmehr in der Lage, Transportbetrieben eine komplette Lösung für deren Reinigungsprobleme anzubieten.

Da alle Fahrzeuge für den Luftverkehr, für Wassertransporte, für den Schienenverkehr und für die Straße statistisch gut erfasst sind, konnten die einzelnen infrage kommenden Betriebe problemlos ermittelt werden. Der Reinigungsbedarf für die verschiedenen Fahrzeuge und deren Betriebe insgesamt wurde nochmals unterteilt in einen „Grundreinigungsbedarf und einen „Unterhaltsreinigungsbedarf". Daraus wurden spezifizierte Aufgabenstellungen für die Entwicklung, zweckdienliche Firmenkäufe und die Marktausrichtung des Unternehmens abgeleitet.

Entsprechendes erfolgte in Hinblick auf die Zielgruppe Gebäude. Hier wurde unterteilt in private, öffentliche und gewerbliche Gebäude. Danach wurden die zur Befriedigung der jeweiligen Grund- und Unterhaltsbedarfsreinigung erforderlichen Produkte definiert. Auf diese Weise konnten „bedarfsbezogen" Gerätepaletten entwickelt werden, die genau den Bedarf der jeweiligen Kunden trafen. Somit wurde der jeweils spezifische Kundennutzen optimiert.

Diese strategische Ausrichtung findet ihren Ausdruck in dem Unternehmensgrundsatz: „Die Firma deckt weltweit den Grundbedarf Reinigung für Transport und Gebäude."

Später wurden per Zufall Aufzeichnungen des Firmengründers gefunden, die aus dem Jahr 1947 stammten. Hierin heißt es: „Die Frierenden brauchen es warm. Wir machen Öfen. Die Städte sind schlecht versorgt. Wir machen Anhänger. Man braucht geschweißte Leitungen für

Heizungen. Wir machen aus Bomben Schweißapparate." Schon der Gründer selbst hatte folglich sein damaliges Unternehmen auf den bestehenden Bedarf ausgerichtet und nicht auf bestimmte Produkte. Insofern war man mit der strategischen Neuausrichtung eigentlich wieder zu den Ursprüngen zurückgekehrt.

Diese strategische Ausrichtung musste in den folgenden 20 Jahren nicht korrigiert werden. Der riesige weltweite Bedarf bot genügend Wachstumspotenzial. Im Rahmen der umgesetzten Schritte in Richtung einer neuen strategischen Ausrichtung wurde auch das Verhältnis des Unternehmens gegenüber seinen Kunden neu definiert: „Erfolgreiches Miteinander durch Dienst am Kunden" lautete nunmehr die Devise.

Globalisierung des Unternehmens

Reinigungsbedarf ist grundsätzlich überall auf der Welt vorhanden. Durch die wirtschaftliche Entwicklung und die damit verbundene Verbesserung des Lebensstandards wird dieser Bedarf in Zukunft weiterhin ansteigen. Je schmaler die Ausgangsbasis, desto höher die zu erwartenden Steigerungsraten. Unter Einbeziehung der privaten Haushalte kann von einem Gesamtmarkt für Reinigungsprodukte ausgegangen werden, dessen Zahlen nahezu überwältigend sind. Hieraus ergaben sich für das Unternehmen Wachstumspotenziale von ungeahntem Ausmaß. Man musste lediglich überall dort systematisch zugreifen, wo möglichst ausgereifte Gesellschaftsstrukturen auf einen erheblichen Reinigungsbedarf schließen lassen.

Um das Potenzial der einzelnen Märkte wenigstens in etwa abschätzen zu können, war eine praktikable Bezugsgröße erforderlich. Diese ließ sich grob errechnen, indem die Einwohnerzahl des betreffenden Landes mit dem Bruttosozialprodukt pro Einwohner in Relation gesetzt wurde. So hat beispielsweise Brasilien 150 Millionen Einwohner, das Bruttosozialprodukt beträgt jedoch nur 10 Prozent des deutschen. Folglich existieren als Kundenpotenzial für Kärcher in Brasilien nur 15 Millionen „Kärcher-Einwohner". Natürlich wird eine derart überschlägige Berechnung dem historisch und politisch bedingten Einkommensgefälle der unterschiedlichsten Staatsgebilde nicht in vollem Umfang gerecht. Immerhin lassen sich damit jedoch die Märkte mit großen Einwohnerzahlen und geringem Bruttosozialprodukt pro Einwohner auf relativ überschaubare Vergleichsgrößen umrechnen.

Bei einem angenommenen Umsatz von einem Euro pro Einwohner in Europa ergab sich für Europa somit ein Wert von über 600 Mio. Euro insgesamt, für Asien errechnete sich ein Potenzial von über 500 Mio. Euro und für den gesamten amerikanischen Kontinent von ca. 550 Mio. Euro.

Da in Europa mit mehr als 2 Euro Umsatz pro Einwohner insgesamt die Marktdurchdringung bereits als sehr gut beurteilt werden konnte, kristallisierten sich die Schwerpunkte des angestrebten Wachstums im Rahmen der Globalisierung eindeutig in Asien und Amerika heraus. Dementsprechend konnten die Investitionen mehr in diese Bereiche gelenkt und die bisherige „Europalastigkeit" schrittweise abgebaut werden, ohne dort jedoch Stagnationen zu riskieren oder eine rückläufige Entwicklung in Kauf zu nehmen.

In Folge der bewussten Globalisierung sind in dem schon mehr als 28 Jahre andauernden Wachstum über 30 ausländische Tochtergesellschaften entstanden, die die gewünschte Kundennähe garantieren.

Erweiterung der Produktpalette

Die beheizten Hochdruckreiniger für die gewerbliche Anwendung, auf die sich das Unternehmen nach 1974, also nach Beendigung seiner insgesamt nicht allzu erfolgreichen, „artfremden" Diversifikationsbemühungen, konzentrierte, trugen im Jahr 2002 nur noch mit knapp 20 Prozent zum Gesamtumsatz bei. Dies bedeutet, dass das Hauptwachstum in den letzten 20 Jahren durch neue Produktgruppen erfolgt ist. Während die Wachstumsmöglichkeiten für die beheizten Hochdruckreiniger durch die mittlerweile erreichte hohe Marktdurchdringung merklich gebremst waren, entwickelten sich die Geräte für den neu umworbenen Konsumentenbereich zu wahren Rennern.

1984 wurde die Entscheidung getroffen, mit einer Innovation, dem kleinen, tragbaren Hochdruckreiniger, in das Geschäft mit Konsumenten einzusteigen. Mit diesem Produkt wurde ein völlig neuer Markt geschaffen, dessen Volumen sich weltweit auf 5 bis 6 Millionen Stück entwickelt hat. Diese Produktgruppe war der Hauptwachstumsmotor der letzten 20 Wachstumsjahre. Kärcher konnte sich hier trotz harten Wettbewerbs gute Marktanteile erarbeiten. Dabei war man stets bemüht, große Stückzahlen zu erreichen, denn nur dadurch ist es möglich, Marktführer zu werden bzw. zu bleiben. Die Vernachlässigung ertragsmäßig weniger interessanter Preisvarianten führt in diesem Zusammenhang zum Verlust der Marktführerschaft, was sich wachstumsmindernd auswirkt.

Um im Konsumentenbereich als eine Art Markenartikel hohe Stückzahlen zu erreichen, ist es erforderlich, den Firmennamen möglichst vielen potenziellen Verbrauchern bekannt zu machen. Als sehr geeignetes und schnelles Verfahren, ein Markenimage aufzubauen, wird das Sport-Sponsoring angesehen. Nach eingehenden Untersuchungen hinsichtlich der zu wählenden speziellen Sportarten entschied man sich bei Kärcher in erster Linie für Fußball, sitzen doch allein in Deutschland Samstag für Samstag Millionen von (vorwiegend) Männern vor den Fernsehgeräten, um gebannt die mehr oder weniger aufregenden Kunststückchen der Bundesliga-Balltreter zu verfolgen. Bandenwerbung in den Stadien prägt sich nicht nur dem Fernsehvolk, sondern natürlich auch den Zuschauern im Stadion ein. Wenn dann noch eine besonders prominente Mannschaft, wie beispielsweise Schalke 04, jahrelang das Kärcher Firmenemblem auf dem Trikot und, bei Nahaufnahmen der Spieler, direkt in die Kameralinse, trägt, zeitigt das besonders ergiebige Werbeerfolge. Bei Heimspielen konnte in den Halbzeitpausen das neue Reinigungsverfahren vor vielen Tausend Zuschauern demonstriert und bekannt gemacht werden. Als regelrechte Sternstunde in diesem Sinne lässt sich sicherlich das von Schalke 04 in „Kärcher-Beschriftung" gewonnene Uefa-Cup-Finale ansehen, das neben Zigtausenden im Mailänder Stadion weltweit viele Millionen am Fernseher verfolgt haben. Aber auch bei anderen Sportarten wie Eiskunstlauf, Autorennen und sogar Turniertanz ist immer wieder das Firmenlogo zu erkennen.

In regelmäßigen Zeitabständen durchgeführte Messungen hinsichtlich der Effizienz der eingesetzten Webemittel ergaben, dass der Bekanntheitsgrad in 15 Jahren von etwa 1 Prozent auf ca. 60 Prozent angestiegen war. In einigen Märkten wurden sogar bis zu 90 Prozent erreicht.

Außerdem steigerte Kärcher seinen Bekanntheitsgrad im In- und Ausland durch spektakuläre Reinigungsaktionen. Von der Freiheitsstatue in New York über die Christusstatue hoch über dem Zuckerhut in Rio, dem Brandenburger Tor in Berlin bis hin zur Sanierung ölverseuchter Strände auf Grund von Tankerhavarien, Reinigung war immer, natürlich werbewirksam der Öffentlichkeit vermittelt, „Kärcher-Sache". Derartige Aktionen blieben auch international nicht unbeachtet. So stellte beispielsweise eine der bedeutendsten und auflagenstärksten französischen Zeitungen, der „Figaro", in seiner Ausgabe vom 21.12.1999 die Marke „Kärcher" in eine Reihe mit den Marken Coca-Cola, Tupperware, BIC und Walkman (Sony) und bezeichnete das Unternehmen Kärcher als den weltweiten Marktführer auf dem Gebiet der Reinigung.

Auch im Bereich der gewerblichen Reinigungsgeräte, nicht nur bei den „traditionellen" Heißwasserhochdruckreinigern, sondern auch bei Kehrmaschinen und anderen Reinigungsgeräten für den betrieblichen Einsatz, konnte man Jahr für Jahr steigende Weltmarktanteile hinzugewinnen.

Der gemeinsame Nenner der abgebildeten Produktfamilien besteht darin, dass diese Produkte gewerbliche Reinigungsgeräte darstellen (sie sind die Finkengattung lt. Hass!). Die Reinigungswerkzeuge (Schnäbel) in den Produktfamilien sind unterschiedlich und ermöglichen in der Summe der optimierten Teillösungen eine umfassende Problemlösung für alle gängigen Anwendungsbereiche.

Innovationen

Der Aufwand für Neu- und Weiterentwicklungen wurde Jahr für Jahr gesteigert. Fensterreinigungsgeräte, Dampfbügelsysteme, Spezialstaubsauger und ähnliche Geräte für den gewerblichen und privaten Bereich legen Zeugnis für die Kreativität und Qualität der Entwicklungsbereiche des Unternehmens ab. Neue Verbraucherbedürfnisse, durch regelmäßige Kundenbefragungen ermittelt, wurden konsequent in Lastenheften formuliert und mündeten in innovative Entwicklungsarbeit. Am erfolgreichsten war die Erfindung des bereits erwähnten Consumer-Hochdruckreinigers (so die Kärcher-Bezeichnung), der im ersten Jahr mit 5.000 Stück und einem Marktanteil von 100 Prozent zu Buche stand. In einem systematisch weiterentwickelten Gesamtmarkt, der es im Jahr 2002 auf über 5 Mio. Stück brachte und an dem mittlerweile rund 40 Wettbewerber teilhaben wollen, ist der Marktanteil natürlich gesunken, hat sich aber seit Jahren auf einer beachtlichen Höhe stabilisiert.

Das Unternehmen konnte 2002 gegenüber zehn aktiven Patenten aus den 70er Jahren inzwischen eine Anzahl von nahezu 300 erteilten Patenten vorweisen. Diese Zahlen bezeugen die außergewöhnliche Innovationskraft der Firma und erleichtern den täglichen Kampf mit dem weltweit wachsenden Wettbewerb. Bald 80 Prozent der verkauften Geräte sind „entwicklungsmäßig" höchstens vier Jahre alt.

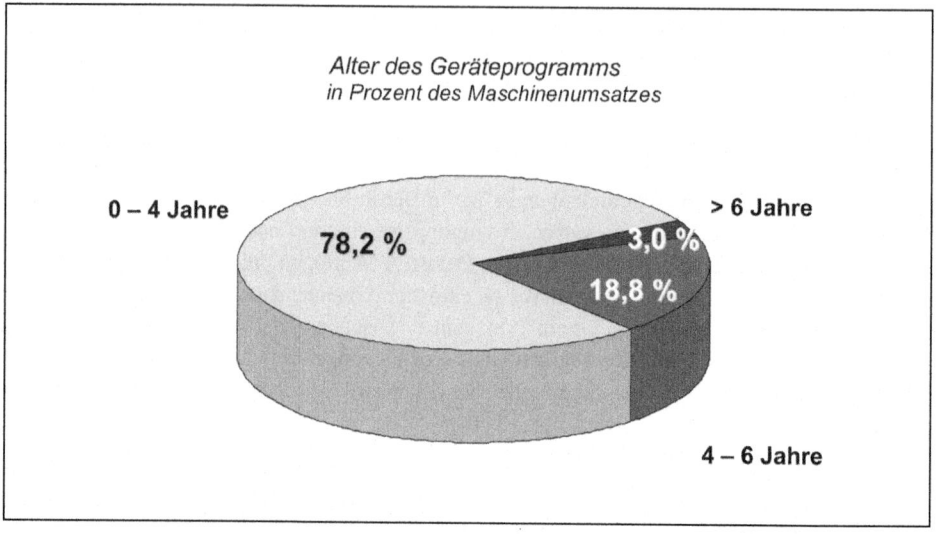

Abbildung 8:   *Forschung und Entwicklung, Alter der Gerätegruppen im Jahr 2002*

Firmenkäufe

Übernahmen von bestehenden Firmen sind nicht selten mit erheblichen Schwierigkeiten verbunden. Die vorgefundene Wirklichkeit sieht eben manchmal anders aus, als man sie sich vorgestellt hatte.

Bei Kärcher waren wir uns dessen durchaus bewusst und beschränkten uns auf die Übernahme von Unternehmen, die das eigene Lieferprogramm wirkungsvoll ergänzen konnten. In den nahezu 30 Wachstumsjahren wurden lediglich sieben nennenswerte Firmenakquisitionen getätigt. Leider musste auch hier festgestellt werden, dass sich die Wirtschaftlichkeitserwartungen der meisten Übernahmen nicht erfüllten. Aus diesem Grund wurde in den letzten Jahren dieser Wachstumsbereich mehr und mehr vernachlässigt. Der Zukauf von Firmen hatte in der betrachteten Periode somit den geringsten Anteil am erreichten Wachstum.

28 Jahre Wachstum – strategisch geplant

Ständige Expansion erfordert auch entsprechende finanzielle Mittel. Wird hierfür überwiegend Fremdkapital eingesetzt, schlägt sich das negativ im erwirtschafteten Ergebnis nieder. Anders die Situation des hier betrachteten Unternehmens. Schon immer hatte bei den Familiengesellschaftern der Grundsatz gegolten: „Firmennutzen geht vor Eigennutzen." So wurden der Familientradition entsprechend die Erträge immer wieder ins Unternehmen investiert. Eine daraus resultierende hohe Eigenkapitalquote bildete die gesunde Basis für erreichte ungewöhnliche Wachstumserfolge.

Dass es sich bei dem außergewöhnlich erfolgreichen und kontinuierlichen Wachstum bei Kärcher nicht um einen unerwarteten Glücksfall oder das Produkt günstiger Zufälle handelte, sondern um einen strategisch geplanten langfristigen Prozess, demonstriert die folgende Randnotiz:

In der zweiten Hälfte der 70er Jahre, Kärcher erreichte gerade mal einen Gesamtumsatz von rund 40 Mio. Euro, erstellte ich einen sogenannten „Report 95". Diese Ausarbeitung, deren Optimismus damals nicht nur auf Zustimmung stieß, sollte für die nächsten 20 Jahre die voraussichtliche Unternehmensentwicklung aufzeigen. Verblüffenderweise wurde die Einführung der Consumerprodukte zeitgenau vorausgesagt. Auch das explosive Wachstum der neuen Produktgruppe war bereits prognostiziert. Das gesetzte Ziel, ein Umsatz von (umgerechnet) 500 Mio. Euro, wurde allerdings nicht, wie prognostiziert, 1995 erreicht, sondern schon drei Jahre früher im Geschäftsjahr 1992!

Für den herausragenden Wachstumserfolg der Firma Kärcher waren mehrere Aspekte von besonderer Bedeutung. Neben der soliden Finanzierung durch die Eigentümer hat die fleißige, zuverlässige und sparsame Lebensart der schwäbischen Kärcher-Mitarbeiter sicherlich nicht unerheblich zu der beachtlichen Entwicklung des Unternehmens innerhalb der letzten Jahrzehnte beigetragen. Eingebettet in einen Kreis ähnlich gearteter Zulieferer und Geschäftspartner und mit günstigen Verkehrsanbindungen waren, auch von der Standortfrage her betrachtet, gute Voraussetzungen für ein überdurchschnittliches Wachstum fraglos gegeben.

Einen kaum zu unterschätzenden Einfluss auf die Kärcher-Entwicklung übte die Engpasskonzentrierte Strategie von Mewes aus; von der andersartigen Denkweise war man stark beeindruckt. 1979 wurde ich zum Sprecher der Kärcher-Geschäftsführung ernannt und setzte die Anregungen von Mewes und Hass konsequent um. Die Firma konzentrierte sich über Jahrzehnte hinweg auf die Bedarfe ihrer Zielgruppen und war stets bemüht, auch den Nutzen der Geschäftspartner nicht außer Acht zu lassen.

Der einzigartige Erfolg von Kärcher ist für mich als überzeugten Christen aber nicht nur auf die Wahl der richtigen, für Kärcher geeigneten Strategie zurückzuführen, sondern basiert in gleichem Maße auf dem an den Aussagen der Heiligen Schrift ausgerichteten Handeln der Kärcher-Unternehmensführung. Mit wacher Führung und gut motivierten Mitarbeitern sowie unermüdlichem Fleiß und hoher Einsatzbereitschaft wurden auf diese Weise Jahr für Jahr die angestrebten Wachstumsziele erreicht oder gar übertroffen und über mehr als drei Jahrzehnte hinaus eine außergewöhnliche Erfolgsgeschichte geschrieben.

Erfolgsthesen

Jedem Unternehmer, jeder Führungskraft empfehle ich, bei der Geschäftsstrategie folgende Thesen im Sinne der EKS zu unterlegen, wie

- Ausgangsfrage: Was bin ich – welchen Bedarf/Zweck erfüllt mein Unternehmen?
- Konzentration im Leistungsbereich, Abbau der Diversifikation, Bündelung der Kräfte.

- Klare Abgrenzung von Zielgruppen und Zielgruppenpotenzialen (vgl. Finkenmodell).

- Ausrichtung auf die Kundenbedürfnisse, Entwicklung der Innovationen und Lösungen in die Tiefe der Kundenprobleme hinein.

- Primär Nutzen für die Zielgruppen entwickeln als Garant für Wachstum und Gewinn.

- Dienende Grundhaltung gegenüber den Mitarbeitern und den Kunden.

Literatur

KAMM R./WITZEL H., Unternehmenswachstum – die natürlichste Sache der Welt, Norderstedt 2006

RUPP, THOMAS, Ein Glücksfall für Kärcher – die Erfolgsgeschichte des Roland Kamm, in: Strategie-Journal 6/2004, Hrsg. www.strategie.net, Seite 8 - 14

Von der Meisterkabine bis zum patentierten Messraum – die Schritt-für-Schritt-Strategie

Interview mit Ralf Nerling

Interviewführung: Thomas Rupp

Herr Nerling, Sie bieten für Fertigungsbetriebe spezielle Kabinen an – worum geht es dabei?

Es kommen immer neue Technologien auf, an die sich die Industrie räumlich anpassen muss. Werkzeugmaschinen werden größer, nehmen in der Produktionshalle mehr Platz weg. Gleichzeitig sind Räume im Weg, die beseitigt und an anderer Stelle wieder aufgebaut werden müssen. Es geht um die Raum- oder Platzoptimierung innerhalb von Produktions- und Lagerhallen. Der wesentliche Punkt, um den wir uns kümmern, haben wir in einem Spruch zusammengefasst: „Nerling Systemräume schützen Mitarbeiter und Einrichtungen vor Lärm, Staub und Klimaeinflüssen." Darum dreht sich alles. Was nicht in dieses Raster hineinpasst, machen wir nicht.

Wie war die Vorgeschichte zu Ihrem Geschäftserfolg?

Dem voraus ging ein Entwicklungsprozess, den wir seit 1982 durch den EKS-Gedanken geschärft haben. Nach meinem Studium in Hamburg ging ich zu Bosch. Dort war ich fünf Jahre tätig, durchlief zunächst die verschiedensten Abteilungen und landete schließlich in der Abteilung „Werksplanung". Dort beschäftigte ich mich mit Förderanlagen für die – damals neue – Drehstromlichtmaschine. Eine Förderanlage ist eine automatische Transporteinrichtung in Produktionshallen, die verschiedene Fertigungsstufen verbindet.

Ermutigt durch die fundierte Ausbildung bei Bosch, gründete ich im Jahr 1970 zusammen mit einem Kompagnon ein Ingenieurbüro, in dem wir Fertigungsrationalisierung anbieten wollten. Ich übernahm die Vertretung einer Förderanlagenfirma für Baden-Württemberg. Kurz darauf kaufte diese eine Firma für Lagertechnik hinzu. Letztere wiederum hatte ein „Trennwandprogramm". So kam ich zu den Trennwänden.

In den Jahren meiner Handelsvertretung – das war von 1970 bis 1980 – entwickelte ich dieses Trennwandprogramm stark weiter, denn darin sah ich ein großes Entwicklungspotenzial. Aber auch mit dem Thema Lagertechnik beschäftigte ich mich intensiv und konzipierte zum Beispiel für Daimler Benz das Palettenregal, das heute noch im Einsatz ist.

Seit dieser Zeit habe ich den Markt recht intensiv beobachtet und immer überlegt: Was kommt morgen? Nachdem meine Handelsvertretung nicht wie vorgesehen lief, startete ich mit einem Fachkollegen in Renningen 1980 eine eigene Fertigung. Die Fragestellung hierbei nach EKS war: Was kann ich besser als andere? Wir bauten Tragarmregale zur Lagerung von Langgut. Außerdem wusste ich, dass mit Trennwänden – die damals hauptsächlich in Büros eingesetzt wurden – gutes Geld verdient wurde. Dieser Markt war für die Industrie noch kaum entwickelt. Aufenthaltsräume für Personal oder Meisterkabinen gab es nur selten. Der Schreibtisch des Meisters stand oft mitten in der Fertigungshalle. Hier sahen wir einen Engpass und aufgrund dieser Überlegungen brachten wir ein sehr stabiles Baukastensystem für Trennwände auf den Markt.

Abbildung 1:   *Verwaltung und Produktionsräume der Nerling Systemräume GmbH*

Welche Pluspunkte hatten Sie anfänglich entwickelt?

1982 stieß ich auf die EKS. Folglich dachte ich darüber nach, welchen Nutzen ich verkaufen will und nicht welches Produkt. Damals entstand der eingangs erwähnte und noch heute gültige Leitspruch. Durch die EKS erkannte ich auch, dass Tragarmregale und Trennwände nicht zusammenpassen. Besonders die Tragarmregale wurden zunehmend zur Kiloware, weil sich immer mehr Firmen darauf spezialisierten. Hier hatten wir unser Alleinstellungsmerkmal verloren. Somit konzentrierten wir uns auf die Räume. Die Mitarbeiter standen diesem Konzentrationsprozess zunächst skeptisch gegenüber. Doch mein Motto war: „Lasst uns in diesem Betätigungsfeld die Besten sein." Was wir mittlerweile sind.

In den folgenden 10 Jahren – bis 1992 – erlebten wir einen starken Aufschwung. 1986 zog die Produktion in unsere neu erbaute Produktionshalle, die mit ihren 2.100 qm genügend Raum für weitere Entwicklungen zuließ. Diesen Erfolg hatten wir nicht zuletzt weil wir uns ganz intensiv auf die Belange unserer Kunden konzentrierten. Wir hörten sehr gut zu und erfuhren, was sie wirklich brauchten. Als Fertigungsingenieur kannte ich alle Produktionsabläufe und sprach die Sprache der Kunden. Wir konnten anbieten und umsetzen, was tatsächlich gebraucht wurde. Natürlich hat uns auch die Gewerbeaufsicht in den 80er-Jahren zugespielt, da gerade in den Bereichen Aufenthaltsräume und Sanitärräume Vorschriften erlassen wurden, die die Firmen zwangen, nachzurüsten. Auch die Anforderungen der Mitarbeiter wuchsen.

Abbildung 2:   *Fertigungsbereich*

Wie haben Sie Ihre Sonderlösung vertieft?

Unser Geschäftsbereich bot ein großes Betätigungsfeld, wenn man sich vorstellt, wie viel Lärm, Staub und Wärme in einer Produktionshalle entstehen können. Doch gerade deshalb haben wir unsere Zielgruppe weiter eingegrenzt. Unsere Trennwände sind aus Stahl. Somit war bei der Zielgruppe „metallverarbeitender Bereich" eine natürliche Affinität zu unseren Materialien gegeben. Wir fragten uns außerdem: Wer braucht Flexibilität, wo gibt es die dynamischen Produktionen, wer muss auf Sauberkeit achten etc.?

Wenn Sauberkeit ein Thema ist, dann bietet eine Trennwand mit einer glatten, also einfach zu reinigenden Oberfläche einen hohen Nutzen. Außerdem waren wir in der Lage, geerdete Räume anzubieten, denn Stahl leitet Strom. Alle diese Faktoren deuteten auf die Elektro- und Elektronikindustrie. Diese bildete dann zusammen mit der metallverarbeitenden Industrie unsere Kernzielgruppe, die wir in Zeitschriften bewarben. Beliefert haben wir jeden, der etwas von uns wollte, da der Baukasten – der Raum als solcher – bis heute vom Grundsatz her immer der gleiche ist.

Auch das ist ein Nutzen für den Kunden, denn sollte dieser sich räumlich verändern müssen, so können die bereits vorhandenen Standardräume in Einzelteile zerlegt und wieder neue Räume daraus gebaut oder modifiziert werden. Theoretisch könnte ein Kunde, der vor zwanzig Jahren bei uns gekauft hat, seinen Raum heute noch wieder verwenden. Soll ein Raum flexibel innerhalb einer Halle eingesetzt werden, so wird er von Anfang auf ein Transport-Podest montiert. Mit unserer Zielgruppe und den erwähnten Sonderlösungen hatten wir unsere Marktlücke gefunden.

Wie verlief die Expansion?

Kontinuierliche Auftragszuwächse ließen uns selbst an Produktionserweiterung denken. Bevor wir uns im Jahr 1991 in den neuen Bundesländern mit einem Werk bei Halle etablierten, fragten wir uns EKS-gemäß: „Was berechtigt uns dazu, dort eine neue Firma aufzubauen?" Die damalige finanzielle Bezuschussung konnte es nicht sein.

Wir arbeiten mit pulverbeschichtetem Material. Dabei handelt es sich um ein spezielles Lackierverfahren mit besonderer Widerstandsfähigkeit, das sehr umweltverträglich ist. Unser bisheriger Lieferant gab auf. Eine andere Firma konnte uns weder die gewünschte Quantität noch Qualität liefern. Nun war die Überlegung: Eine eigene Fertigung würde es uns erlauben, alle benötigten Blechteile selber zu fertigen. Ein klarer finanzieller Vorteil. Wir könnten die Qualität unserer Pulverbeschichtung selber bestimmen und wären in der Lage, alle Farben herzustellen – nicht nur zwei wie bisher. In unserer eigenen Fertigung könnten wir auf alle unsere Belange eingehen.

Gleichzeitig wollten wir den Ostmarkt beliefern und überlegten, welche Besonderheit man den Wettbewerbern gegenüber haben müsste. Die klare Erkenntnis: Wir müssen lange Teile beschichten können. Das war aus anlagetechnischen Gründen ein Engpass, den andere Firmen nicht lösen konnten. Auf dieser Basis entstand dann 1992 eine solche Anlage im Osten, die auch sehr gut anlief. Das Werk in Halle ergänzt die Produktion der Standardteile. Diese werden per LKW nach Renningen ins Lager geschafft. Heute arbeitet Halle durchschnittlich zu 55 Prozent für den Fremdmarkt und zu 45 Prozent für uns.

Die Krise der Büromöbelhersteller Mitte der 90er Jahre – wie haben Sie diese gemeistert?

Ja, es folgte ein wirtschaftlicher Einbruch: Die Krise dauerte von 1994 bis 1996. Die Ursache: Weitere Trennwandbauer drängten in unseren Bereich. Unter anderem suchten Schreiner, die aus dem gesättigten Markt für Bürotrennwände kamen, händeringend nach neuen Geschäftsfeldern. Außerdem sind Spanplatten billiger als Stahl. Das hatte zur Folge, dass wir tatsächlich nur noch da verkauften, wo der Vorteil unseres Produktes – nämlich die Glattflächigkeit und Robustheit des Stahls – explizit erwünscht war. Wir wollten von unserem Kunden ganz genau wissen, ob unsere Stärken in seiner spezifischen Anwendung den höheren Preis auch tatsächlich rechtfertigen. Wenn nicht, verwiesen wir lieber auf die Wettbewerber.

Unsere Philosophie war und ist kompromisslos: Auf unserem Gebiet wollen wir aus Sicht des Kunden exzellent sein. Können wir für seine Anforderungen nur befriedigend sein, müssen wir dem Kunden eine andere Lösung anbieten, auch wenn sie beim Wettbewerber zu finden ist. Nicht der Gedanke des Verkaufens steht im Vordergrund, sondern der des Nutzens. Diese Einstellung brachte uns ein hohes Ansehen am Markt. Und somit profitierten beide Parteien davon.

Wie ging es dann wieder aufwärts?

Um aus der Krise zu kommen, mussten wir den spezifischen Nutzen für unsere Zielgruppe weiter erhöhen. Die Idee war, sich tiefer zu spezialisieren, auf Räume für spezifische Anforderungen, zunächst auf Messräume. Was aber ist ein Messraum? Dabei handelt es sich um einen tatsächlichen physikalischen Raum, in dem eine Messmaschine steht. Diese ist notwendig, um im Rahmen einer Produktion zum Beispiel Maschinengestelle zu vermessen. Das Grundgestell einer Drehmaschine muss ganz exakt hergestellt werden, damit man am Ende des Fertigungsprozesses keine unliebsamen Überraschungen erlebt.

Die Maße werden in die Messmaschine eingegeben, und diese misst alle Bohrungen nach und das im μ- bzw. Nano-Bereich (Anmerkung: $1\mu = 1/1000$ mm, 1 Nano=$1/1000\mu$). Bei den Messungen sind zwei Dinge ganz elementar: Erstens Sauberkeit, und zweitens spielt die Temperatur eine wichtige Rolle. Da sich Stahl ausdehnt, muss die Messtemperatur mindestens auf plus/minus ein Grad Celsius konstant gehalten werden.

Wir hatten bereits für einige Messmaschinen Räume mit besonderen Eigenschaften gebaut. In diesem Bereich wollten wir unsere Kompetenz weiterentwickeln. Zu diesem Zweck kooperierten wir mit einem Hersteller für Messmaschinen und konzipierten – mit Hilfe einer aufwändigen Simulation – einen Raum, der exakt den klimatechnischen Anforderungen der Maschine entspricht. Mit dem Maschinen-Hersteller erarbeiteten wir dann ein Konzept, wie man die Messmaschine und den Messraum gemeinsam verkaufen konnte.

Doch es ging noch weiter, denn wir hatten den Ehrgeiz, einen Raum der „Güteklasse 2" – das heißt mit Temperaturschwankung von plus/minus 0,5 Grad – zu entwickeln, und der sollte bedeutend günstiger sein als die am Markt erhältlichen Systeme. Dazu erarbeiteten wir ein innovatives Konzept und konnten das Unternehmen BMW/Rolls Royce gewinnen, ein Pilotprojekt mit uns zu starten. Schließlich überzeugte unsere Lösung sogar die firmeneigenen Klimatechniker. So bauten wir unseren Messraum und er funktionierte. In dieser Phase meldeten wir das System zum Patent an.

Hat Sie Ihre Innovation in die Marktführerschaft geführt?

Nun ja – wir besaßen jetzt ein Patent der „Güteklasse 2" und eine sehr kostengünstige Lösung. In den Jahren 1995 bis 1997 haben wir damit gute Geschäfte gemacht. Heute sind wir der absolute Marktführer für Messräume. Wir fertigen den Raum speziell für den Kunden, liefern die eigene Klimatechnik, haben den Lichttechniker und den Steuerungstechniker. Das ist einzigartig auf dem Markt.

Zwischenzeitlich ist nicht mehr für alle Geräte ein Messraum nötig, da die Geräte in der Lage sind, schwankende klimatische Bedingungen elektronisch zu kompensieren. Die Messmaschinenhersteller haben uns insofern einen Teil des Marktes abgegraben. Aber auch wir haben uns weiterentwickelt und können nun auch „Güteklasse 1" Räume anbieten. Durch den guten Namen, den wir uns bei den Messräumen gemacht haben, kam die „Arbeitsgruppe Messräume" auf uns zu und fragte an, ob wir nicht an der Erarbeitung einer neuen Norm für Messräume mitwirken wollen. Zurzeit arbeiten wir als Spezialist an der Richtlinienerstellung mit. Das dürfte der Position eines Marktführers entsprechen.

Und Innovationen betreffend, sind wir bei der Suche von Kundenengpässen recht aktiv. Auf die Anfrage eines Kunden hin, ob wir denn nicht auch noch saubere Luft in den Messraum liefern könnten, wurden wir erneut tätig. Die Umgebungsluft in der Halle war einfach zu schmutzig. Ziel war, die sauber in den Raum gelieferten Teile auch wieder sauber heraus zu bekommen. Damit stießen wir auf den Reinraum, der bis Ende der 90er-Jahre nur in der Chip- und Pharmaindustrie verwendet wurde.

Als Innovation kreierten wir den „Sauberraum", der sich zwischen Reinraum und normaler Kabine bewegt. Beim Reinraum müssen Partikel aus der Luft gefiltert werden, die kleiner als 5 μ sind. Beim Sauberraum beginnt die Partikelgröße bei 40 μ. Die Grundeinrichtung ist die gleiche, die Filtertechnik ist unterschiedlich. Je sauberer der Raum sein soll, desto öfter muss die Luft ausgetauscht werden. Dabei treten mehr Zugerscheinungen auf. Die Menschen im Raum frieren. Wir kümmern uns um Mensch und Maschine und haben mit dem Sauberraum die bedarfsorientierte Kompromisslösung entwickelt. Auch hier sind wir die Einzigen, die sich darauf spezialisiert haben. In diesem Zusammenhang erhielten wir vom Bundesverband StrategieForum e. V. den Strategiepreis 2011 für Technologische Marktführung.

Wie sieht die Zukunft aus – welche ist die Grundaufgabe der Nerling Systemräume GmbH?

Heute machen wir mit dem Messraum ca. 25 Prozent unseres Umsatzes, weitere 25 Prozent bringt der Rein- bzw. Sauberraum und 50 Prozent die anderen Räume, wie zum Beispiel Arzträume, Aufenthaltsräume, Besprechungsräume, Doppelstockanlagen, Explosionsschutzräume, Hallenbüros, Laborräume, Leitstände, Maschineneinkapselungen, Prüfstände, Raucherkabinen, Schallschutzkabinen, Werkstatträume etc. Hinter diesem Umsatz steht eine große, treue Kundenschar.

Die dauernde Grundaufgabe sehen wir im Schutz der Mitarbeiter und Einrichtungen vor Lärm, Staub und Klimaeinflüssen in der Produktion bzw. in speziellen Produktionsneben-räumen. Dieses Geschäft ist expansiv, da sich die Umweltschutzthemen verstärken.

Heute beschäftigen wir 100 Mitarbeiter, mein Sohn Olaf hat inzwischen die Geschäftsfüh-rung übernommen, und ich kann mich mehr um Unternehmerverbände und -vereinigungen kümmern, wie z .B. das Kompetenznetzwerk Industrielle Bauteil- und Oberflächenreinigung Leonberg e. V. u. a.

Abbildung 3:   *Strategiepreis 2011 vom Bundesverband StrategieForum e. V.*

Die Urlaubssonne geht auf – steiniger Weg zur Marktführerschaft rund um die Adria

Interview mit Robert Gebetsroither

Einleitung und Interviewführung: Hans Bürkle

Das Unternehmen Gebetsroither hat sich seit 1981 in einer Nische des Tourismusmarktes bewegt und sich dann zum Marktführer im Segment Campingurlaub entwickelt. Ein Großteil der Aktivitäten lag im früheren Jugoslawien. Aufgrund der dortigen Kriegsereignisse, verbunden mit dem totalen Zusammenbruch des Campinggeschäftes, geriet das Unternehmen in eine existenzielle Krise. Eine kurz vor dem Kriegsausbruch neu gegründete Partnerschaft stellte sich leider als nicht vorteilhaft heraus und wurde 1993 gelöst, wodurch eine komplett neue Geschäftsstrategie wieder möglich wurde.

Der Neustart wurde nach EKS-Gesichtspunkten begonnen. Die beiden Geschäftsfelder Handel mit Wohnwagen und Wohnheimvermietung am Campingplatz wurden neu nach Zielgruppen ausgerichtet und der Nutzen für die Campingfreunde deutlich verbessert. Besonders erfreulich ist bei der Strategie von Gebetsroither, dass viele Kunden zu „Wiederholungstätern" wurden und in hohem Maße zu Empfehlern. Dies zeugt von einer qualitativ sehr guten Leistung für die jeweiligen Zielgruppen.

So waren die letzten Jahre erfreulicherweise durch ein rasantes Wachstum gekennzeichnet. Heute zählt die Firma Gebetsroither in Österreich zu den führenden Handelsunternehmen für Wohnmobile/Caravans und im Vermietgeschäft von Urlaubs-Wohnheimen für Familien zu den größten Unternehmen Europas.

Damit ist das Unternehmen Gebetsroither ein weiteres gutes Beispiel, wie die strategischen Prinzipien der EKS ein Unternehmen aus der Krise zum Erfolg führen – zum Vorteil der Zielgruppen und zum eigenen Nutzen.

Interview mit dem Hauptgesellschafter Robert Gebetsroither

Wer ist die Gebetsroither-Gruppe und wie viele Mitarbeiter haben Sie heute?

Das Unternehmen wurde im Jahr 1981 mit meiner Frau gemeinsam als Einzelunternehmen Robert Gebetsroither gestartet. Der damalige Zweck war der Verkauf und die Vermietung von Caravans an Urlauber. Die Gebetsroither International beschäftigt sich heute vor allem mit der Vermietung von fix aufgestellten Wohnwagen und Mobilheimen auf den schönsten Campingplätzen Europas.

Die Zentrale befindet sich in Österreich. Selbständige Tochterfirmen gibt es in den jeweiligen Urlaubsländern, in Italien, Kroatien und Ungarn.

Heute buchen bei uns jährlich über 50.000 Personen Urlaubswochen und wir erzielen damit einen Jahresumsatz von rund 7 Mio. Als Stammbesatzung haben wir 20 Mitarbeiter, und im Sommer in der Hochsaison mit den Betreuern auf den Campingplätzen haben wir insgesamt rund 140 Leute beschäftigt.

Wie sind Sie auf die Geschäftsidee für besseren Campingurlaub gekommen?

Mein Schwiegervater war ein begeisterter Camper und hatte meine Frau und mich damals zu einem Campingurlaub in das ehemalige Jugoslawien mitgenommen. Nach einer langwierigen Anreise fanden wir nach langer Suche ein halbwegs schönes und schattiges Plätzchen. Die schönsten Plätze vorne am Meer waren natürlich bereits alle längst vergeben. Der Aufbau des Wohnwagens und des Vorzeltes dauerte nochmals drei bis vier Stunden.

Während dieses Urlaubes habe ich mir überlegt, dass die Vielzahl an Problemen, die wir bei der Anreise und dem Einrichten am Campingplatz hatten, eigentlich alle Camper betreffen und leichter zu lösen sein müssten.

Meine Überlegung war: Was wäre, wenn ich einen Caravan vor Beginn der Saison, wenn noch keine Leute am Campingplatz sind, auf den schönsten Camping-Stellplätzen aufstelle? Es wird ein Vorzelt angebaut, es kommen Campingtische, Sessel, Geschirr und Bettzeug hinein. So müsste man eigentlich viele Probleme lösen und daraus auch ein Geschäft entwickeln können. Was dann geschah.

Wie verlief die Gründungsphase?

1981 wurde das Einzelunternehmen „Robert Gebetsroither" gegründet und mit dem Aufstellen der ersten zehn Wohnwagen auf einem Campingplatz im ehemaligen Jugoslawien begonnen.

Der Umsatz des ersten Jahres betrug gerade mal 25.000 Euro. Die Gäste waren jedoch begeistert, so dass wir im darauf folgenden Jahr unser Angebot in Jugoslawien erweitert und uns auch gleichzeitig getraut haben, einen etwas höheren Mietpreis zu verlangen.

In den Folgejahren wurde das Geschäft im ehemaligen Jugoslawien auf 400 Vermietobjekte ausgeweitet. Gleichzeitig wurde auch das Geschäft in Italien, Österreich und Ungarn aufgebaut. Der Mietumsatz hatte sich zwischenzeitlich auf 1,5 Mio. Euro erhöht.

Alles hatte nun bestens funktioniert, bis zum Jahr 1990, in dem der Jugoslawienkrieg ausbrach. Innerhalb von wenigen Monaten war unser ganzes Geschäft – und dies auf Jahre hinaus – ruiniert.

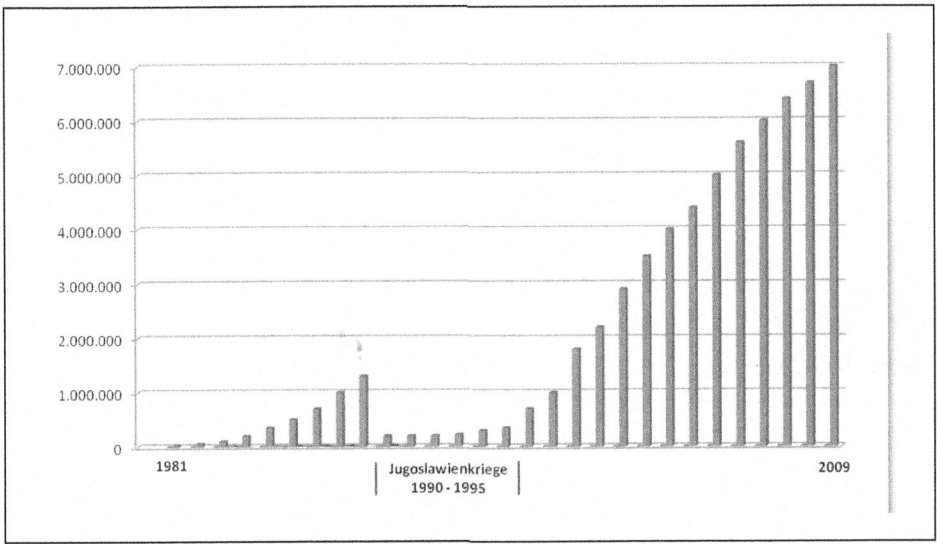

Abbildung 1: *Umsatzentwicklung 1981 bis 2009 in Euro*

Wie haben Sie die Kriegsfolgen gemeistert?

Bei Ausbruch des Krieges bekamen wir statt Buchungen nur Stornos. Die Hauptaufgabe der Buchhaltung bestand darin, bereits erhaltenes Geld an die Kunden zurück zu überweisen.

Die Gesamtumsätze im Vermietungsgeschäft reduzierten sich im ehemaligen Jugoslawien auf Null Euro und in Italien, Österreich und Ungarn auf 150.000 Euro.

Mit einem Schlag war aus einem sehr guten und florierenden Geschäft ein gigantisches Verlustgeschäft geworden.

In den folgenden fünf Jahren, 1991 bis 1995, waren die Wohnwagen im ehemaligen Jugoslawien durch die Kriegsumstände blockiert. In Österreich, Italien und Ungarn konnte in diesen Jahren das Geschäft in geringem Umfang weitergeführt werden.

Die Kriegsfolgen führten uns fast in die Pleite. Ein noch vor dem Kriegsausbruch hinzugenommener Invest-Partner erhöhte aus eigenen Interessen nochmals den Druck und verschärfte zusätzlich unser Liquiditätsproblem. Nach langen und schwierigen Verhandlungen, bei denen wir dem Partner auch noch die letzten Reserven übergeben mussten, wurde 1993 die

Trennung wieder durchgeführt. Der damals aufgebaute Standort wurde dem Partner überlassen und wir haben im September 1993 in Wien einen kompletten Neustart des Unternehmens durchgeführt. Beim Aufbau des Neugeschäfts half uns dann die EKS weiter.

Wolfgang Mewes schrieb damals, dass die immateriellen Werte höher zu bewerten sind als die materiellen Werte. Würden die Fabrikhallen von Daimler-Benz durch Krieg zerstört werden, so würden aufgrund der immateriellen Werte die Manager jederzeit wieder das Geld bekommen, um dasselbe nochmals neu aufzubauen. In unserem Falle verhielt es sich ähnlich. Die materiellen Werte, sprich die Wohnwagen, waren in Jugoslawien blockiert, und die anderen Wohnwagen in Österreich und Italien waren durch die Kriegsumstände ebenfalls leer.

Durch die immateriellen Werte, die unser Unternehmen damals schon besaß, konnte nach den schrecklichen Kriegsjahren ab 1994 das Unternehmen langsam wieder auf Erfolgskurs gebracht werden. Hierbei hat sich herausgestellt, dass uns die früheren Kunden erhalten geblieben sind. Es hat jedoch 10 Jahre gedauert, um die Verluste aus den Kriegsjahren auszugleichen.

Wie lernten Sie die EKS kennen?

Schon 1986 lernte ich die EKS als Teilnehmer im Strategieworkshop der EKS-Akademie in Nierstein kennen. Die Engpässe für besseren Urlaubsgenuss auf Campingplätzen hatten wir dadurch besser erkannt, uns fehlte jedoch noch die genauere Abgrenzung der Zielgruppe.

Die Leute, die bereits einen eigenen Wohnwagen besaßen, konnten nicht unsere Zielgruppe sein. Diese haben jedoch Freunde, die evtl. auch mitkommen möchten, jedoch keinen eigenen Wohnwagen haben. Unsere Kunden könnten auch junge Familien mit Kindern sein, die sich vorerst noch keinen Wohnwagen kaufen möchten, oder auch Pensionäre, denen es zu beschwerlich ist, ihren eigenen Wohnwagen mitzuschleppen – oder einfach Gäste, die einen Urlaub in der Natur dem Hotelurlaub vorziehen. Das war der Zielgruppenbereich, der jedoch noch zu allgemein beschrieben war. Aber allein die Konzentration auf dieses Geschäftsfeld hatte uns bis 1990 enorm nach vorne gebracht. Und nach dem Krieg hat uns die EKS den Weg gezeigt, das Geschäft noch besser aufzustellen.

Wer sind die Wettbewerber in diesem Urlaubsgeschäft?

Es gibt ungefähr 40 Wettbewerber im Vermietgeschäft, wobei fünf davon sehr groß sind, größer als wir. Wir sind wohl eines der größten Unternehmen Europas als Familienunternehmen. Und was die Qualität der Wohneinheiten und der Einrichtungen betrifft unter dem Motto „klein aber fein", gehören wir wohl zu den führenden Unternehmen in Europa. Nur wenige Mitbewerber haben so gute Betreuer auf den Campingplätzen wie wir.

Wie sehen Sie die Differenzierung zum Wettbewerber? Wo sind Ihre Stärken, wo die Stärken der großen Wettbewerber?

Die Großen haben die Möglichkeit, auf einem Campingplatz gleich einmal 100 Einheiten hinzustellen, während wir als Familienunternehmen uns natürlich nach der finanziellen Decke strecken müssen und sehr vorsichtig agieren. Wenn wir 10 Mobilheime neu aufstellen, dann kostet dies fast eine halbe Million Euro einschließlich der Infrastruktur am Campingplatz. Hierbei müssen wir sehr präzise vorher die Vorteile der neuen Campingplätze eruieren und werden uns nur bei qualitativ guten Plätzen engagieren.

Unsere Stärke gegenüber Mitbewerbern ist die individuelle und persönliche Beratung und auch die Betreuung der Gäste auf unseren angemieteten Campingplätzen vor Ort. Die Betreuer helfen bei allen Fragen rund ums Campen, reparieren Kleinigkeiten am Wohnwagen oder am Mobilheim und geben Tipps für Ausflüge. Weitere Vorteile sind:

- Unsere Wohnwagen stehen direkt am Meer.

- Unser Angebot ist preiswert.

- Wir sind günstiger oder besser als der Mitbewerber.

- Wir sind auch insbesondere in der Vor- und Nachsaison so günstig, dass es rechnerisch keinen Sinn macht, seinen eigenen Wohnwagen mitzunehmen. Es ist billiger, bei uns zu mieten.

- Der Gast hat eine bequeme Anreise.

- Urlaub von der ersten Minute an.

- Eigene Ausflugsprogramme und Besichtigungstouren werden dem Gast angeboten.

- Der Kundenbetreuer wartet vor Ort. Dieser erklärt dem Kunden den Wohnwagen und übergibt ihm diesen gereinigt. Eventuelle Wünsche und Probleme versucht er im Interesse des Kunden zu lösen.

- Bei der Anreise erhalten die Eltern eine Flasche Wein, die Kinder ein Malbuch mit Camping-Motiven oder einen Gebetsroither-Wasserball usw.

Was ist neu im jetzigen Geschäft?

Wir suchen ja immer nach Engpässen oder Verbesserungsmöglichkeiten und stellten fest, dass ein Problem darin bestand, dass sehr viele Gäste ungern die Sanitäranlagen am Campingplatz benutzen. So sind wir auf die Idee gekommen, Mobilheime aufzustellen, die mit Dusche und WC ausgestattet sind. Seit einigen Jahren haben wir nun Mobilheimanlagen er-richtet.

Ein Mobilheim ist von der Größe und Ausstattung mit einem Appartement vergleichbar. Unsere Mobilheimanlagen bauen wir direkt am Meer, wobei die Infrastruktur des Campingplatzes (Supermarkt, Freizeiteinrichtungen, Veranstaltungen, etc). mitbenützt werden kann. Für jedes Mobilheim ist eine Fläche von ca. 150 m² vorgesehen. Vor dem Mobilheim wird eine Terrasse mit Schattendach errichtet, so dass die Gäste im Freien – mit Blick aufs Meer – frühstücken können. Mobilheime sind mit zwei getrennten Schlafzimmern, einem Wohnzimmer, einem Küchenblock, eigener Dusche und WC ausgestattet. Hier sind wir vergleichbar mit den vor Ort angebotenen Appartements. Diese findet man jedoch im Ort, wogegen unsere Mobilheime direkt am Meer stehen. Hier konnten wir wiederum eine neue Zielgruppe, die mehr Komfort wünscht, erschließen.

Abbildung 2:   *Mobilheimanlage, jeweils mit Wasseranschluss, TV und Klimaanlage*

Was die Neuigkeiten betrifft, können wir neue „Locations" vermelden: So testen wir derzeit Campingplätze an der Ostsee und haben erste gute Erfahrungen gesammelt. Ich denke, dass in den nächsten Jahren die Ostsee sehr stark aufholen wird. Derzeit sind die Campingplätze dort noch veraltet. Es wird jedoch sehr viel investiert und ich denke, dass die Ostsee sehr interessant sein wird, insbesondere für deutsche Gäste und für Gäste aus dem Norden und aus Dänemark.

Die Unterbringung, Sie sprachen von Caravans und Mobilheimen. Was ist der Unterschied?

Die Caravans sind Wohnwagen, und die haben bei uns in der Regel keine Toilette und sind nicht an Frisch- und Abwasser angeschlossen. Das sind die Wohnwagen, wie man sie auf der Straße sieht. Sie sind ausgestattet mit einem Vorzelt und mit Campingstühlen, Tischen und Geschirr. Die Mobilheime sind wie Appartements. Eigentlich große Caravans, mindestens 8 x

3,5 m groß, mit zwei getrennten Schlafzimmern, mit einer richtigen Haushaltsküche, und das Wichtigste, mit Dusche und Toilette innen. Die Gäste brauchen hier nicht die öffentlichen Sanitäranlagen zu benutzen, und vor den Mobilheimen bauen wir dann noch eine Terrasse mit einem Schattendach auf.

Kommen die Kunden direkt oder über Reisebüros zu Ihnen?

Die EKS sagt, dass es mit das Wichtigste ist, Zielgruppenbesitzer zu sein. Dies ist der Grund, weshalb wir nicht mit Reisebüros zusammenarbeiten. Alle Kunden buchen direkt in unserem Büro. Dies hat sich nach dem Krieg wieder bewährt. So konnten wir unseren ursprünglichen Kundenstock wieder reaktivieren. Heute können wir stolz auf einen Stammkundenanteil von 75 Prozent, sogenannte „Wiederholungstäter", blicken.

Unser Hauptaugenmerk liegt momentan darin, eine Art „Europazentrale" in Liezen aufzubauen, in der unsere Kunden in ihrer jeweiligen Muttersprache bedient werden können. Mittlerweile umfasst unser Angebot die Sprachen Deutsch, Englisch, Kroatisch, Italienisch und Französisch.

Wie gewinnen Sie Neukunden?

Wir machen Werbung direkt in unserer Zielgruppe. So steht auf all unseren Campingplätzen bzw. Anlagen eine Informationstafel, an der sich Kataloganforderungskärtchen befinden. Allein durch diese Kärtchen erhalten wir jährlich etwa 2.000 bis 3.000 neue Adressen.

Eines der wichtigsten Werbemittel sind unsere Betreuer vor Ort. Dies sind nebenberufliche Mitarbeiter, die sich den ganzen Sommer über am Campingplatz aufhalten. Diese sind für die Ordnung und Sauberkeit der Anlage verantwortlich sowie für die Betreuung der Gäste. Unsere Betreuer vor Ort machen entsprechende Werbung und bauen Empfehler auf.

Unser Ferien-Katalog wird in einer Auflage von 300.000 Stück gedruckt, wobei wir dieses Jahr 60.000 Stück an Kunden und echte Interessenten verschickt haben. Der Rest wird auf vielen internationalen Messen in ganz Europa und direkt an Interessenten auf den Campingplätzen verteilt. Unser Internetauftritt wird auch immer stärker als Ferienberater genutzt und ist ein Verkaufsinstrument.

Und eine schöne Sache ist unser Programm „Freunde werben Freunde": Wenn uns ein bestehender Kunde einen Neukunden bringt – der noch nicht in der EDV gespeichert ist – und dieser auch bei uns bucht, so erhält der bestehende Kunde einen Urlaubstag gratis. Alleine durch diese Aktion erhalten wir jährlich viele neue Kunden.

Last, but not least erkennen wir mit dem gut laufenden VIP-Konzept, dass wir eine äußerst gute Reputation und Vertrauensbasis bei unseren Kunden haben. Diese können sich an unserem Unternehmen mit einem Darlehen beteiligen und erhalten dafür eine entsprechende Verzinsung von 6 Prozent auf das eingesetzte Kapital sowie einen Nachlass auf die Miete. Dieses Konzept wird derzeit neu überarbeitet.

Wo kommen die Gäste her, aus welchen Ländern?

Unsere Gäste sind hauptsächlich Österreicher, Deutsche, Italiener, Holländer, sehr viele Dänen, jetzt vermehrt auch Engländer, Tschechen, Ungarn und Polen.

Welchen Nutzen bieten Sie den Campingplatzbesitzern?

Mit diesen schließen wir in der Regel mehrjährige Mietverträge ab. Dadurch haben diese bessere Auslastungsquoten und verdienen an uns. Der Platz bekommt neue Gäste, die sonst nicht auf den Campingplatz kommen, da sie über keinen eigenen Wohnwagen verfügen. Zudem werden die Restaurants auf den Campingplätzen besser frequentiert.

Sind die Campingplätze nur am Wasser gelegen oder gibt es auch andere Bereiche, wo Ihre bevorzugten Plätze sind?

Die meisten Campingplätze, ca. 80 Prozent, sind direkt am Wasser gelegen, da das Hauptklientel Gäste sind, die baden möchten, wie gesagt eben Familien. Es gibt aber auch Plätze, wie zum Beispiel in der Toscana, die im Landesinneren gelegen sind. Diese Plätze haben natürlich einen sehr hohen Standard und sind oft mit Swimmingpool, Hallenbad, Fitnessräumen oder gar Wellnessanlagen ausgerüstet. Auch in Skigebieten in Österreich sind wir präsent.

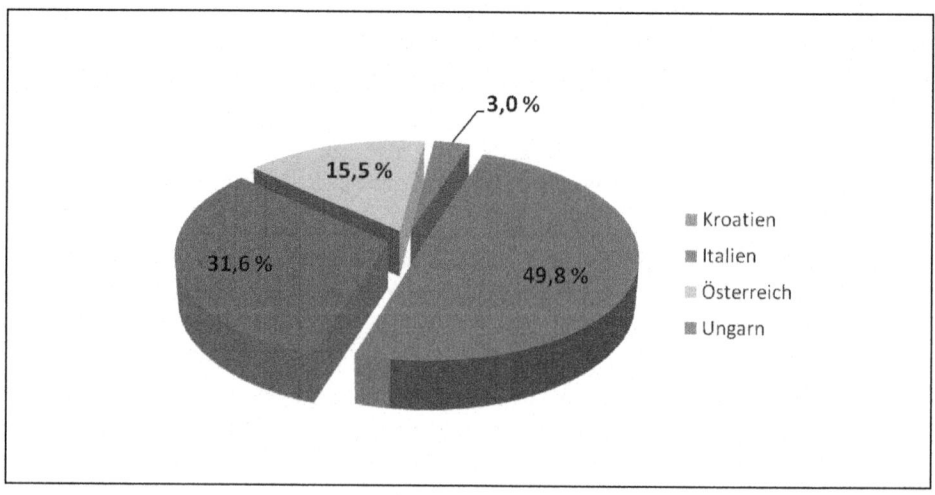

Abbildung 3:   *Aufteilung der Mietobjekte nach Ländern im Jahr 2008*

Gibt es neue Regionen, wo Sie Campingplätze suchen?

Wir sind ständig auf der Suche nach neuen Regionen, diese ist jedoch mit äußerster Vorsicht anzugehen. Wir denken in naher Zukunft natürlich neben Deutschland (Ostsee) an Spanien, weil wir sehr viele deutsche und holländische Gäste haben, für die Spanien sehr interessant ist, um dort Urlaub zu verbringen. Hier denke ich vor allem an die Costa Brava, dann ist Sardinien sehr gefragt. Und das Neueste, was auch in Zukunft sehr interessant sein wird, ist der Süden von Kroatien, Dalmatien und Montenegro.

Sind Sie auch auf FKK-Plätzen vertreten?

Ja, die Plätze sind sehr beliebt, weil der FKK-Gast dort schnell Freunde findet. Für uns ist er ein treuer Gast, ein guter Stammgast. Die FKK-Freunde buchen oft schon beim Verlassen des Campingplatzes fürs kommende Jahr wieder.

Welchen speziellen Nutzen bringen Sie Ihrer Endverbraucher-Zielgruppe?

Der spezielle Vorteil besteht darin, dass sich unsere Caravans und unsere Mobilheime immer auf den schönsten Plätzen des Campingplatzes befinden. Die Leute brauchen nur anreisen, müssen keinen Wagen mitziehen, sie haben die Garantie, dass sie auf einem schönen Platz sind, und vor allem – sie brauchen auch keinen Wagen aufzustellen und vertun keine Urlaubszeit.

Immer stärker bewirken die Gebetsroither-Anlagen auf den Campingplätzen, dass sich Freundschaften vor Ort herausbilden, die zu Gemeinsamkeiten, weiteren Buchungen und weiteren Freundschaften führen. Urlaub mit Spass in der Natur, das ist der Hauptnutzen.

Wie sieht die Funktion der Betreuer am Campingplatz genauer aus?

Die Betreuer haben zum einen die Aufgabe, die Anlage in Ordnung zu halten und dafür zu sorgen, dass alles sauber und technisch in Ordnung ist. Aber die Hauptaufgabe ist die Betreuung der Gäste, das heißt der Empfang der Gäste, das Einweisen der Gäste in den Caravan oder in das Mobilheim und die Betreuung auch während der Urlaubszeit. Wenn die Gäste Probleme haben oder irgendetwas defekt ist, sollen die Betreuer das gleich reparieren. Und sie müssen natürlich auch für Fragen zur Verfügung stehen, sei es wo es gutes Essen gibt oder wohin man Ausflüge machen kann. Und am Ende des Urlaubes gilt es, die zufriedenen Gäste zu verabschieden und die neuen Gäste in den gereinigten Wagen/Heimen zu begrüßen.

Die Familien mit Kindern sind ihr Zielpublikum. Was ist der Hauptgrund, bei Gebetsroither Urlaub zu buchen?

Vor allem das Leben in der Natur. Es gibt für die Kinder nichts Schöneres als das Leben in der freien Natur: Mit der Badehose aus dem Mobilheim oder aus dem Caravan heraus zu laufen und gleich ins Wasser zu können oder im Freien zu frühstücken.

Abbildung 4:   *Mobilheimanlage direkt am Meer*

Aber warum sollte gerade Gebetsroither gebucht werden und nicht der Wettbewerber?

Wir versuchen uns eben durch schönere Stellplätze, durch günstige Preise und gute Beratung und Betreuung gegenüber dem Mitbewerber zu differenzieren.

Wie sieht die Zukunft und die Nachfolgeregelung aus?

In der Zukunft sieht es so aus, dass wir insbesondere die Partnerschaft mit den Camping-platzbesitzern stärken müssen, damit uns nicht die Mitbewerber die guten Plätze streitig machen. Denn die guten Plätze für unser Konzept werden weniger. Wir glauben aber, dass wir uns behaupten können.

Wahrscheinlich wird sich die ganze Situation auch wandeln. So wie ursprünglich nur der Caravan in Vermietung war – vorher war es das Zelt – sind es heute die Mobilheime, die attraktiv sind. Wer weiß, wie sich das ändern wird, aber langfristig denke ich, ist Europa so groß und es gibt so schöne Plätze in Europa, und ich habe keine Bedenken, dass wir unseren Platz in der Tourismus-Wirtschaft behalten werden.

Die Nachfolge betreffend sind beide Kinder aktiv im Unternehmen tätig und werden meine Frau und mich demnächst im operativen Geschäft ablösen.

Was sind die wichtigsten Erfolgsfaktoren in ihrem Geschäft?

Wichtig ist, auf die Kunden zu hören, was die Kunden möchten, welche Engpässe sich aufbauen und welche Wünsche. In diesem Sinne haben wir eine Checkliste entwickelt, die jeder Kunde bekommt und die uns zurück geschickt wird. Dieses Feed-back ist uns ganz wichtig, und ich selbst bin zwei Mal jährlich auf allen Plätzen und rede dort mit den Kunden, um so immer das Gefühl zu haben, was der Kunde will, wo die Probleme liegen, wo wir gut sind und wo wir uns verbessern müssen.

Das heißt, Sie sind immer engagiert, Engpässe zu eruieren und dann zu beseitigen?

Genau, es ist doch so, dass das Beschwerdemanagement funktionieren muss. Alle Beschwerden, die schriftlich kommen, und überhaupt substanzhaltige Beschwerden bearbeite ich persönlich, und ich habe mir zum Ziel gesetzt, dass innerhalb einer Woche der Kunde seinen Brief beantwortet bekommen muss. Wir dürfen stolz berichten, dass wir in den letzten zwei Jahren keinen einzigen Rechtsanwaltsbrief bekommen haben.

Was in der Touristikbranche eine Seltenheit ist?

Ja, wir versuchen das mit Kulanz zu lösen, und wir sagen das auch unseren Betreuern. Wir machen konsequent Schulungen für unsere Betreuer, und wir sagen immer, sie sollen großzügig und kulant sein. Gebetsroither muss als Freund und fairer Partner anerkannt sein.

Ist es richtig, dass folgende drei Faktoren für Ihren Geschäftserfolg entscheidend sind: erstens die Zielgruppenausrichtung auf Familie mit Kindern, zweitens die Funktion der Betreuer und drittens relativ neue Caravans und Mobilheime?

Genau, wir versuchen immer den Standard hochzuhalten, das heißt die Unterkünfte immer in Schuss zu halten und zu reparieren, Matratzen nach gewisser Zeit auszutauschen und in Reparaturen entsprechend zu investieren. Und wenn Wohnwagen oder Mobilheime eine bestimmte Anzahl von Jahren auf dem Buckel haben, dann werden diese verkauft und gegen neue ausgetauscht. Wir investieren jährlich sehr hohe Beträge nur in die Erhaltung.

Wie stellt sich Gebetsroither international auf?

Unsere Wohnwagen und Mobilheime stehen derzeit in Österreich, Italien, Kroatien, Ungarn, Spanien und an der deutschen Ostsee. Eine Erweiterung des Angebotes in Montenegro ist geplant. Derzeit (2012) verfügen wir über 1.500 betreute Mietobjekte mit mehr als 8.800 Gästebetten, welche in unserem eigenen Besitz sind. Der Mietumsatz beträgt in Jahr 2012 ca. 10.000.000 Euro, trotz Krise. Dass wir in anderen Ländern willkommen sind, zeigen diverse Auszeichnungen, so aus 2010 der Gemeinde Lopar in Kroatien.

Heute zählt Gebetsroither International zu den größten Unternehmen in dieser Branche und ist der größte Beherbergungsbetrieb Österreichs.

Gebetsroither GesmbH A-8940 Liezen		Urlaub auf Campingplätzen 50.000 Gäste pro Jahr			„Freunde werden Freunde" Naturnaher Urlaub für Familien			Strategie-Matrix EKS®					
Nieder-lassungen	Teil-Ziel-grup-pen >	Mitar-beiter Zen-trale	Ver-triebs-leitung	Chef-Betreu-er	Cam-ping-plätze alt	Cam-ping-plätze neu	Länder neu	Betreu-er alt	Betreu-er neu	Famili-en alt	Famili-en neu	Em-pfehler <	Medien Mes-sen Presse <
A, I, D, Kroat. Ungarn ...	Situa-tion >												
	Eng-pässe >												
	Bes-ser-lösung >												
	Kosten Nutzen												
	Con-trol-ling												

Abbildung 5:   *Vereinfachte Strategie-Matrix*

Wie managen Sie intern das Unternehmen?

Als Familienunternehmen haben wir kurze Wege in der Abstimmung. Das Geschäftsmodell als solches ist klar, ich selbst muss daran arbeiten, meine Entscheidungen mit den Junioren besser abzustimmen. Sie sollen ja künftig die Chefrolle spielen.

Seit einigen Jahren haben wir einen Beirat installiert, der uns in strategischen Fragen unterstützt und berät. Bei der Weiterentwicklung unserer Geschäftsstrategie nutzen wir die Strategie-Matrix EKS von Bürkle (Abbildung 5). Sie bietet einen guten Überblick über unsere Teil-Zielgruppen und deren Bedarfslage. So werden regelmäßig die Zielgruppen-Engpässe analysiert, Lösungen entwickelt und Maßnahmen nach Priorität festgelegt. Dies unter dem EKS-Motto: Was hindert die Zielgruppe, vermehrt Urlaub mit uns zu machen?

Welche weiteren Ziele haben Sie?

Ein langfristiges Ziel ist es, das Angebot auch auf andere Urlaubsziele Europas auszuweiten. Ferner möchten wir das beste Preis-Leistungs-Verhältnis in unserer Urlaubssparte auf den schönsten Campingplätzen Europas anbieten

- Wir möchten preisgünstiger bleiben und sein als der Mitbewerb.

- Qualität vor Quantität.

- Das VIP-Modell sollte eine tragende Säule unseres Unternehmens werden.

- Ständiges Anpassen des Unternehmens an die Bedürfnisse und Wünsche der Kunden.

- Umsetzen des Mottos: Freunde finden Freunde.

Abbildung 6:   *Eröffnung der neuen Firmenzentrale in Weißenbach/Liezen im Jahr 2011*

Belohnung für Kundennutzen – die Entwicklung der Assmann Büromöbel GmbH

Interview mit Dirk Aßmann

Einleitung und Interviewführung: Hans Bürkle

Das Unternehmen Assmann hat sich immer mit der Herstellung und dem Vertrieb von Büromöbeln beschäftigt.

In den 1980er Jahren konzentrierte sich Assmann auf das Geschäft mit „Öffentlichen Institutionen" und hat sich somit im Büromöbelmarkt von den Mitbewerbern, die vor allem Chefzimmer und Büromöbel im Industriebereich anboten, abgehoben. Im Segment der öffentlichen Verwaltungen und im Mittelstand erreichte das Unternehmen schnell eine relevante Marktposition und zählte zu den zehn größeren Anbietern von Büromöbeln.

Die Kernkompetenz in dieser Phase waren die flexible Produktion für Sachbearbeiter- und Beraterarbeitsplätze mit günstigem Preis-/Leistungsverhältnis im Markt und hohe Service- und Dienstleistungskompetenz. Die Geschäfte entwickelten sich prächtig für lange Zeit.

Ab 1995 zog sich der Inhaber und geschäftsführende Gesellschafter krankheitsbedingt aus dem operativen Geschäft zurück. Das Geschäft wurde vom bestehenden Management – also der 2. Ebene – fortgeführt. In den folgenden Jahren 1996 bis 2001 nahm der geschäftliche Erfolg stetig ab. Das Unternehmen entwickelte sich deutlich schlechter als die Branche. Der Kontakt zum Markt wurde vernachlässigt. Das Produktprogramm wurde ausgeweitet.

Zur Orgatec 2000 – der Leitmesse für Büromöbel – wurde ein neues Schreibtischprogramm dem Markt vorgestellt. Dieses Schreibtischprogramm sollte ein zusätzliches Marktsegment für Assmann erschließen. Der Erfolg war „so groß", dass im Geschäftsjahr 2002 dieses Produkt vom Markt genommen wurde. Die Entwicklungs- und Markteinführungskosten in Höhe von ca. 1 Mio. Euro mussten abgeschrieben werden. Entscheidend war aber der Image- und Vertrauensverlust beim Fachhandel. Dieser entscheidende Vertriebskanal für das Unternehmen war irritiert und wendete sich vom Unternehmen ab.

Abbildung 1:   *Assmann in Gründerzeiten*

2002 etablierte die Inhaberfamilie eine neue Geschäftsführung mit dem Familiennachfolger als persönlich haftendem Gesellschafter. Die EKS-Prinzipien wurden wieder in den Vordergrund gestellt.

Assmann straffte sein Sortiment in einem Kernvertriebsprogramm für die Zielkunden „Öffentliche Institutionen" und mittelständische Firmen, vor allem Dienstleistungsunternehmen. Diese Maßnahme traf mit der schärfsten Branchenrezession, die die Büromöbelbranche je erlebt hat, zusammen. So wurden Umsatzverluste von 50 Prozent von 2002 bis 2004 erzielt. Entsprechend tief war die Verunsicherung über die wirtschaftliche Existenz bei allen Marktteilnehmern – vor allem beim Büromöbelfachhandel.

Assmann besann sich EKS-gemäß auf seine Stärken und legte in dieser Marktstuation eine Marketingkampagne auf, die die „Sicherheit des Familienunternehmens" in den Vordergrund stellte. Die Konzentration auf das Kernsortiment und auf die Zielgruppen „Öffentliche Institutionen und mittelständische Unternehmen" brachten den Zielgruppen, den Fachhändlern und Endkunden, einen speziell wahrnehmbaren Nutzen, den der Wettbewerb so nicht bieten konnte.

Im Rahmen der Büromöbelmarktkrise hatten viele Fachhändler Existenzprobleme, und Assmann konnte den Fachhändlern in dieser Situation Unterstützung geben, so dass deren und in Folge die firmeneigene Situation stabilisiert wurde. Mit dem Ergebnis, dass Assmann nach der Baisse sofort erfolgreich durchstarten konnte. In Verbindung mit der in der Marketingkampagne vermittelten Sicherheit des inhabergeführten Familienunternehmens ergab sich für das Unternehmen eine unverwechselbare, einzigartige Positionierung im Markt.

Als Ergebnis erzielte das Unternehmen in den Jahren 2004 bis 2008 ein jährliches Umsatzwachstum im Inland von über 18 Prozent. Heute beschäftigt Assmann 300 Mitarbeiter.

Und die immateriellen Werte haben auch hohes Niveau: So wählte der deutsche Büromöbel-Fachhandel Assmann im Jahr 2006 als auch im Jahr 2008 zum „Fachhandelspartner Nr. 1".

Diese Auszeichnung mittlerweile sogar drei Mal (auch 2010) hintereinander zu bekommen ist Ergebnis der konsequenten, nutzenorientierten Strategie (siehe Abbildung 2).

Rang 2008	Hersteller	Gesamtergebnis Büromöbel 2008		
		Note 2008	Rang 2006	Note 2006
1	Assmann	1,95	1	2,16
2	Palmberg	2,05	3	2,30
3	FM	2,10	5	2,33
4	Wini	2,11	8	2,28
5	Steelcase	2,14	2	2,27
6	Sedus, Gesika	2,16	6	2,36
7	Febrü	2,17	4	2,31
8	Hund	2,24	11	2,50
9	MBT	2,34	13	2,56
10	Fortschritt	2,36	17	2,58
11	Bosse	2,39	-	-
12	Schärf	2,40	15	2,66
13	Ceka	2,46	19	3,75
13	König & Neu-rath	2,46	12	2,51
15	Preform	2,56	10	2,44
16	Vielhauer	2,58	16	2,70
17	Vario	2,65	14	2,64
18	Ophelis Pfalz-möbel	2,76	-	-
19	Dyes	2,77	7	2,37
20	Moll	2,79	18	2,99
		Durchschnitt 2008: 2,37	Durchschnitt 2006: 2,55	Quelle markt intern B 42/08

Abbildung 2:   *Belohnung für Kundennutzen – Assmann zwei Mal auf Platz 1 aus Fachhandelssicht*

Abbildung 3:   *Firmengelände Assmann*

Interview mit dem geschäftsführenden Gesellschafter, Dirk Aßmann

Herr Aßmann, 1989 lernte ich Ihren Vater als einen der wichtigen Player im Büromöbelmarkt kennen. Mittlerweile leiten Sie die Geschicke des Unternehmens. Wie hat sich das Unternehmen im Reigen der Büromöbelhersteller positioniert?

Wir konzentrieren uns auf das preisattraktive Segment im Büromöbelmarkt mit dem Schwerpunkt Sachbearbeiter- und Beraterarbeitsplätze. Als Vertriebskanal bedienen wir ausschließlich den Büromöbel-Fachhandel. Als eines der noch wenigen Familienunternehmen in unserer Branche bieten wir zusätzlich dem Fachhandel und dem Endkunden einen Zusatznutzen bei der Realisierung höherwertiger Objektgeschäfte. Da wir also immer den Fachhandel einbinden und ihn auch bei Geschäften mit hohen Stückzahlen nicht außer Acht lassen, hat sich ein Treueverhältnis gebildet: Wir können uns auf den Fachhändler und er sich auf uns verlassen. Durch diese im Markt wahrgenommene Konstellation hat unser Unternehmen eine unverwechselbare Positionierung gegenüber den anderen Marktteilnehmern.

Wie haben Sie das Unternehmen technisch und produktionsmäßig aufgestellt?

Assmann hat sich vom Schreinerbetrieb zur industriellen Fertigung entwickelt und zum heutigen Montagebetrieb mit modernsten Produktionsanlagen verschlankt. 80 Prozent unserer Teile und Materialien kaufen wir zu und montieren diese am Standort Melle. Daraus ergibt sich, dass wir mit der höchsten Produktivität sämtlicher Hersteller im Markt produzieren. „Just in Sequence", kontinuierliche Verbesserung (KVP) und Kaizen sind keine Schlagworte, sondern werden im Produktionsprozess bei uns gelebt.

Welche besonderen Stärken hat das Unternehmen Assmann?

Wir sind sehr nah an unseren Zielgruppen, dem Fachhandel und dem Endkunden. Wir kümmern uns konsequent um deren Wünsche und Probleme. Das ist der Grund, warum wir in den letzten sechs Jahren immer marktgerechte Produkte entwickelt und in den Markt eingeführt haben.

Eine weitere Stärke sind die kurzen Wege; durch die flachen Hierarchien des Familienunternehmens erreichen wir eine hohe Identifikation bei Mitarbeitern und Kunden.

Aus dieser Symbiose setzen wir in der Produktentwicklung beim „time to market" den Benchmark in der Branche.

Abbildung 4:   *KAIZEN-Besprechung in der Fertigung*

Welche ist die Differenzeignung gegenüber dem Wettbewerb?

Im Produktbereich Sachbearbeiter- und Beraterarbeitsplätze bieten wir die höchste Sortimentstiefe im Markt mit dem besten Preis-/Leistungsverhältnis. Unsere Lieferzeiten sind kurz. Soviel zum Produkt.

Und mit unseren Fachhandelspartnern bieten wir der Zielgruppe eine sehr gute Beratung und besten Aufbau-Service bei der Büromöbellieferung.

Als Unternehmen repräsentieren wir seit über sechs Jahrzehnten Kontinuität und Berechenbarkeit. Und das sind in den immer schwieriger werdenden Marktsituationen für Kunden, Lieferanten und natürlich unsere Mitarbeiter wesentliche Eigenschaften, die ein Wettbewerbsunternehmen nicht so einfach erwerben kann. Große Konzerne haben eine Vielzahl von Mitbewerbern übernommen, und deren unternehmerische Antriebskraft und Strategie hat sich zumeist nicht verbessert.

Welchen Nutzen bringen Sie den Endkunden?

Büroeinrichtungen müssen sorgfältig geplant werden und dem Zweck optimaler Arbeitsabläufe dienen. Hierbei bieten wir Investitionssicherheit durch innovative Problemlösungen und professionellen „After Sales Service" durch regionale, qualifizierte Fachhandelspartner.

Und für die gehabte wie aktuelle Krisensituation haben wir nutzenstiftende Maßnahmenpakete in Produktmanagement, Marketing und Vertrieb entwickelt, die passgenau auf die Bedürfnisse unserer Kunden und Fachhandelspartner zielen.

Welche Zielgruppen bedienen Sie?

Öffentliche Institutionen haben bei uns einen Anteil von rund 40 Prozent. Mittlerweile haben wir Insiderwissen bei deren Verwaltungsabläufen, so dass wir eben nicht allein Möbel herstellen, sondern optimale Bürokonzepte „verkaufen".

Bei den Industrie- und Dienstleistungsunternehmen konzentrieren wir uns auf das mittelständische Unternehmen, da dieses auch am besten zu uns passt. Erfreut stellen wir fest, dass durch unsere neue Zusatzkompetenz im Projekt- und Objektgeschäft der Umsatzanteil bei global operierenden, größeren KMU's steigt.

Welche Rolle spielt der Fachhandel für Sie?

Neben unserer Unterstützung mit eigenem Außendienst ist und bleibt der Fachhandel der ausschließliche Vertriebskanal bei Assmann. Der Fachhandel honoriert diese Konzentration, indem er uns im Jahr 2006, im Jahr 2008 und 2010 zum dritten Mal zum „Fachhandelspartner Nr. 1" gewählt hat. Darauf sind wir stolz.

Der Fachhandel wird von uns umfassend geschult, zum Beispiel in deutschlandweiten Roadshow-Seminaren, und zudem strategisch beraten. Bernd Menke, unser Vertriebsgeschäftsführer, nutzt bei seinen Fachhändlergesprächen gerne das Strategietableau (nach Bürkle, Abbildung 5).

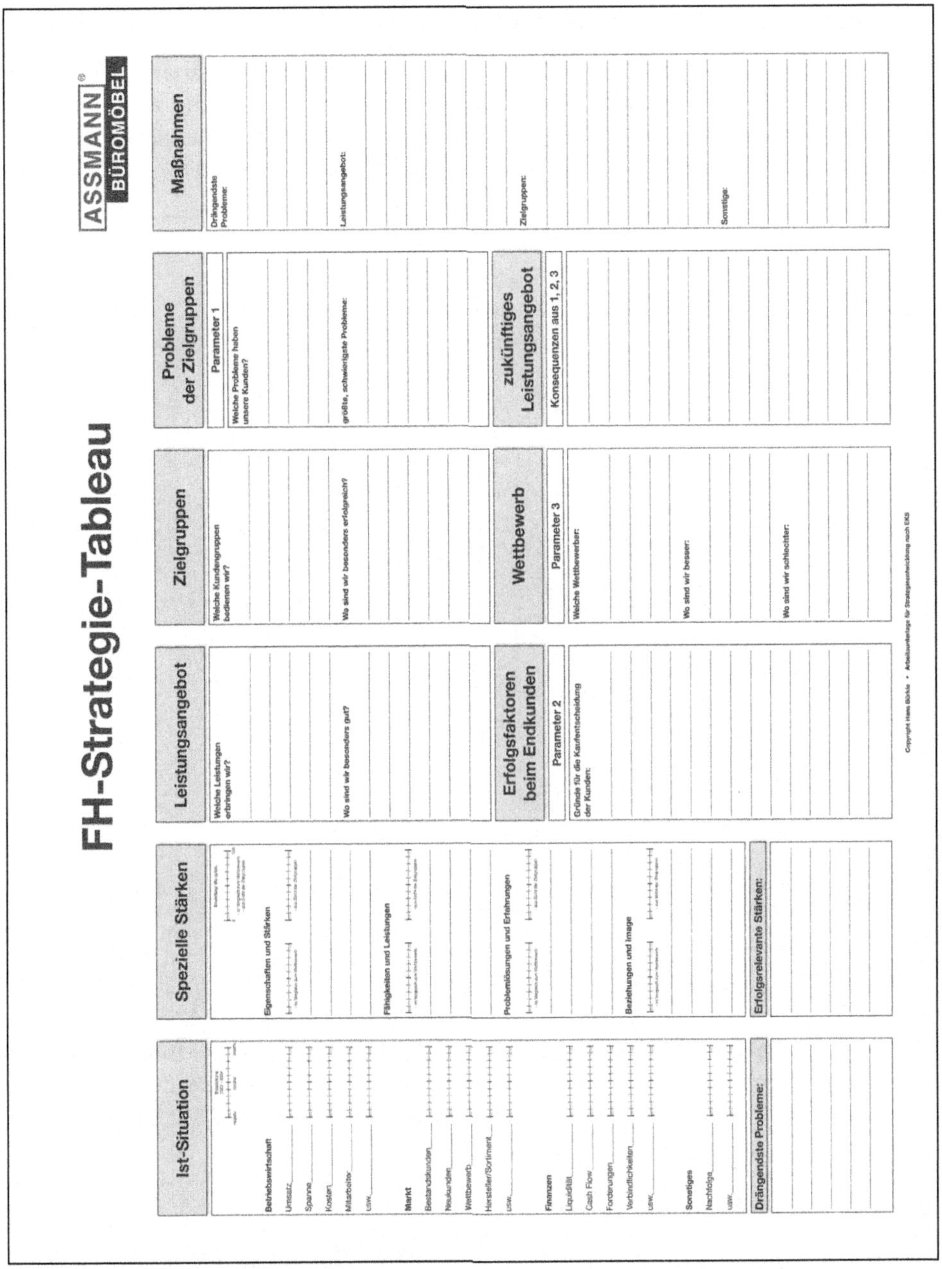

Abbildung 5:   *Fachhandels-Strategietableau*

Haben Sie eine gewisse Marktführung inne und wie definieren Sie diese?

Das preisattraktive Segment bei Sachbearbeiter- und Beraterarbeitsplätzen lässt sich gut abgrenzen. Auch die Zielgruppe „Öffentliche Institutionen" ist eindeutig zu benennen. In dieser Konstellation sind wir der Marktführer in der Bundesrepublik Deutschland. Dabei sind Umsatzgröße, Bekanntheitsgrad und auch Meinungsführerschaft unsere Bewertungskriterien.

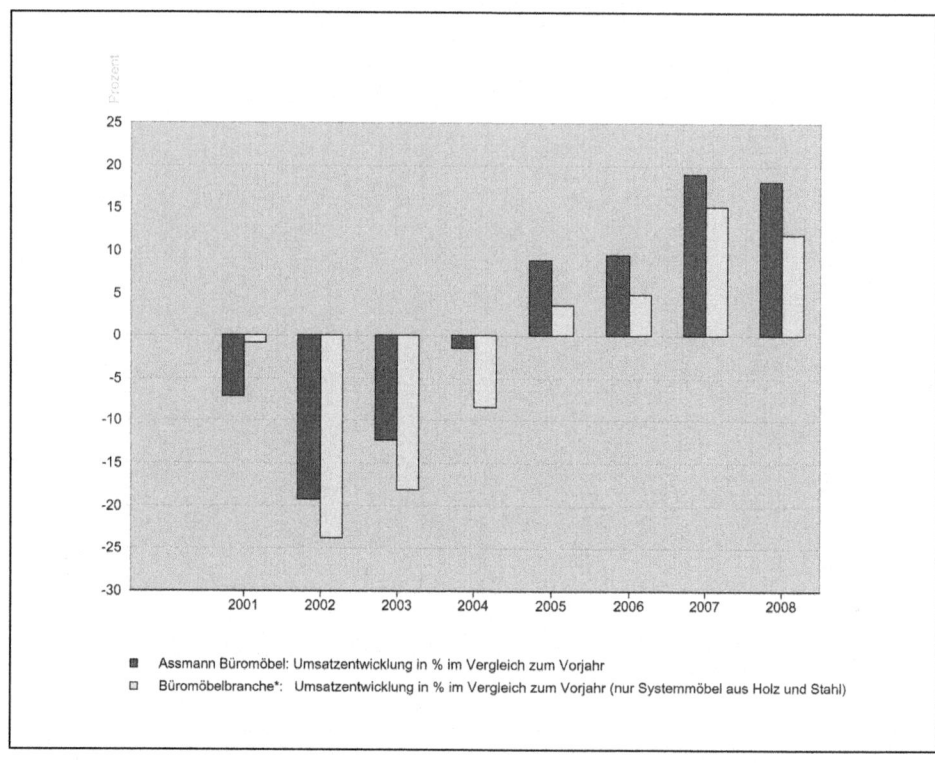

Abbildung 6:   *Umsatzentwicklung im Vergleich zum Vorjahr*

Abbildung 6 zeigt unsere Firmenkonjunktur, die sich sehr positiv von der Branchenkonjunktur abhebt. Ursache ist die Bündelung aller Kräfte auf den Kundennutzen, der den Fachhandelsnutzen mit einschließt. Im Jahr 2011 erzielten wir einen Umsatz von 72 Mio. Euro.

Wo sehen Sie die künftigen Wachstumschancen?

Der Büromöbelmarkt war nach dem Umsatzeinbruch von 50 Prozent in den Jahren 2002 bis 2004 schon wieder von einer tiefgreifenden wirtschaftlichen Krise betroffen. Heute gilt es, die Marktstellung auszubauen. Dabei gilt für uns noch einmal: Der mittelständische Fachhandel braucht gute Partner und wir ihn, um an die, wenn auch geringer werdenden, Aufträge zu kommen. Assmann ist dabei wiederum ein verlässlicher Partner mit seiner Zielgruppenbindung, innovativen Ausrichtung und Finanzkraft.

Mit diesem „Standing" im Markt haben wir wiederum Vorteile gegenüber dem gesamten Wettbewerb. Im Inland werden wir unseren Anteil im höherwertigen Objektgeschäft weiter ausbauen. Dank des sehr guten Geschäfts der vergangenen fünf Jahre haben wir als Mittelständler die Basis für langfristiges Überleben geschaffen. Der Export in Europa ist ein weiteres Wachstumsfeld. Hier wollen wir mittelfristig unseren Anteil von 7 auf 15 Prozent erhöhen. Denn hier kommt unser preisattraktives Sortiment zum Zuge.

Mit welchen Kooperationspartnern arbeiten Sie zusammen?

Wir haben die vertikale Kooperation mit Zulieferern, die in unser Kaizen-System eingebunden sind.

Zur Komplettierung der Büroräume arbeiten wir mit Spezialisten in den Bereichen Akustik, Trennwand, Boden, Klima und Beleuchtung zusammen. Auch hier sind die Partner mittelständische Familienunternehmen.

Welche Empfehlungen geben Sie anderen Unternehmern für schwierige Zeiten?

Zum einen die Schlankheitskur. Verzettelung in der Zielgruppe und im Sortiment abbauen, Kernsortiment klar definieren und mit der Zielgruppe Innovationen entwickeln.

Zudem die Produktionslastigkeit verringern und – nach Mewes – vom Produktionsmittelbesitzer zum Zielgruppenbesitzer werden.

Vertriebspartner (in unserem Falle die Fachhändler) in echte Partnerschaft führen: Fordern und unterstützen, um im gemeinsamen Interesse die Marktführerschaft in einem klar definierten Segment zu erreichen oder auszubauen.

Abbildung 7:   *Moderne Büroarbeitsplätze*

Marktführer mit Backöfen – die Wiesheu GmbH

Interview mit Karlheinz Wiesheu

Einleitung und Interviewführung: Bernd Brogsitter

Start in der Garage

Karlheinz Wiesheu gründete zusammen mit seiner Frau Marga das Unternehmen Wiesheu vor mehr als 35 Jahren unter schwierigen Bedingungen als „Garagenbetrieb" in Burgstetten. Der umtriebige Unternehmer mit dem Motto „Der Beruf ist das Rückgrat des Lebens" baute 1973 seine ersten Backöfen mit Ober- und Unterhitze für die Zubereitung von Leberkäse, einer schwäbischen und bayerischen Spezialität. Selbst gelernter Metzger, konzentrierte er sich 1978 auf die Marktlücke Heißluftbacköfen für Metzgereien. Um den Nutzen für seine Kunden zu steigern, führte er bald darauf Brat- und Backseminare ein, heute ein umfangreiches Praxisforum für Anwender, Handel und Hersteller. Dieser entscheidende Kundennutzen wurde durch die Herstellung von Schaubacköfen für die Bäcker- und Metzgereikunden weiter ausgebaut.

Ständige Verbesserungen und Innovationen prägen bis heute die unternehmerischen Aktivitäten von Karlheinz Wiesheu. 2003 wurde die Marktreife für den Heißluft-Backofen „Dibas" – Das Intelligente Backofen-System – erreicht. Dibas ist das Spitzenprodukt nach über 35-jähriger Erfahrung und Spezialisierung im Backofenbau.

Heute ist Wiesheu im Segment Ladenbacköfen mit der Fertigung von etwa 6.500 Backöfen der Innovations- und Marktführer in Deutschland. Der Erfolg spiegelt sich auch in der Umsatz- und Mitarbeiterentwicklung. Umsatz 1973: 0,172 Mio. DM, Mitarbeiter: 2; Umsatz 1995: 20 Mio. DM, Mitarbeiter: 240; Umsatz 2008: 53 Mio. Euro, Mitarbeiter: 352. Die rasch wachsende Exportquote lag 2008 bei 40 Prozent. Auch für die Zukunft gilt das bewährte Erfolgskonzept: „Wir müssen weiter die Veränderungen und Engpässe des Marktes mit seinen unterschiedlichen Strukturen erkennen und darauf reagieren."

Die Innovationskraft spiegelt sich in den Auszeichnungen wider, mit denen sich das Unternehmen schmücken kann. Seit 1995 verging kaum ein Jahr, in dem die Wiesheu GmbH nicht öffentlich gewürdigt wurde. So bekam das schwäbische Unternehmen den Bundesinnovationspreis, den Innovationspreis der Steinbeis-Stiftung, den Bayerischen Staatspreis, die DBZ IBA-Trophy; Wirtschaftsmedaille des Landes Baden-Württemberg für Karlheinz Wiesheu, TOP 100 der mittelständischen Unternehmen Deutschlands, die IBA Trophy 2007. Auszeichnungen, auf die Mitarbeiter und Geschäftsführung stolz sein können.

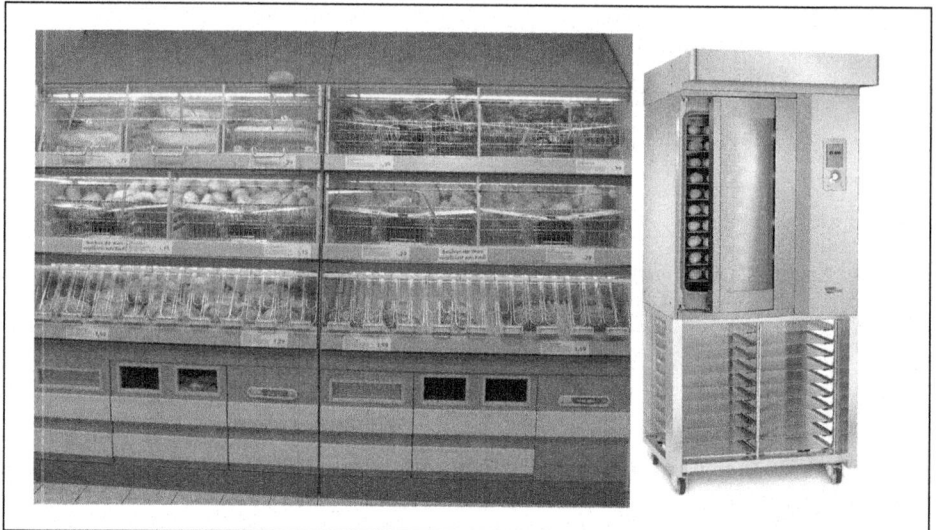

Abbildung 1:   *Brotsortiment gebacken mit dem Flagschiffmodell: Dibas-Backofen (rechts)*

Interview mit Karlheinz Wiesheu

Herr Wiesheu, worauf führen Sie das positive Unternehmenswachstum zurück?

Dazu muss ich etwas weiter ausholen. Wir hatten damals einen großen Bauchladen. Der war historisch gewachsen. Wir haben ja in der Garage angefangen. Es wurde alles produziert von dem wir glaubten, es könne verkauft werden. Irgendwann mal bin ich durch den Betrieb gegangen und habe ein Teil gesehen, das habe ich nicht gekannt. Das war ein Schlüsselerlebnis für mich. Bis dahin war ich stolz darauf, jedes Teil zu kennen, das produziert wurde.

Ich habe gesagt, das kann ja wohl nicht so weitergehen. Damit fing der Prozess der Konzentration und Spezialisierung im Sinne der EKS an. Ich musste also zunächst einmal die Führungskräfte ins Boot holen. Denn der Vertrieb brauchte natürlich alles. Drei, vier Jahre hatten wir Stagnation. Zu allem Überfluss hatten wir auch noch Handelsware. Als wir es dann 2002/2003 geschafft hatten, unser Produktionsprogramm deutlich einzuengen, ging es kontinuierlich nach oben.

Zunächst einmal haben wir uns auf eine Branchenzielgruppe festgelegt. Davor hatten wir uns immer noch mit Gastronomie und Metzgereien herumgequält. Dann haben wir erkannt, der Bäckereibereich ist weitaus größer, und zwar weltweit. Darüber hinaus hatten wir in der Gastronomie keinen Namen und Metzgereien gibt es eigentlich nur in Deutschland, in der Schweiz, in Österreich und Frankreich. Und Metzgereien schrumpften damals schon jährlich zwischen 5 und 7 Prozent.

Zukunft hatte also der Bäckereibereich. Mit dieser Erkenntnis begann das mit dem Backen im Laden. Hier haben wir unseren Markt gesehen, und wir haben unsere Wettbewerber erkannt.

Die ausschlaggebende Überlegung war also, der Markt ist groß genug, und da sind wir rein gegangen. Das hat sich bestätigt. Wir haben unsere Zielgruppe gefunden.

Wie haben Sie die EKS im Detail umgesetzt?

Wir sind von unseren speziellen Stärken ausgegangen. Das sind Backöfen und Kombidämpfer im Mittel- und Hochpreissegment. Damit ist auch unser Spezialgebiet definiert. Im Bereich Ladenbacken gibt es großen Bedarf an guten Öfen. Hier hatten wir unsere Stärken, die wir in der Technik und in der Dienstleistung zugunsten unserer Kunden über Jahrzehnte weiter ausgebaut haben.

Ein weiteres Thema ist die dauernde Engpassanalyse: Dadurch, dass wir ständig unsere Kunden schulen und der Vertrieb mit den Kunden ein enges Vertrauensverhältnis aufgebaut hat, verfügen wir über ein ständig aktuelles Dialogsystem. Das ermöglicht unmittelbar vom Kunden zu erfahren, wo er Probleme hat und was wir noch zusätzlich leisten sollten. Reklamationen, Verbesserungsvorschläge und spezielle Wünsche unserer Kunden werden dokumentiert. Lösungen werden auf „brennende" Zielgruppenprobleme ausgerichtet. Durch diese Einrichtung haben wir das Ohr ständig am Markt. Das zwingt uns, Service, Beratung und Produkte ständig zielgruppenorientiert weiter zu entwickeln.

Dieses gesamte Paket macht den Differenznutzen aus, den wir gegenüber dem Wettbewerb haben. In der Kooperation waren wir nie sonderlich erfolgreich. Deshalb machen wir alles selbst.

Die konstante Grundaufgabe, die wir für unsere Zielgruppe – speziell die Großbäckereien – erfüllen, ist die Geschäftsausweitung durch Sicherstellung einer hohen Backwarenqualität. Dazu bieten wir unseren Kunden optimale Geräte sowie Anwenderschulung in Verbindung mit Rezepten für das Backen. Das bedeutet erhöhte Anziehungskraft auf die Konsumenten und Abgrenzung gegenüber dem Wettbewerb. Für kleinere Bäckereien sind diese Funktionen überlebensentscheidend. Damit erweitert sich bei dieser Zielgruppe unsere soziale Grundaufgabe, weil wir mit unseren Leistungen einen entscheidenden Beitrag zur Existenzsicherung bieten.

Ein wichtiger Entwicklungsbaustein Ihres Unternehmens ist der Export. Wie sind Sie vorgegangen?

Wir haben unseren Umsatz binnen weniger Jahre von etwa 30 Mio. auf 53 Mio. Euro gesteigert. Dazu hat der Export sehr stark beigetragen. Zunächst einmal haben wir die für uns erfolgversprechendsten Länder ausgewählt. Heute sind wir in einigen Ländern sehr gut vertreten.

Allerdings haben wir unsere Exportaktivitäten zuerst nicht professionell gehandhabt. So hätte man es nie machen dürfen. Wir haben uns auf Stützpunkthändler verlassen und haben denen gesagt, nun verkauft mal. Damit waren wir verlassen. Nach einem Jahr war nichts gelaufen.

Daraufhin haben wir Mut bekommen und haben ganz gezielt eigene Leute aus den betreffenden Ländern eingestellt. Österreich, Polen, Spanien, England, Frankreich, Benelux. Inzwischen verkaufen wir auch in Italien und in der Türkei. Alles Leute aus dem Land, die dort den Vertrieb machen. Wir schulen unsere ausländischen Mitarbeiter konsequent. Wir haben auch sehr junge Leute dabei. Das dauert etwas länger. Aber die werden sehr gut. Die heutige Exportquote von 40 Prozent wird weiter wachsen. Unsere Potenziale im Ausland sind bei weitem noch nicht ausgeschöpft. Denn Brot ist ein weltweites Grundnahrungsmittel.

Wie ist der Spezialisierungsprozess abgelaufen?

Fangen wir mit der Zielgruppenspezialisierung an: Unsere Zielgruppen finden sich überall dort, wo im Laden gebacken wird. Damit sind wir der geeignete Partner für kleine und große Bäckereien mit eigenen Filialen, für den Lebensmitteleinzelhandel und für andere Shop-in-Shop-Systeme, wie beispielsweise Tankstellen. Bei den Filialisten und bei den Großbäckereien haben wir die größten Zuwachsraten.

Nun zur technischen Spezialisierung: Der Euromat Heißluft-Backofen ist ein Beispiel, wie sehr wir unser Produktprogramm reduziert haben. Vom Euromat gab es vier Ausführungen, jetzt gibt es nur noch eine. Wir haben uns in Entwicklung und Produktion auf gleichteilige Geräte konzentriert und die Typenvielfalt drastisch reduziert.

Der technische Plattformgedanke ist beim Euromat entstanden. Das gleiche Konzept sollte schon früher auf Dibas übertragen werden. Dazu bedurfte es aber einer Weiterentwicklung der technischen Professionalität. Heute ist Dibas gewissermaßen das Formel-1-Gerät unseres Unternehmens. In zwei bis drei Jahren wollen wir den Euromat verlassen und nur noch auf der Plattform Dibas arbeiten. Für die Anwendung der kybernetischen Kalkulation nach EKS hat uns bisher der Mut gefehlt.

Welches sind die wesentlichen Alleinstellungsmerkmale Ihres Flagschiffmodells?

Dibas führt die innovative Generation von Ladenbacköfen an, vor allem mit den Alleinstellungsmerkmalen in High-Tech, Design und Ergonomie. Dieser Backofen verspricht uns hohe Wachstumspotenziale auf Jahre. Wir haben im Grunde drei große Nutzenpakete – technische, wirtschaftliche und emotionale –, die wir unseren Kunden bieten.

Generell steht die praktikable Funktionalität im Vordergrund. Die große Innovation ist eine nach außen gewölbte, mehrfach verglaste Backofentür, die sich beim Öffnen und Schließen des Gerätes elektronisch in das Gehäuse schiebt. Damit ist das von elegantem Design geprägte Gerät extrem raumsparend und kann auch bei beengten Verhältnissen gut bedient werden. So ist auch jederzeit ein Standortwechsel im Laden möglich ohne Umbau.

Das vollautomatische Selbstreinigungssystem ProClean reinigt den Backofen gründlich und hygienisch. Damit gehört das zeitraubende Reinigen des Ofens der Vergangenheit an. Die Bedienung ist denkbar einfach mit einer mehrgerätefähigen Steuerung. So kann auch nicht geschultes Personal den Ofen einfach und sicher bedienen. Mit der neuen Steuerung können 200 Backprogramme mit bis zu 8 Backschritten gewählt werden. Mit ihr lässt sich Dibas ganz einfach per Datenübertragung vom PC aus programmieren und überwachen.

Beispiel: Wir haben einen Kunden mit etwa 2.000 Geräten. Die werden jeden Abend wieder von der Kundenzentrale über einen Laptop neu programmiert, damit der Backablauf optimiert ist. Das hängt damit zusammen, dass während des Tages schon mal die Öfen verstellt werden. Denn jeden Tag spielen 20 bis 30 Leute an den Öfen herum und verstellen etwas. Dann stimmt plötzlich die Qualität nicht mehr. Mit dem täglich neuen Programm kann jeder wieder morgens mit dem Optimum beginnen. Bei Dibas geht alles über eine zentrale Steuerung mit einer ganz bestimmten Software.

Die Wirtschaftlichkeit der neuen Geräte zeichnet sich durch 50 Prozent an Raum- und Flächeneinsparung aus, was zu besseren Arbeitsabläufen im Laden führt. Die hohe Energiespeicherleistung und der gute Effizienzgrad führen zu einer Energieeinsparung von etwa 15 Prozent. Aufgrund der Wirtschaftlichkeit von Dibas ergibt sich eine etwa 3 Jahre kürzere Amortisationszeit gegenüber dem Euromat.

Weiterhin haben wir die Anziehungskraft auf unsere Kunden und deren Mitarbeiter verbessert; das geschieht über das Design in Verbindung mit der neuesten Technologie. Selbstwertgefühl und Besitzerstolz des Bäckers sowie die Identifikation mit unserem Unternehmen werden nicht zuletzt auch geweckt durch das Einspielen des Bäckereilogos.

Ebenso kann kontinuierlich bis Ladenschluss gebacken werden, weil sich das Gerät während der Nacht vollautomatisch selbst reinigt, besonders wichtig bei Nachfragespitzen. Es wird also mit der Selbstreinigung keine Zeit verloren. Der Bäcker kann mit frischen Backwaren bis Ladenschluss werben.

Neben dem Image als moderne Bäckerei besteht für das Personal keine Verletzungsgefahr. Konventionelle Backöfen bergen immer eine Verbrennungsgefahr für die Bedienerin. Man sieht das an den Ellbogen der Damen, die die Öfen bedienen. Das ist bei Dibas ausgeschlossen. Auch gibt es keine Verletzungsgefahr durch offene Türen. Das Verkaufspersonal der Bäckereien ist auch deshalb zufrieden, weil das Gerät einfach zu bedienen ist. Sie sehen also, dass wir eine Fülle an Pluspunkten über den reinen Backvorgang hinaus anbieten, die uns so schnell kein Mitbewerber nachmachen kann.

Haben Sie Patente und Schutzrechte, um sich gegen den nachahmenden Wettbewerb zu wehren?

Dibas ist vom Wettbewerb nicht kopiert worden, obwohl es kaum Patente oder Schutzrechte gibt. Das hängt einerseits mit unserer Innovationsstrategie zusammen. Wir haben uns ganz klar auf ein konstantes Grundbedürfnis – Backöfen und Kombidämpfer für die gesunde Zubereitung von Lebensmitteln – spezialisiert. Dieses Grundbedürfnis bedienen wir mit hochmodernen Backöfen und aktuellem Beratungs-Know-how. Wenn wir uns dieser Bedürfnisse stets bewusst sind, können wir immer zielgerichtet innovieren und damit an der Spitze bleiben.

Andererseits wird unser Innovationsvorsprung durch das strategische Verhalten des Wettbewerbs nicht gestört. Es gibt eine Reihe von Wettbewerbern, die sind nicht größer oder viel größer als Wiesheu. Aber sie produzieren Kühlung, kleine Geräte, große Geräte und viele andere Dinge. Sie haben also ein sehr breites Sortiment. Dadurch sind sie nicht in der Lage, die sehr komplexe Technologie zu entwickeln und umzusetzen. Und wir machen eben nur Backöfen und haben die Produktpalette konsequent eingeengt. Dadurch sind wir besser geworden. Außerdem werden die Kundenschulungen intensiv betrieben. In unserer Entwicklungsabteilung arbeiten bis zu 28 Mitarbeiter.

In welchen Bereichen sehen Sie noch Innovationspotenziale?

Das hauptsächliche Innovationsproblem ist die Energieeinsparung. Das ist das A und O. Wenn wir dem Kunden sagen können, bei uns haben sie 2 KW weniger bei gleicher Qualität, dann ist das eine enorme Summe. Das gilt besonders bei unseren Großkunden, die 1.000 und mehr Öfen betreiben.

An der Steuerung arbeiten wir außerdem noch. Wir wollen erreichen, dass der Kunde auf Knopfdruck backen kann. Parallel dazu arbeiten wir jetzt an einer neuen Software für ein Kombibackgerät auf der Dibas-Plattform. Bei den Kombigeräten ist es so, dass man nicht nur backen kann, sondern auch Fisch garen, Fleisch braten, Gemüse dämpfen und dünsten.

Die Schulungen der Bäckereien bestehen darin, wie unsere Kunden mit den Geräten umgehen, wie sie backen, dass sie freundlich zu ihren Kunden sind. Auch hier könnten wir noch innovieren, beispielsweise in der betriebswirtschaftlichen und strategischen Beratung. Das könnte dann über Kooperationspartner gehen.

Wie ist es Ihnen gelungen, Ihre Produktionskosten zu senken?

Durch die Einführung von Kanban und Kaizen haben wir die Produktions- und Montageprozesse optimiert und eine rigide Qualitätssicherung betrieben. Wir haben in die modernsten Maschinen investiert. Die Fertigungskosten haben wir aufgrund der ständigen Verbesserungsmaßnahmen, der Fokussierung auf wenige Produkte und der Stückzahlensteigerung halbiert.

Die Rüstzeiten der Maschinen und die Wege in der Produktion haben wir jetzt so organisiert, dass sie halbiert wurden. Wenn ich früher in die Halle gegangen bin, sind immer 6 bis 7 Leute rumgelaufen. Heute, Sie haben es während der Führung gesehen, ist der Gang leer. Für die Mitarbeiter in der Produktion gibt es keine langen Wege mehr. Dazu veröffentlichen wir unsere betriebsinternen Kennzahlen. So weiß jeder Mitarbeiter sofort, wie er in der Produktion steht.

Abbildung 2: *High-Tech in der Produktion*

Über welche immateriellen Erfolgsfaktoren verfügt Wiesheu neben einer guten Vorwärtsstrategie noch?

Wir verfolgen die Geschäftsphilosophie, sämtliche Arbeitsschritte im eigenen Haus zu erledigen, angefangen von der Planung über die Konstruktion bis hin zur Montage und Anwendungsschulung bei den Öfen. Dadurch kennen wir die Anforderungen der Praxis und liefern geeignete Lösungen für den Kunden.

Aufgrund der erfolgreichen Prozessoptimierung haben wir in der Produktion keine Leute eingestellt. Aber im Vertrieb, in der Entwicklung, im kaufmännischen Bereich und im Service. Auf unsere Mitarbeiter üben wir eine hohe Anziehungskraft aus wegen des robusten Wachstums und unseres Betriebsklimas.

Jeder einzelne Mitarbeiter ist begeistert von dem Unternehmen. Wir haben keine Fluktuation. Wenn dennoch jemand gegangen ist, dann habe ich das als persönliche Niederlage empfunden. Dann habe ich mich gefragt, warum geht der jetzt?

Und wir sind ein sehr, sehr offenes Haus. Unsere Kunden und Besucher sind unsere Gäste. Wenn die Kunden kommen, dann zeigen wir ihnen alles, damit sie sehen, was dahintersteckt. Und unser Auftritt auf den Messen. Ich meine nicht den technischen, sondern den menschlichen Bereich. Gastfreundschaft zeichnet uns auch auf dem Markt aus.

Jedes Jahr wird ein neues Jahresmotto veröffentlicht. Das Motto des Jahres 2009: „Mit neuen Ideen Kunden begeistern." Unsere Mitarbeiter und Kunden wissen, dass wir unser Leitbild und unsere Unternehmensgrundsätze leben. Ein Bindungsinstrument für Mitarbeiter und Kunden ist auch unsere Firmenzeitschrift.

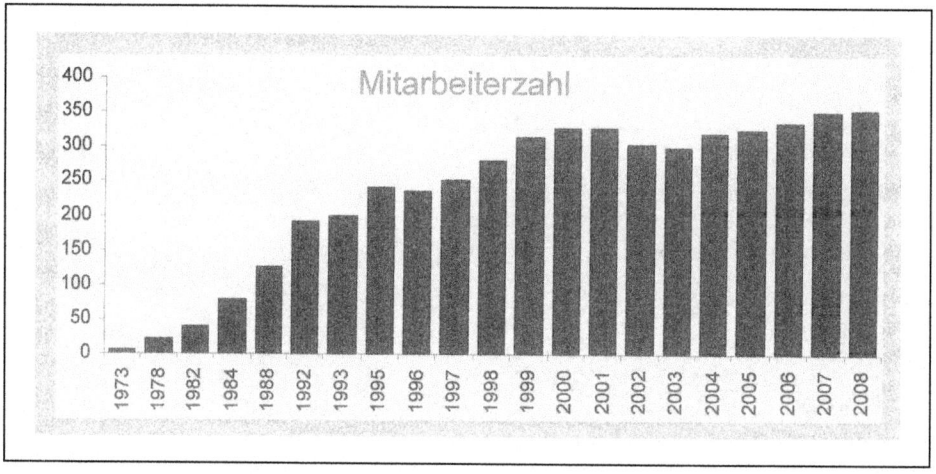

Abbildung 3:   *Mitarbeiterentwicklung*

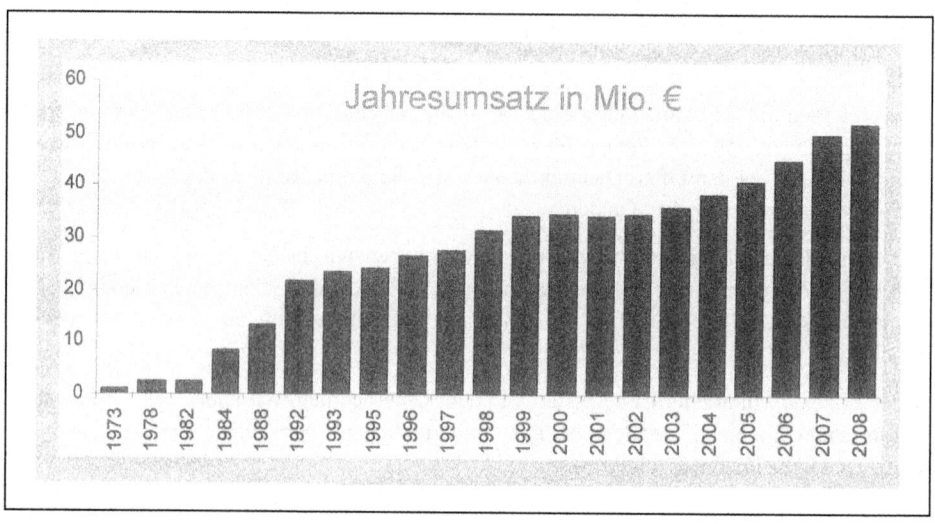

Abbildung 4:   *Umsatzentwicklung*

Wie sehen Sie die mittel- und langfristige Unternehmensentwicklung?

Die Nachfrage nach Brot steigt weltweit. Insofern kommt uns die Rezession eher entgegen. Alle Rezessionen haben wir gespürt, aber es gab keinen deutlichen Absatzeinbruch. Es läuft im Prinzip gegen den Trend. Im Gegenteil, wenn Rezession ist, müssen die Kunden im Grunde noch mehr tun, um zu verkaufen. Das kommt uns zugute.

In 5 Jahren wollen wir, wenn die Zeiten normal laufen, den Umsatz verdoppeln. 2009 gehen wir auf 60 Mio. Euro. Im Inland ist für uns weiteres Wachstum zu erwarten. Die professionellen Kunden ersetzen ihren Ofen alle 5 bis 6 Jahre. Die Filialisten expandieren über neue Filialen. Da kommen jedes Jahr neue Öfen dazu.

Außerdem haben wir Exportländer, in denen sich der Umsatz verdoppelt. Alle unsere Absatzbereiche sind mitgewachsen. Aufgrund unserer Qualität und unserer klaren Zielgruppenausrichtung haben wir eine sehr hohe Kundenbindung. Wenn wir einen Kunden einmal gewonnen haben, und wir keinen Fehler machen, dann bleibt der Kunde. Das Wichtige für diese Kunden ist, die wollen ihre Ruhe, die wollen, dass alles einwandfrei läuft. Es darf also keine Reklamationen, kein Hin und Her und kein Telefonieren geben. Die Großkunden haben ihre Wirtschaftlichkeitsrechnung gemacht und wissen, was sie an unseren Geräten haben. Und wenn ein Gerät mal ausfällt, dann läuft es am gleichen Tag wieder durch ein Austauschgerät.

Was uns besonders auszeichnet, ist der Vertrieb. Im Verkauf haben wir 20 erfahrene Mitarbeiter, die schon seit Jahren den Kontakt zu unseren Kunden herstellen. Auch erzielen wir gute Gewinne.

Welches ist Ihr persönliches Erfolgsprinzip?

Vor kurzem habe ich meiner Frau gesagt, ein wichtiger Grund, warum ich Erfolg gehabt habe, ist, dass ich eigentlich von nichts eine Ahnung habe. Das meine ich im Ernst. Ich begründe es auch: Ich kenne viele Leute, die sind technisch gut, können alles, machen alles, sind aber im Grunde verzettelt. Ich wusste, in welche Richtung ich gehen wollte. Dazu musste ich mir immer Leute suchen, die mir das machen konnten. Das waren geeignete Spezialisten in ihrem Fachbereich. So habe ich ein Gespür für die richtigen Leute entwickelt.

In unserer früheren Verzettelungsphase haben wir viel Lehrgeld bezahlt. Durch Innovationsversuche abseits unserer Kernkompetenz haben wir mehrere Millionen in den Sand gesetzt. So wollte ich Dibas sofort mit allen technischen Möglichkeiten ausstatten, obwohl wir dazu nicht aufgestellt waren. Mit beispielsweise Dreh- und Steuerungsteilen sowie Türen waren wir aufgrund der technologischen Anforderungen und der breiten Produktpalette einfach überfordert. Wir haben eben viele andere Dinge gemacht. Das hat uns viele Reklamationen eingebracht. Es gab viel Ärger und Stress. Bis wir dann die Parole ausgegeben haben, das Ganze zurück. Dann wurde es deutlich besser.

Welche geschäftlichen Misserfolge haben Sie gehabt?

Wenn wir uns rechtzeitig konzentriert hätten, wären wir mit der Entwicklung von Dibas bis zur Marktreife zwei Jahre früher fertig gewesen. In dieser Zeit hatten wir bis zu 7 Mio. Euro Bankschulden. Wir mussten unseren Umsatz regelmäßig zum Monatsende puschen, um genügend Liquidität zu sichern. Mit der Konzentration auf das Wesentliche haben wir inzwischen zu einer kontinuierlichen Auftragsauslastung gefunden. Heute haben wir nur noch Bankguthaben und bezahlen alles aus dem Cash-Flow.

Eine weitere, fahrlässige Verzettelung war der Versuch, die Gastronomie als Zielgruppe zu gewinnen. Dafür hatten wir die Firma WIWA mit 2 bis 3 Mio. DM gekauft. Bis wir dann festgestellt haben, dass der Markt sehr gut besetzt war und wir keinen Namen in der Gastronomie hatten. Dieser Ausflug in eine Nachbarzielgruppe hat uns auch zurückgeworfen und viel Geld und Nerven gekostet. Heute gibt es WIWA nicht mehr.

Auf den Punkt gebracht. Konzentration und Spezialisierung. Verzettelung vermeiden. Grundsätzlich gilt, die Prinzipien der EKS konsequent anzuwenden. Das heißt Spezialisierung, Spezialisierung, Spezialisierung. Alles weglassen, was nicht zur Kernkompetenz gehört. Wir haben für diese Erkenntnis und ihre Umsetzung 10 Jahre gebraucht.

Welche strategischen Erfolgsfaktoren können Sie uns aufzeigen?

Durch die Konzentration auf die Kernprodukte und auf die besonders erfolgversprechenden Zielgruppen haben wir uns klare Spezialisierungsvorteile eingehandelt. Wir betreiben nunmehr Marketing mit hoher Durchschlagskraft und erzielen müheloser bessere Problemlösungen. Die Vereinfachung der Organisation im Betrieb hat zu einer außerordentlichen Produktivitätssteigerung geführt. Dort herrscht jetzt Ruhe, Sauberkeit. Es wird Qualität erzielt. Und wir haben zufriedene Mitarbeiter.

Durch die Fokussierung ist unser Unternehmen im Markt unangreifbarer geworden. Wir haben weniger Wettbewerb und aufgrund der höheren Stückzahlen geringere Stückkosten, was Umsatz, Marktmacht und Gewinn sprunghaft wachsen ließ.

Nach der Existenzgründung zügig zum Börsengang – die Microlog Logistics AG

Interview mit Rolf van den Berg

Einleitung und Interviewführung: Hans Bürkle

Als Leiter Logistik hatte Rolf van den Berg im „alten" Unternehmen Engpässe und somit Chancen identifizert. Daraus entwickelte er eine Besserlösung, die er mit Unterstützung des „alten" Unternehmens und zum Vorteil beider Parteien umsetzen konnte. Ein Betriebsteil wurde ausgegliedert, und van den Berg übernahm diesen als Existenzgründer zusammen mit einem guten Freund. Beide gründeten 1997 die Microlog Logistische Dienstleistungen GmbH & Co. KG als Spin-Off aus dem Esselte-Konzern. Neben diesem wurde die Henkel Teroson GmbH als Kunde gewonnen. Die Erfolgsstory nahm ihren Lauf, der Börsengang wurde zum Ziel.

Interview mit Rolf van den Berg

Wie hat sich Ihre Erfolgsgeschichte zugetragen?

Die Microlog Logistics AG wurde zum 1. Januar 1997 im Rahmen eines Management-Buy-Outs gegründet. Der Hintergrund war die Nichtauslastung des Warenverteilzentrums der Firma Esselte Meto in Heppenheim. Ursprünglich war es zum Zweck der westeuropäischen Direktkundenlieferung erbaut. Dann kam eine – warum auch immer – andere strategische Entscheidung, und mit der damit verbundenen Auflösung aller europäischen Lagerbetriebe ging man 1996 wieder zurück zur Länderdistribution vor Ort. So stand ein vollautomatisches Hochregallager mit 8.000 Plätzen zu gut 50 Prozent leer.

Die 80 Mitarbeiter in der Logistik fertigten somit nur den Direktkundenbetrieb für Deutschland ab und versendeten den Nachschub für die bestehenden 18 westeuropäischen Lager. Die Fixkosten waren dementsprechend hoch und für das börsennotierte schwedische Unternehmen schwer den Aktionären zu vermitteln. So entschloss man sich zum Verkauf der Immobilie. Dies war jedoch schlichtweg unmöglich, da es sich um eine Spezialimmobilie handelte, die laut Makler nur schwer umgenutzt werden konnte.

Wir, das damalige Logistikteam unter meiner Leitung, fürchteten um unsere Arbeitsplätze und die Zukunft des Zentrums. Erst 1992 erbaut, war es auf dem neusten technischen Stand und noch nie unter Volllast benutzt worden. Zudem war es durch die inhomogene Artikel-struktur des Unternehmens Esselte Meto mit technischen Lösungen für das Palettenhandling als auch das Kartonhandling ausgestattet. Mehr als einmal kam die Bundesvereinigung Lo-gistik e.V. zur Besichtung und machte daraus ein Referenzobjekt für die europäische Direkt-kundenbelieferung innerhalb 24 Stunden.

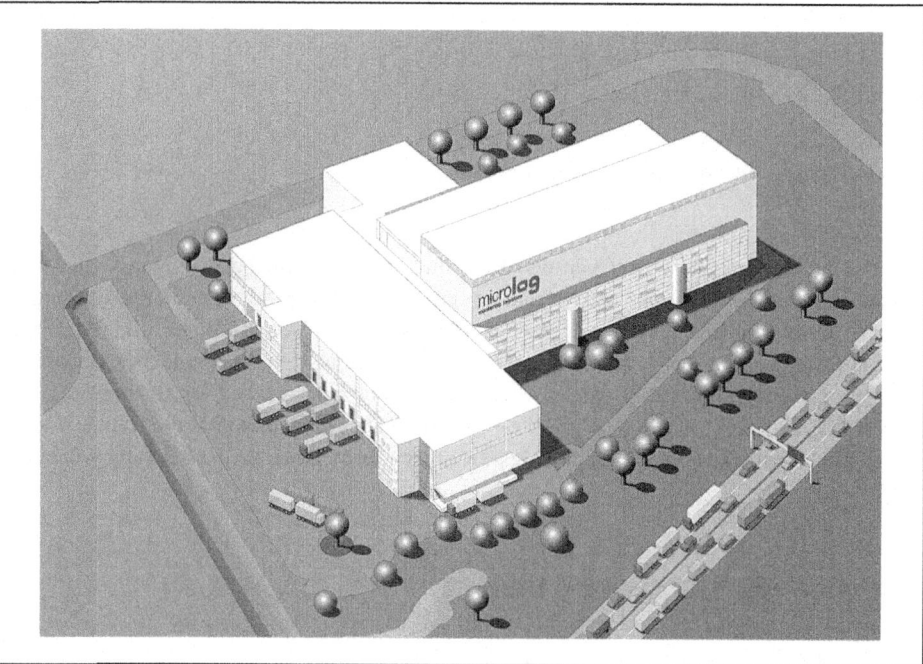

Abbildung 1: *Werksgelände mit Hochregallager Heppenheim*

Als langjährig erfahrener Logistikfachmann erkannte ich das Potenzial für eine eigenständige Nutzung des Hochregallagers und war mir auch bewusst, gute Leute im Team zu haben, die bei einer Ausgliederung mitmachen würden.

Nach diversen Diskussionen mit Fachleuten entschied ich mich im Frühjahr 1996 zusammen mit Frank-Jürgen Weise, ein Angebot zu einem Spin-off an Esselte Meto zu unterbreiten. Nach langen Vertragsverhandlungen klappte es.

Wir tauften das neue Unternehmen „Microlog Logistische Dienstleistungen GmbH & Co KG", und am 1. Januar 1997 nahmen wir den Betrieb mit einem ersten Kunden, der Esselte Meto auf, dem man einen Fünfjahresvertrag abgerungen hatte. Im Gegenzug wurde das Lo-gistikzentrum von Esselte Meto sowie alle 80 Mitarbeiter arbeitsrechtlich übernommen.

Diese Kooperation mit dem „alten" Unternehmen war also der richtige Schachzug für eine relativ risikoarme Existenzgründung.

Wie sind Sie nun durchgestartet?

Die neu gegründete Firma ging voller Elan an die Kundenakquisition, um das halb leerstehende Logistikzentrum auszulasten. Die Geschäftsidee war, diese freien Kapazitäten mittelständischen Unternehmen anzubieten, die sich ein solch hoch technisiertes Lager nicht leisten konnten. Das war sozusagen unsere Differenzeignung nach EKS.

Dann prüften wir, welche Unternehmen an solch einer Besserlösung Interesse haben könnten. Eine ganz genaue Abgrenzung der Zielgruppe hatten wir noch nicht, jedoch diente das mögliche technische Handling im Lager vorab als Kriterium. Und mein Kollege hatte gute Beziehungen in die Automobilzulieferindustrie hinein. Durch gute Kontakte zu einer Planungsfirma erfuhren wir, dass ein Automobilzulieferer, die Firma Henkel Teroson aus dem nur 20 Kilometer entfernten Heidelberg, ein Logistik-Outsourcing plant und einem Partner sucht, der in der Lage ist, die Logistik vor Ort am Produktionsstandort abzuwickeln als auch Lagerplätze für ca. 3.000 Paletten mit wassergefährdeten Stoffen anbieten kann.

Nach einer professionellen Offerte und der Vorstellung der Logistikkompetenz im Lager Heppenheim bekam Microlog den Zuschlag, und so hatten wir den ersten externen Kunden.

Aufgrund der komplexen Abläufe eines chemischen Produktionsbetriebes und den damit verbundenen Anforderungen in der Logistik musste Microlog neue Kompetenzen entwickeln und entwarf so ein Geschäftsmodell, das weit über die ursprüngliche Idee der Auslastung des eigenen Lagers hinausging. Die Engpässe bzw. Forderungen des Kunden zwangen uns zur Entwicklung neuer Lösungsansätze und zur Verbesserung des Nutzenangebotes, das wir dann auf andere Firmen übertragen konnten.

Wie haben Sie Ihr Geschäftsmodell weiter entwickelt?

Wir machten unseren Job bei Teroson sehr gut, was sich herum sprach. Die Anfragen aus anderen Unternehmen ließen nicht lange auf sich warten. Das wurde sicher begünstigt durch den allgemeinen Trend zum Outsourcing in den 90er Jahren. Die Abbildung 2 zeigt unser Geschäftsmodell nach der Startphase.

Wir unterschieden uns damit klar von vielen Mitbewerbern im Logistik-Geschäft, da sich diese oft nur auf eine Zielgruppe und/oder Funktion konzentrierten. Das Anbieten von der Projektphase bis hin zum Betreiben der Logistik grenzte Microlog auch deutlich vom Heer der Berater ab.

Unser Differenznutzen war das Anbieten von individuellen ganzheitlichen Lösungen, die stets auf die Kosten- und Ablaufoptimierung des Kunden ausgerichtet waren. Mit dem umfassenden Nutzenpaket erzielte Microlog seinen USP – und damit einen Vorteil am Markt, der das rasante Wachstum begründete.

Die immer höher werdende Komplexität bei der Umsetzung des Geschäftsmodells zwang uns zur klareren Strukturierung der Geschäftsfelder. Damit wollten wir erreichen, dass der vielfältige Nutzen sowohl potenziellen Kunden als auch den Banken besser erklärbar war, wo die Kompetenzen von Microlog lagen und wie diese beim Kunden wirkten.

microlog Geschäftsmodell	Konzept	Umsetzung	Betrieb
	•Lager- und Fabrikplanung •Materialflussanalysen •Simulationen •Frachtstrukturanalysen •Supply Chain Management	•Projektmanagement •Intelligente IT-Lösungen •SCOR-Modell als Bezugsrahmen •Partnerschaften	•Betriebsübergang •Management der Logistik •Betriebsoptimierte Anlagen •Reduktion von Beständen •Beschleunigung von Durchlaufzeiten •Lieferantensteuerung •Integration von Logistik & IT
Kunden-nutzen	•Wettbewerbsvorteile durch intelligentes Logistik-Design •Unkonventionelle Lösungen	•Effiziente Lösungen •Kosteneffizienz durch ASP-Konzept	•Einsparungen •Konzentration auf Kernkompetenz •Kapitaleffizienz •Skaleneffekte durch Drittkunden
Erfolgs-basis	•Kompetente Mitarbeiter •Erfahrung aus verschiedenen Branchen	•Industrieerfahrene Mitarbeiter •Innovationskraft •Ergebnisorientierung	•Vertragsmodelle, spez. Co-Sourcing •Gebündelte Logistikprozesse und IT-Kompetenz •Finanzierungskonzepte
Zielgrup-pen	Industrieunternehmen und deren gesamte Liefer- und Versorgungskette aus den Bereichen: Automobilindustrie und -zulieferer, Metall, Elektronik, Chemie und Papier		

Abbildung 2: *Geschäftsmodell Microlog*

So betrieben wir

1. *Center Logistics:* Das war die Distributionslogisitik im Microlog-eigenen Lager mit eigenen Mitarbeitern wie am Beispiel Distributionszentrum Heppenheim. Der Kundennutzen ist die Fixkostenteilung mit anderen Benutzern.

2. *Inhouse Logistics:* Microlog arbeitet vor Ort in den Gebäuden der Kunden und wickelt verschiedene Dienstleistungen ab. Nutzen: Der Kunde kann sich dadurch besser auf sein Kerngeschäft konzentrieren. Weite Transportwege entfallen und kurze Kommunikationswege sind möglich. Beispiel hierfür ist das Betreiben aller 5 Fertigwarenlager des Automobilzulieferers FAG Kugelfischer.

3. *Freight Concept:* Durch die Bündelung des Frachtvolumens über mehrere Kunden, und wenn möglich branchenunabhängig, entstehen große Synergien im Kostenbereich. Durch diese Einkaufskooperation kann die Marktmacht gegenüber den Spediteuren als Vorteil

angesehen werden. So wurden zum Beispiel die Pakete der Firmen Meto und Time/system zusammen verladen und über einen Paketdienst abgewickelt. Hierbei können bis zu 30 Prozent Frachtkosten eingespart werden. Unser Frachtbündelungssystem ist einmalig und brachte unseren Kunden große Kostenvorteile.

4. *Parts Concept:* Hier werden in der Automobilbranche ein lieferantenübergreifendes Behältermanagement für C-Teile unter Einbeziehung der verschiedenen IT-Strukturen angeboten. Ein ähnliches Konzept betreibt derzeit Würth Industrieservice in Bad Mergentheim. Vorteile für die Kunden sind die schnellere und kostengünstigere Versorgung mit den „ungeliebten" Kleinteilen, zudem die Bestandssenkung im eigenen Hause und damit eine geringere Kapitalbindung.

5. *Solutions:* Um die Warenströme besser zu koordinieren, bieten wir IT-Lösungen an. Die Gestaltung des Informations- und Warenflusses ist dadurch in einer Hand. Individuelle Softwarelösungen wurden entwickelt und auch als Standardsoftware wie beispielsweise in SAP eingebunden (Siehe dazu Abbildung 3).

Können Sie uns den Kundennutzen von Freight Concept näher erläutern?

Durch die Bildung der Einkaufskooperation im Frachtenbereich konnten wir große Kostenreduktionen für die Kunden erreichen. Das Leistungsangebot ging aber noch über die Kostenersparnis hinaus: So war das Argument der Unabhängigkeit gegenüber den Spediteuren der eigentliche Vorteil von Freight Concept (Details siehe Abbildung 4).

Zielgruppe hierbei waren vor allem Großkunden, Konzerne aus der Automobilindustrie. Deren Logistikbereich war in der Regel kostenintensiv geführt und galt nicht als Ertragsbringer. Wir boten an, diese Logistikbereiche „outzusourcen" und in ein gemeinsames Unternehmen unter unserer Leitung einzubringen. Somit führten wir dann deren Logistikabteilung an die „frische Luft" in den Markt unter unserer Leitung. Wir machten den Logistikbereich rentabel und suchten danach zusätzlich Neugeschäfte, mit denen extra verdient werden konnte. Das gelang ausgezeichnet, so dass die Konzerne einerseits eine bessere Logistik aufwiesen und zudem über externe Logistikaufträge am Gewinn partizipierten. Der Kundennutzen war super, denn sie bekamen 40 Prozent des Profits aus dem Gemeinschaftsunternehmen zusätzlich zur besser funktionierenden eigenen Logistik.

Und was ist der spezielle Kundennutzen des von Ihnen entwickelten Co-Sourcing?

Zielgruppe hierbei waren vor allem Großkunden, Konzerne aus der Automobilindustrie. Deren Logistikbereich war in der Regel kostenintensiv geführt und galt nicht als Ertragsbringer. Wir boten an, diese Logistikbereiche „outzusourcen" und in ein gemeinsames Unternehmen unter unserer Leitung einzubringen. Somit führten wir dann deren Logistikabteilung an die „frische Luft" in den Markt unter unserer Leitung. Wir machten den Logistikbereich rentabel und suchten danach zusätzlich Neugeschäft, mit dem extra verdient werden konnte.

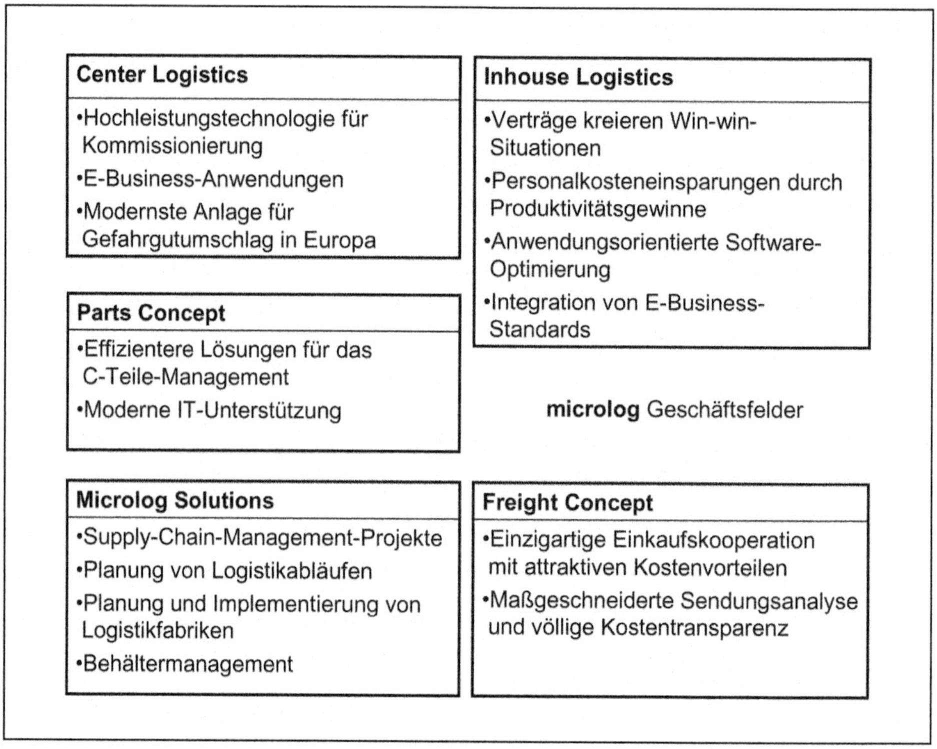

Center Logistics	Inhouse Logistics
• Hochleistungstechnologie für Kommissionierung • E-Business-Anwendungen • Modernste Anlage für Gefahrgutumschlag in Europa	• Verträge kreieren Win-win-Situationen • Personalkosteneinsparungen durch Produktivitätsgewinne • Anwendungsorientierte Software-Optimierung • Integration von E-Business-Standards

Parts Concept	
• Effizientere Lösungen für das C-Teile-Management • Moderne IT-Unterstützung	**microlog** Geschäftsfelder

Microlog Solutions	Freight Concept
• Supply-Chain-Management-Projekte • Planung von Logistikabläufen • Planung und Implementierung von Logistikfabriken • Behältermanagement	• Einzigartige Einkaufskooperation mit attraktiven Kostenvorteilen • Maßgeschneiderte Sendungsanalyse und völlige Kostentransparenz

Abbildung 3:   *Geschäftsfelder der Microlog*

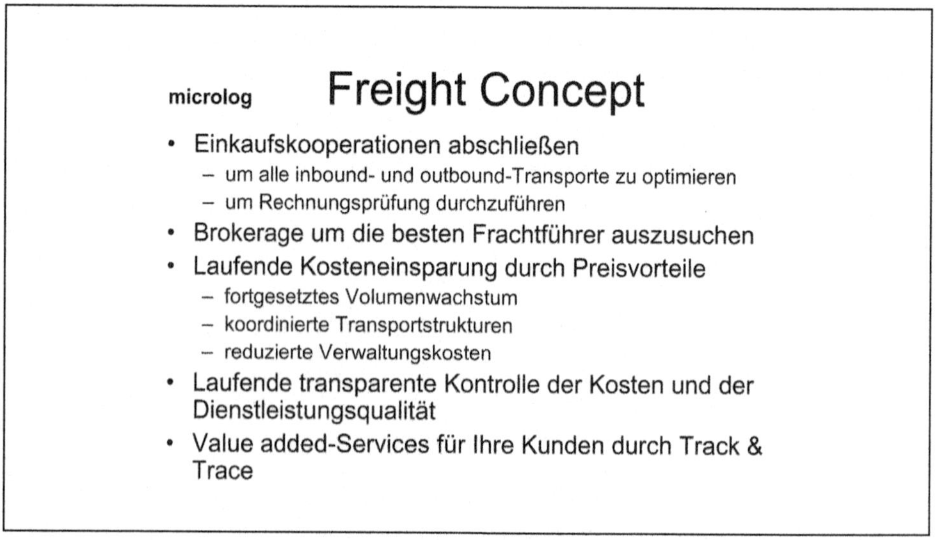

microlog   # Freight Concept

- Einkaufskooperationen abschließen
    - um alle inbound- und outbound-Transporte zu optimieren
    - um Rechnungsprüfung durchzuführen
- Brokerage um die besten Frachtführer auszusuchen
- Laufende Kosteneinsparung durch Preisvorteile
    - fortgesetztes Volumenwachstum
    - koordinierte Transportstrukturen
    - reduzierte Verwaltungskosten
- Laufende transparente Kontrolle der Kosten und der Dienstleistungsqualität
- Value added-Services für Ihre Kunden durch Track & Trace

Abbildung 4:   *Nutzen von Freight Concept*

Das gelang ausgezeichnet, so dass die Konzerne einerseits eine bessere Logistik aufwiesen und zudem über externe Logistikaufträge am Gewinn partizipierten. Der Kundennutzen war super, denn sie bekamen 40 Prozent des Profits aus dem Gemeinschaftsunternehmen zusätzlich zur besser funktionierenden eigenen Logistik

Binnen 3 Jahren nach Start konnten Sie an die Börse gehen. Wie kam es zu diesem herausragenden Erfolg?

Das Problem und die Chance hierbei war unser Wachstum. Aufgrund der vielen Kundenvorteile hatten wir großen Zulauf an Neukunden und unsere Hausbank, eine Sparkasse, teilte uns mit, uns nicht mehr betreuen zu können: Die Landesbank sei besser für die Begleitung unseres Umsatzwachstums geeignet. Über diesen Umweg gelangten wir dann zu den deutschen Großbanken, die auch ihre Schwierigkeiten mit unserer Vorfinanzierung hatten und uns rieten, an die Börse zu gehen. Sonst sei das weitere Wachstum gefährdet.

Wir fanden eine Venture Capital Company, die uns mit 15 Mio. DM „aushalf". 8 Mio. DM kostete der Börsengang, und die VC-Company, die uns im September 1999 netto 7 Mio. DM zur Verfügung stellte, konnte sich ein dreiviertel Jahr später, im Juni 2000, mit 75 Mio. DM wieder erfolgreich zurückziehen. Aber allen war damit geholfen, und unser Wachstum konnte weiter gehen.

Zur Untermauerung hier eine unserer Pressemeldungen:

> „22.08.2001 Microlog wächst im zweiten Quartal erneut kräftig bei Umsatz und Ertrag: Die Bilanz des ersten Halbjahres 2001: hohes internes und externes Wachstum bei weiter steigender Profitabilität. Im Vorjahresvergleich wurde der Umsatz im ersten Halbjahr 2001 mit 83,2 Mio. Euro nahezu verfünffacht, das EBITA stieg mit 5,8 Mio. Euro fast auf das Elffache. Erfolgreiche Integration der übernommenen Tochtergesellschaften, weiter zunehmender Auftragsbestand.
>
> Die Microlog Logistics AG, einer der führenden Dienstleister für High End-Kontraktlogistik, setzt ihren Erfolgskurs unbeirrt fort. Mit einem konsolidierten Umsatz von 83,2 Mio. Euro für das erste Halbjahr 2001 und 50,5 Mio. Euro alleine in Q2 hat Microlog die anvisierte Umsatzmarke von 195 Mio. Euro für 2001 fest im Blick. Und setzt damit auch einen wichtigen Meilenstein auf dem Weg zum mittelfristigen Ziel: 500 Mio. Euro Geschäftsvolumen bis 2004."

Microlog wurde 2002 für den Deutschen Gründerpreis vorgeschlagen. Erreichten Sie Ihr Ziel?

Unser Geschäftsmodell und unsere Kundennutzen-Konzepte fanden über die Ausschreibung eine hohe Resonanz, so dass wir den Preis fast bekamen – wir waren in der Endausscheidung der drei besten Gründerunternehmen.

Hier die Pressemeldung dazu vom Deutschen Gründerpreis, Berlin, www.dsgv.de:

> „Nominierung Kategorie Unternehmer: Microlog Logistics AG.
>
> Mit punktgenauer Logistik dem Wettbewerb voraus – die zunehmende Globalisierung einerseits und der sich ständig verschärfende weltweite Wettbewerb andererseits haben dazu geführt, dass die Logistik aus Sicht der Unternehmen ein wichtiger Wettbewerbsfaktor geworden ist.
>
> Outsorcing der Logistik
>
> Sowohl Industrie als auch Handel haben deshalb in den letzten Jahren damit begonnen, Geschäftsbereiche auszulagern, die nicht zu ihren Kernkompetenzen zählen, u. a. den Bereich Logistik. Maßgeblich vorangetrieben durch große Konzerne, lagern mittlerweile auch mittelständische und Großunternehmen in zunehmendem Maße Teilbereiche ihrer Logistik aus, um von dem Know-how der Logistik-Dienstleister zu profitieren.
>
> Übernahme bestehender und Aufbau neuer Logistiklösungen
>
> Hier greift das Konzept der Microlog Logistics AG an. In engster Kooperation mit dem Kunden übernimmt Microlog sämtliche Logistikaufgaben. Bestehende Strukturen der Kunden – wie zum Beispiel Mitarbeiter und die für den Logistikprozess notwendigen Maschinen und Anlagen – werden dabei von Microlog übernommen und auf der Basis einer umfassenden Analyse für die Bedürfnisse des Kunden optimiert."

Nach Verkauf Ihrer Aktien 2002 hat das von Ihnen aufgebaute Unternehmen Microlog gewaltig an Performance verloren. Was waren die Gründe?

Der neue Eigentümer kaufte ein weiteres Logistikunternehmen hinzu und wollte einen großen Logistikkonzern schmieden. Der bisherige Wettbewerber und wir waren jedoch im Geschäftsmodell und im Führungskonzept äußerst verschieden. Die Fusionierung ergab Probleme bei der internen Koordination, die Kräfte zum Markt hin wurden verschlissen, statt bewährter und äußerst erfolgreicher Strategie wurden Null-Acht-Fünfzehn-Konzepte in der Logistik angeboten.

Diese ineffiziente Führung und Führungskultur übertrug sich auf die Mitarbeiter, und nach uns Gründern gingen viele der Know-how- und Leistungsträger von Bord des neuen Konzerns, was man am Ergebnis von 2005 ablesen kann.

Im Nachhinein – was waren die 3 Haupterfolgsfaktoren für Microlog?

Erstens das tiefe Know-how in allen Logistiksparten, angefangen von Low-end-Lösungen (Spedition) bis hin zu High-end-Lösungen der Kontraktlogistik.

Zweitens der Kundennutzen, den wir über unsere innovativen Geschäftsmodelle maximieren konnten. Hierbei war die EKS der richtige Wegweiser.

Und drittens die Mitarbeiter; alle waren Insider im Logistikgeschäft und gut geschult. Dadurch besaßen wir ein gutes Betriebsklima und eine hohe Leistungsbereitschaft.

		Umsatz in Millionen	EBITA in Millionen
Start	1997	20,-- DM	2 DM
	2001	200 €	10 €
	2002	272 €	4 €
	2004	256 €	3,35 €
	2005	383 €	- 24 €

Abbildung 5:   *Umsatz- und Ertragsentwicklung*

Welche Empfehlungen können Sie aktuell Existenzgründern geben?

Krisen sind Chancen. Viele Unternehmen überlegen, ob sie Teilbereiche ausgliedern oder schließen sollen. So ist es eine hervorragende Chance, darüber nachzudenken, wo man einen nicht sonderlich ertragreichen oder schlecht geführten Geschäftsbereich aus einem Unternehmen seiner Branche herauslösen könnte. Wir haben das damals vorgemacht mit dem Spin-off-Modell.

Dadurch, dass Unternehmen, ihre eigenen Bereiche betreffend, oftmals betriebsblind sind, erkennen sie nicht die Möglichkeiten für effizientere Lösungen. Diese müssen von außen kommen. So gilt es, alle möglichen Unternehmen in der Branche zu analysieren und auszutesten, wo Besserlösungen machbar wären. Dann hat das Unternehmen einen Kostenblock weniger und der Gründer eine fertige Existenzbasis, die er nach vorne bringen kann. Gerne kann ich dabei unterstützend mitwirken.

Eine zweite, grundsätzliche Möglichkeit, ist das Aufspüren von Trends. So haben wir im Jahr 2011 mit dem Thema Kaffee-Spezialitäten ein neues Geschäftsmodell entwickelt, das einer ganzen Kleinstadt zu größerer Anziehungskraft verhilft (www.kaffeemanufaktur-hirschhorn.de).

Vom Handwerksbetrieb zum Kundenstar
– Elektro Knies

Interview mit Jörg Knies

Einleitung und Interviewführung: Hans Bürkle

„Du musst mit vollem Herzen dabei sein. Sonst wird es nichts!" Das sagt einer, der es genau wissen muss: Jörg Knies, beispielhafter Existenzgründer, der seine Erfahrung mittlerweile gern an andere weitergibt. Bei Existenzgründermessen ist er einer der gefragten Gesprächspartner. Bis über Dortmund hinaus haben Kollegen ihn eingeladen, damit er Handwerker berät, die sich selbständig machen und eine sichere Existenz gründen wollen. Einer der Teilnehmer war so angetan, dass er zu einer Betriebsbesichtigung kommen will.

Da gibt es in der Tat einiges zu sehen im Gewerbegebiet: den großen Fachmarkt für Elektromaterial und Beleuchtung. Dort arbeiten Elektro-Installateure, Meister, kaufmännisches Personal und Auszubildende. Jörg Knies hat das 1930 vom Vater gegründete Geschäft 1970 übernommen und zusammen mit seiner Frau Ursula zu einem Musterbetrieb ausgebaut. Damals beschäftigte der Betrieb zwei Leute, heute verdienen 70 Menschen ihren Lebensunterhalt.

Jörg Knies ist gelernter Elektromeister, doch das genügte ihm nicht. 1980 begann der entscheidende Lebensabschnitt in der Fortbildung. Die Initialzündung kam durch eine ganzseitige Anzeige über die EKS in der FAZ. Knies büffelte abends den EKS-Fernlehrgang und verinnerlichte die von Wolfgang Mewes erarbeitete Management-Methode. EKS bedeutet Engpass Konzentrierte Strategie. Als seine wichtigste Maxime hat Knies für sich erkoren: „Steigere den Nutzen deiner Kunden und du wirst automatisch erfolgreich!". Ganz wichtig ist nach der Erfahrung von Knies, die eigenen Talente herauszufinden und diese zu fördern, aber auch die Schwächen zu akzeptieren. „Die Familie muss dahinter stehen", so der Elektromeister, der sich voll auf seine Tochter (Mitgeschäftsführerin) stützen kann.

Das Thema Kundennutzen ist bei Elektro-Knies nicht nur ein frommer Wunsch, sondern wird tagtäglich gelebt. Nicht umsonst hat das Unternehmen drei Mal hintereinander den Preis „Kundenstar" verliehen bekommen.

Herr Knies, Ihr Elektrogeschäft mutierte vom typischen Handwerksbetrieb mit wenigen Handwerkern zum Platzhirsch im Elektroeinzelhandel in Worms. Wie kam diese Entwicklung zustande?

Wir waren zunächst ein klassischer Handwerksbetrieb. Dann haben wir festgestellt, dass immer mehr Kunden abwanderten. Warum? Sie wollten ihre Leitungen selbst verlegen, wollen es also selbst machen, und auch vom Preis her war das Geschäft schwierig. Dann haben wir uns Gedanken gemacht, was wir tun müssen und wie wir den Leuten helfen können, damit sie weiterhin Kunden bleiben. Eine Markt- und Zielgruppenanalyse half uns weiter. Und dann haben wir uns um die Engpässe der Heimwerker gekümmert und festgestellt, dass jene die einfachen Dinge zwar selbst erledigen können, jedoch nicht komplexe Schaltungen oder gar die Abnahme der gesamten Elektroanlage durchführen können. Also – so unser Entschluss – verkaufen wir in Zukunft nur das Elektromaterial und die entsprechende Beratung dazu und geben auch die Sicherheit, dass, wenn irgendwer nicht mehr weiter weiß, wir mit unseren bestens ausgebildeten Monteuren hinkommen, das Problem lösen, damit der Kunde seine Anlage fertig gestellt bekommt. Und deren Prüfung übernehmen wir am Ende als Schlussprüfung mit Prüfprotokoll und allem, so dass der Kunde den Behörden und Versicherungen gegenüber wie auch persönlich abgesichert ist.

Mit dem neuen Leistungsangebot wurden wir bekannt in Sachen Qualität. Damit haben wir uns gegen die wachsende Zahl von Baumärkten abgehoben, die zum billigen Preis und ohne Beratung verkaufen. Aus dieser Situation heraus haben wir uns völlig neu aufgestellt: Zum einen mit dem Handels- und Dienstleistungsunternehmen Elt-Point Knies und im Installationsbereich als Komplettrenovierer für Firmen unter der Marke „Meister-Renovierer".

Die Auszeichnung zum Kundenstar betrifft jedoch unseren Einzelhandelsbetrieb Elt-Point Knies, der sich dank EKS prächtig entwickelt hat.

Der Handelsbetrieb konnte sich direkt an der B9 in Worms ansiedeln, in einer strategisch günstigen Lage. Wie hat sich diese Lage ausgewirkt, auch in Relation zu Ihrem Nachbar Hornbach?

Das war relativ einfach. Zunächst einmal war für mich Standortsuche aufgrund unserer Expansion ein Thema. Aber im Rahmen unserer Geschäftsstrategie dachte ich an Wolfgang Mewes, der immer die Frage stellt „wo finde ich meine Zielgruppe?". Und nachdem klar war, dass wir damals die Häuslebauer und die Selbstwerker bedienen wollten, kam die Lösung von ganz alleine: Wir müssen die Zielgruppe am besten im Bauhaus suchen. In irgendeinem gut gehenden Baumarkt. Und dann bot sich die Gelegenheit an, dass wir uns um ein Grundstück bewerben konnten und haben den Zuschlag von der Stadt bekommen. So sind wir heute Wand an Wand mit Hornbach.

Was unterscheidet Sie im Elektroangebot von Hornbach?

Das Angebot ist bei uns eindeutig professioneller, vor allem die Breite und Tiefe des Sortiments. Also bekommt man bei uns Profiqualität zum günstigen Preis. Und die professionelle Beratung dazu. Zu Hornbach gehen täglich etwa 2.000 Kunden. Wer Meterware sucht, ist dort gut aufgehoben. Wer jedoch spezielle Elektroartikel und beste Qualität sucht, kommt automatisch zu uns. Und wenn es um neueste Haustechnik und Lichtberatung geht, kommt man an uns nicht vorbei.

Welche und wie viele wesentlichen Mitbewerber haben Sie in Worms?

Wir haben einmal Hornbach als direkten Mitbewerber, seit neuestem gibt es noch Obi und als weitere Konkurrenten den einen oder anderen Handwerkskollegen, der mehr oder weniger aus dem Lager heraus etwas verkauft. Was uns mehr Sorgen bereitet, sind diese Zwischenhändler, die sogenannten Elektrogroßhändler, die teilweise nicht mehr den dreizügigen Vertriebsweg einhalten, sondern in der Mitte praktisch als Großhändler aussteigen und direkt an den Endverbraucher verkaufen. Und die leiden natürlich auch furchtbar unter Absatzproblemen und suchen dann logischerweise den einen oder anderen Weg direkt zum Endverbraucher. Das sind unsere direkten Konkurrenten.

Ist in den letzten Jahren Ihr Handelsgeschäft gewachsen?

Das Handelsgeschäft ist in den letzten 10 Jahren kontinuierlich gewachsen. Wir haben jedoch in den letzten drei Jahren gemerkt, dass die Wachstumskurve flacher wird und haben unsere Strategie überarbeitet. Nach der Marktanalyse haben wir überlegt, dass wir den Bautätigkeitsrückgang nicht ändern können und überlegen müssen, was wir Neues machen können. Dabei ist eindeutig heraus gekommen, dass der Renovierer der Kunde der Zukunft ist. Das heißt was früher bei uns der Häuslesbauer war, der sein Haus heute bezahlt hat, ist jetzt der Renovierer. Und so haben wir begonnen sämtliche Vertriebswege und Ausstellungen in Richtung Renovierung umzustellen. Zielgruppe sind derzeit die Umbauer, also die Leute, die Kaufkraft haben und ihr Häuschen veredeln wollen. Wir spüren in zunehmendem Maß, dass diese Strategie greift.

Wie groß ist Ihre Ausstellungsfläche?

Wir haben 1.200 qm Ausstellungs-, Verkaufs- und Lagerfläche. Der Standort ist ideal direkt an der B9 gelegen und gegenüber von Hornbach, dessen Kundenfrequenz wir mit nutzen können.

Wie führen, steuern Sie Ihr Unternehmen? Haben Sie eine besondere EDV?

Wir haben sehr früh erkannt, dass wir mit üblicher Handwerker-Software vielleicht unser Lager im Griff haben, nicht jedoch die Kunden- und Leistungsdaten bei den Prozessen. So haben wir heute eine ausgezeichnete Transparenz aufgebaut. Wir haben auf Grund von vergangenen Zahlen heute Kontrollzahlen, nicht nur für den Umsatz, sondern auch Deckungsbeitragsdaten. Beispielsweise ist bei jedem unserer Verkäufer im Einzelnen aufgeführt, was er für Umsätze macht. Und wenn einer mal einen Durchhänger hat, kann man gezielt mit ihm darüber sprechen. Umgekehrt weiß der Verkäufer ständig, welche Umsätze er macht, was er für einen Deckungsbeitrag erwirtschaftet hat usw.

Abbildung 1:   *Einzelhandel Elt Point Knies, Worms*

Somit haben Sie eine Art Selbstorganisation in der Personalführung eingebaut?

Zum einen haben wir die gemeinsame Strategie in den Köpfen verankert: Kundennutzen zu bieten. Unter diesem Leitbild arbeiten alle mit. Das ist ganz wichtig. Darüber hinaus haben wir unser Lohnsystem so strukturiert, dass wir einen Grundlohn bieten, zusätzlich einen Teamlohn, und dann haben wir noch eine persönliche Leistungsprämie. Somit setzt sich bei uns der Lohn eines Mitarbeiters aus drei Teilen zusammen. Und er oder sie kann tagtäglich im Computer nachsehen, wo er/sie steht.

Was ist die besondere Stärke von Elektro-Knies?

Die besondere Stärke ist, dass wir erstmal mit unserem Verkaufsraum gut gelegen sind. Zum zweiten haben wir nur Fachpersonal, das heißt in unserem Haus gibt es nur ausgelernte Elektriker und -innen. Im Team sind derzeit zwei Frauen. Und drei Elektromeister. Unsere Kunden wissen, dass sie jeweils von Profis beraten werden. Und diese Kompetenz findet man in Worms und Umgebung sonst nicht.

Ihr Credo ist, sich am Zielgruppenbedarf auszurichten. Welche Teilzielgruppen sprechen Sie an und mit welchem Spezialsortiment?

Zunächst mal haben wir bisher die Häuslebauer gehabt, die ihre Häuser selbst gebaut haben. Dieses Geschäft hat rapide abgenommen. Dafür hat die Zielgruppe der Renovierer zugenommen, und wir sind dabei, uns in diese Menschen hineinzudenken und zu überlegen: Wenn ich renovieren will, wo muss ich hingehen, um zu erfahren, was es alles gibt, und wo kann ich mir was ansehen? Und genau das decken wir jetzt ab mit Renovierungskonzepten. Der Interessent und potenzielle Käufer erhält bei uns die Auswahl, die Ideen und Innovationen, die er praktisch noch nicht kennt. Er lernt bei uns, seine Wünsche zu artikulieren, und kann sie dann mit uns umsetzen.

Wie sieht der Nutzen speziell für die Renovierer derzeit aus?

Wir stellen das vor, was bei Renovierungen machbar und auch idealerweise möglich ist. Neueste Haustechnik und Lichtgestaltung kann bei uns ausprobiert und erlebt werden. Und vor allen Dingen erklären wir ihm von A bis Z, wie er das installieren kann und muss. Der Kunde bekommt Merkblätter dazu und kann dann praktisch selbst installieren – bis er nicht mehr weiter weiß. Und wenn er Probleme hat, ruft er bei uns an und bekommt eine Vorortberatung oder gar eine wiederholte Vorortberatung. Also immer in dem Moment, wo es Probleme gibt, wird ihm von uns weitergeholfen.

Macht das der Mitbewerber genau so?

Nein, der macht das nicht. Die Mitbewerber kennen die dahinter stehende Strategie nicht und machen es nicht aufgrund der Vorlaufkosten. Ich sage aber „Nutzen bieten ist wichtiger als Kostendenken und Gewinndenken".

Sie erhöhen damit die Anziehungskraft. Und damit kommen wir zum nächsten Punkt, zum Projekt Kundenstar. Was bedeutet das Projekt Kundenstar, wer hat es ins Leben gerufen?

Wir bekamen dickes Lob als kundenorientiertes Unternehmen bei dem Wettbewerb „Kundenstar" 2006, 2007 und 2009 der Wormser Zeitung. Die Aktion „Kundenstar" wurde in der gesamten Region ins Leben gerufen, und alle Unternehmen wie auch alle Leser konnten sich beteiligen. So haben sich rund 100 Firmen in dem Wettbewerb über die Zeitung der Öffentlichkeit gestellt. Dort hatte der Zeitungsleser die Möglichkeit, einen Coupon auszufüllen und mitzuteilen, wer seiner Meinung nach der beste kundenfreundlichste Betrieb ist.

Das war die freie Auswahl der Wormser Zeitungsleser, und wir haben beim ersten Mal das Rennen gewonnen. Unsere Tochter, die als Geschäftsführerin den Handel leitet, hat sich dieses Themas verstärkt angenommen, so dass wir ein Jahr später und im nächsten Folgejahr beim selben Wettbewerb wieder bei den Siegern waren.

Abbildung 2:   *Drei Urkunden „Kundenstar" und eine Urkunde „Deutschlands Kunden-*
champion 2009" (Impulse)

„Bei uns ist der Kunde König". Das war das Motto des Wettbewerbs. Und nun sind wir sozusagen selbst König und konnten drei Mal hintereinander Kundenstar und zwei Mal hintereinander Deutschlands Kundenchampion werden.

Die Firmen-Stars wurden nach Branchen ausgezählt. 93 Unternehmen hatten sich an der
Aktion der Wormser Zeitung beteiligt. Und der Aufruf, sich als Leser der WZ zu beteiligen
und aus diesen Geschäften den „Kundenstar", zu wählen, sei mit mehr als 36.000 Stimmen
„phänomenal" gewesen, berichtet die WZ.

Mit dieser Aktion wird das Thema Kundenfreundlichkeit in der Region aufgewertet, was den
Kunden und der gesamten hiesigen Geschäftswelt zugute kommt. Die prämiierten Geschäfte
wurden mit Urkunden ausgezeichnet und drei Leser, die Coupons abgegeben hatten, erhielten
attraktive Preise.

Gratulation zum Kundenstar und zum Impulse-Preisträger 2009 und 2010; wo sehen Sie die
zukünftigen Wachstumschancen?

Die zukünftige Wachstumschance ist einfach die moderne Technik, die uns ein sehr breites
Spektrum an Möglichkeiten bietet, um unserem Kunden Sicherheit, Bequemlichkeit und
Komfort zu bieten. Nur müssen wir das jetzt so darstellen, dass der Kunde aus der Fülle der

Produkte von uns aus herausgefiltert bekommt, was er überhaupt braucht. Wir sind dabei, hierzu eine neue Präsentation in unseren Ausstellungsräumen zu machen.

Das heißt, Sie entwickeln Innovationen?

Ja, bedarfsgerechte Innovationen. So kommen Leute zu uns ins Haus, die wissen möchten, wie sie eine schöne Beleuchtung oder Raumausleuchtung machen können. Dabei entsteht immer die Frage, wie hell es überhaupt ist. Wenn wir sagen, das ist eine Halogenbirne mit 35 Watt, können sich die Kunden deren Helligkeit nicht vorstellen. Und da sind wir derzeit am Umbau für einen Dunkelraum, in dem verschiedene Szenarien dargestellt werden, verschiedene Leuchten, Glühlampen und Röhren sowie verschiedene Wandfarben, damit der Kunde sieht, wie das Licht sich auf die Farbe und Stimmung auswirkt. Weitere Neuigkeiten sind in Planung.

Ein weiteres innovatives Konzept von uns ist der jährlich wiederkehrende Weihnachtsmarkt. Es gibt so viele Möglichkeiten für weihnachtliche Gestaltung am Haus, und wir sind jetzt schon sechs Mal mit großem Erfolg dabei, einen Weihnachtsmarkt durchführen. Aber nicht einen mit Lebkuchen und Engelchen, sondern einen regelrechten Elektroweihnachtsmarkt. Unseren Kunden zeigen wir auf einer Fläche von etwa 200 qm alles auf, was irgendwie möglich ist, um ein Haus weihnachtlich zu dekorieren. Wir haben entsprechende Vorbilder, ob das Rentiere oder leuchtende Weihnachtsmänner sind, und wir demonstrieren den Leuten, wie sie ihr Haus weihnachtlich gestalten können.

Logischerweise gibt es hierbei Problemstellungen in Richtung Energie, aber durch die neue LED-Technik und verbrauchsarme Geräte wird das Thema erleichtert. Wir haben den Weihnachtsmarkt stark in die Öffentlichkeit gebracht, indem wir einen weihnachtlichen Wettbewerb ausgeschrieben haben. Die Leute konnten ihr geschmücktes Haus fotografieren, haben uns die Bilder gebracht, wir haben sie ins Internet gestellt und zur Abstimmung gegeben. Natürlich haben wir Preise ausgeschrieben, so zum Beispiel 1.000 kW Strom, oder Maßnahmen zum Energiesparen. Die Akzeptanz dieser Weihnachtsaktion ist hoch und hat gute Nachfrage ausgelöst.

Innovationen gibt es auch im Bereich Haustechnik. Woran arbeiten Sie gerade?

Was ich als absolutes Highlight für die Zukunft sehe, ist die sogenannte Bus-Technik. Da wachsen alle Geräteteile und Verbraucher zusammen, und man kann es von allen Punkten der Erde aus steuern. Aber das ist nur eine weitgefächerte Möglichkeit. Wir müssen aus der Vielzahl der Möglichkeiten für unsere Zielgruppen das aussuchen und zu sinnvollen Leistungspaketen zusammenführen, was bedarfsgerecht ist und womit jeder zurecht kommt. Das sind die Innovationen, die wir entwickeln müssen, damit der Kunde genau das bekommt, was er braucht. Und in den meisten Fällen ist es Sicherheit, Bequemlichkeit, Komfort und teilweise etwas Prestige. Mit diesem Konzept sind wir in Worms und Umgebung der einzige Elektroeinzelhandelsbetrieb mit entsprechender Präsentation der innovativen Haustechnik.

Gibt es Kooperationspartner, mit denen sie zusammenarbeiten?

Kooperationspartner sind generell die Architekten und Planer, teilweise die Handwerker wie Tapezierer und Schreiner, und in gewissem Sinne die zufriedenen Altkunden, die uns empfehlen.

Wie kommunizieren Sie Ihr Fortschrittsdenken, Ihre Innovationsfähigkeit?

Die ganze Zeit brauchten wir das nicht zu machen – die Werbung ist wie von alleine gelaufen. Wir machen jetzt verstärkt Kundenansprache mit Mailings und Drucksachen, mit denen wir immer wieder die neuen Möglichkeiten ansprechen. Und die Auszeichnung „Kundenstar" hat natürlich mit zu Bekanntheitsgrad und Anziehungskraft beigetragen.

Zusätzlich machen wir Einladungen zu Präsentationen und halten in der Regel fünf bis sechs Seminare im Haus ab, wo über aktuelle Themen gesprochen wird. Wichtig ist dabei, dass es keine Produktschulung ist, sondern der Kunde die gesamte Systemlösung präsentiert bekommt, um den Nutzen des Endprodukts zu sehen.

Welche strategischen Empfehlungen können Sie Ihren Kollegen geben?

1. Nutzen verbessern: Im Rahmen der Kundenorientierung gilt es die brennenden Probleme der Zielgruppen genau zu analysieren, damit es leichter ist, die passenden Lösungen zu entwickeln und anzubieten.

2. Innerbetriebliche Transparenz: Auch im Handwerksgeschäft ist genau zwischen Privathaushalt und Firma zu trennen. Und die geschäftliche Transparenz muss hergestellt werden, damit man über die Kennzahlen den Betrieb und die Mitarbeiter sicher steuern kann.

3. Mitarbeitermotivation und -führung: Mit der betrieblichen Transparenz kann eine saubere Leistungsbeurteilung der Mitarbeiter herbeigeführt und eine faire Erfolgsbeteiligung aufgebaut werden. Und die Ausrichtung auf den Kundennutzen müssen die Mitarbeiter auf allen Ebenen spüren lassen, zur Freude der Kunden und von uns selbst.

Existenzgründung: Vom Auszubildenden zum heimlichen Marktführer

Hans Fraenkler

„Können Sie mir helfen?" fragte Michael Rott (Name in Abstimmung mit dem Unternehmer geändert), ein Auszubildender einer Großhandelsfirma. „Ich habe eine gute Produktidee und möchte mich selbständig machen."

„Über welches Eigenkapital können Sie denn verfügen?" war meine Frage.

„Ich habe ca. 5.000 Euro zur Verfügung, reicht das erst einmal?"

> Wir kennen alle die erfolgreichen Firmenentwicklungen, die einmal in einer Garage begonnen haben. So mussten sich die Gründer von Google selbst 100.000 Dollar privat leihen, um ihre Idee an den Markt zu bringen. Stehen wir dann selbst vor einer solchen Garage, dann haben wir unzählige Argumente, warum die vorgetragene Idee nicht umgesetzt werden kann, statt nach einer Lösung zu suchen, welche Schritte notwendig sind.

„Warum sind Sie von Ihrer Idee so überzeugt?" war meine nächste Frage.

„Ich habe in meinem Urlaub in den USA eine Produktanwendung gesehen, die ich mit einigen Veränderungen zu einem eigenen Produkt machen möchte. Mein Produkt ist für den privaten Blumenliebhaber gedacht und hilft bei dem Einpflanzen von Blumen, es sichert das Wachstum und schützt vor der Austrocknung."

> Wir haben es in diesem Beispiel mit einer Existenzgründung auf der Basis einer Produktinnovation zu tun. Vor einer Zusammenarbeit müssen daher konkrete Regeln und Grundsätze schriftlich abgestimmt werden, um spätere Streitigkeiten zu vermeiden.

Mit der EKS berücksichtigen wir folgende Regeln:

▨ Die Konzentration der Kräfte statt die Verzettelung

▨ Den kybernetisch wirkungsvollsten Punkt finden (um eine Kettenreaktion im Markt auszu-lösen)

▨ Berücksichtigung der internen und externen Minimum-Faktoren

▨ Im Mittelpunkt steht immer die Nutzenorientierung der Anwender und nicht zuerst der eigene Gewinn

Eine erste Analyse der Produktinnovation schafft einen Überblick und zeigt die Risiken und Chancen der Innovation.

Die zu bewertenden Bereiche sind:

▨ Der Markt für das Produkt

▨ Die vorhandenen Ressourcen

▨ Die Innovation der Leistung

▨ Die Produktbeurteilung

▨ Die Merkmale der Leistung

▨ Die Gesamtbewertung

So müssen bei diesem Markt für das Produkt folgende Fragestellungen beantwortet werden:

	Ja – teils – nein				
Punkte	5	4	3	2	1
▨ Es gibt viele Kunden für das Produkt	5				
▨ Der Bedarf für das Produkt ist groß	5				
▨ Das Marktpotenzial ist hoch	5				
▨ Der potenzielle Markt wächst		4			
▨ Die Wettbewerbsprodukte unterscheiden sich stark		4			
▨ Auf dem Markt herrscht eine normale Wettbewerbssituation			3		
▨ Auf dem Markt tobt kein Preiskampf			3		
▨ Die Kundenbindung zu Produkten der Wettbewerber ist nicht sehr hoch			3		
▨ Neueinführungen in diesem Markt sind nicht sehr häufig		4			
▨ Die Anforderungen der Kunden sind bekannt und stabil	5				
▨ Die gesetzlichen Anforderungen an das Produkt halten sich in Grenzen		4			

Aus den Mittelwerten der jeweiligen Bereiche wird eine Einzelbewertung in Prozent des Bereiches ermittelt und eine grobe Einschätzung in:

■ Zu erkennende Probleme

■ Normale Entwicklung

■ Große Chancen

Innovationschancen sind dann gegeben, wenn der Balken des jeweiligen Merkmales die 70-Prozent-Grenze überschreitet.

Balken unter 50 Prozent sind als problematisch anzusehen. Balken zwischen 50 Prozent und 70 Prozent weisen auf Schwächen hin, die ausgeräumt werden können.

Mit dieser gelenkten Befragung wird der Unternehmer auf die Bereiche aufmerksam gemacht, die bisher in seinem Denken und Handeln weniger Beachtung fanden, oft aber zu einem späteren Engpass werden.

Nur wenn die Produktinnovation erfolgreich im Markt getestet werden kann und die Anwender begeistert über die Problemlösung berichten (den Nutzen der Problemlösung bestätigen), dann können wir über deine Existenzgründung mit allen notwendigen Schritten sprechen.

Bevor die erforderlichen Unterlagen für einen Businessplan zusammengetragen werden, muss sich die Produktidee erst einmal im Markt beweisen.

Nur wenn 10 Teilnehmer in diesem Markttest überzeugt sind und das Produkt auch kaufen würden, gehen wir einen Schritt weiter, war unsere interne Absprache. So schützen wir Sie vor weiteren Risiken.

Der Markt (die Testgruppe) entscheidet über den Erfolg der Produktanwendung und nicht der Produktentwickler oder der Berater.

Der innovative Gedanke

Bei einer Babywindel wird mit einem chemischen Pulver die Feuchtigkeit in der Windel gebunden. Dieser Vorteil der Feuchtigkeitsbindung ist auch mit einem natürlichen Pulver zu erreichen. Die Produktidee ist die Feuchtigkeitsversorgung von Balkonpflanzen, insbesondere der Pflanzenwurzel, mit zusätzlichen Nährstoffen.

Für diesen ersten Schritt musste mein Kunde zunächst eine Palette mit dem betreffenden Ausgangsmaterial in den USA bestellen, in Deutschland von Hand die notwendigen Zumischungen vornehmen und in neutralen Verpackungen für den Verbraucher abfüllen.

Diese Handmuster wurden an verschiedene Verbraucher kostenlos verteilt und diese für den Test gewonnen. Mit einem Fragebogen musste der Anwender seine Eindrücke und Meinungen zu der vorgestellten Problemlösung schriftlich beurteilen.

Dieser kleine Markttest wurde ein voller Erfolg und eine sehr gute Bestätigung für die Produktinnovation mit der neuen Problemlösung.

> Viele gute Ideen werden in diesem Stadium nicht ausreichend gewürdigt und mit viel zu hohen Anforderungen konfrontiert. So ist es auch mit wenigen finanziellen Mitteln möglich, die Marktchancen für eine Produkt-Innovation ohne großen Kostenaufwand vorher zu testen.

> Der ganze Aufwand für eine neue Produktidee sollte außerhalb einer Firma erfolgen, um die kommenden Anforderungen erst einmal außen vor zu belassen und die immer vorhandenen kritischen Stimmen auszublenden.

Dieser kleine, aber erfolgreiche Markttest war der Auslöser für die nächsten Schritte.

- Wir mussten einen ansprechenden Markennamen finden und schützen lassen.

- Wir mussten den Verkaufspreis für den Verbraucher bestimmen und die Handelsspanne berücksichtigen (50 Prozent für Großhändler).

- Wir mussten die Firmengründung einleiten und die notwendigen Kapitalstrukturen absichern.

- Wir mussten das notwendige Material für die Markteinführung bestellen und eine hochwertige Verpackung bereitstellen.

> Kleine Geschäftseinheiten haben trotz guter Produktideen zwei begrenzende Engpässe: Sie haben in der Regel nicht die erforderliche Finanzkraft und auch nicht das notwendige Personal zur Verfügung, um die Vorfinanzierung zu sichern und das Produkt in den Markt zu bringen.

In der nächsten Stufe war die Markteinführung der Produktinnovation geplant. Hierzu mussten wir zwei begrenzende Engpässe lösen, für die mein Kunde noch keine Antworten hatte:

1. Wir haben nicht das erforderliche Eigenkapital, um die voraussichtlichen Vorlaufkosten zu finanzieren.

2. Wir haben nicht die Mitarbeiter für den Außendienst und die Produktpräsentation bei dem Einzelhandel.

Nach unserer Planung wollten wir in der Phase der Markteinführung bereits einen Umsatz in Höhe von 500.000 Euro pro Jahr erreichen. Nach vielen Überlegungen haben wir uns auf den kybernetischen Engpass konzentriert. So müssen wir einen strategischen Partner suchen, der bereits den Vertriebsweg hat und für unsere Markteinführung alle Voraussetzungen mitbringt.

Der strategische Partner sollte ein großer Internetshop in dieser Branche werden, der seine Produktpalette bereits über das Internet anbietet und vertreibt. Wenn wir seinen Einkäufer von unserer Produktinnovation überzeugen könnten, dann haben wir mit einem Schlag über diesen Weg den Markteinstieg geschafft.

> In der Nutzen-Argumentation für den Einkäufer müssen wir den besonderen Nutzen für den Internetshop hervorheben.

In Summe hat sogar der Nutzen für den Shopbetreiber einen größeren Anteil als unser Nutzen für den Anwender.

- So bekam der Internetshop das Produkt als Marktneuheit exklusiv für ein Jahr angeboten.

- Mit dem Produktnutzen wurde das Anwachsen seiner Pflanzen-Artikel nachweisbar gesichert, somit weniger Rückläufe und Beschwerden.

- Über die Weiterempfehlung bekam der Internetshop neue Kunden.

- Die Konditionen für die Markteinführung zeigten dem Internetshop eine größere Handelsspanne.

- Zusätzlich garantierten wir eine hohe Umschlagsgeschwindigkeit im Lager.

Die Produktidee und der vorhandene Markttest hatten den Internet-Händler überzeugt, so dass wir bereits die geplante Jahresproduktion als exklusive Marktneuheit mit monatlichen Abrufmengen verkaufen konnten.

Mit dieser Abnahmebestätigung hatten wir den Engpass der Finanzierung erst im 2. Schritt gelöst und mit 100.000 Euro Eigenkapital die neue Firma gegründet.

> Mit der EKS wird dem Unternehmer geraten, seine Kräfte auf die begrenzenden Engpässe zu richten und nicht alle Probleme gleichzeitig zu lösen. Löst der Unternehmer den jeweiligen begrenzenden Engpass, dann lösen sich alle von dem Engpass abhängigen Probleme von selbst oder viel leichter.

Mit 100.000 Euro Eigenkapital wurden zusätzlich 250.000 Euro Fremdkapital gesichert. In der weiteren Firmenentwicklung konnte dieses Bankdarlehen bereits im 2. Jahr getilgt werden, und wurde anschließend nicht mehr in Anspruch genommen.

Mit der Firmengründung wurden auch für die Zukunft wichtige Weichenstellungen und Regelungen verabschiedet.

Wir investierten dann konsequent in:

- Geschäftsbeziehungen

- die Marktentwicklung

- den Bekanntheitsgrad

Wir investieren nicht in:

- gebundenes Kapital, also

- Gebäude und Hallen,

▨ Maschinen und Anlagen,

▨ einen Fuhrpark.

Über die strategische Einbindung des Internet-Händlers wurde das Produkt sehr schnell in Deutschland bekannt. In diesem Shop-System sollte der Verbraucher seine eigene Meinung zu der Produktanwendung sagen und konnte bis zu 5 Sterne vergeben. Mit dieser Maßnahme wurde zusätzlich für das Produkt geworben und der Umsatz konnte über den Erwartungen gesteigert werden.

In dieser Phase der Markteinführung mussten wir die Einhaltung der Liefertermine und die Sicherung der hochwertigen Qualität gewährleisten. Mit dem gewonnenen Geschäftspartner erfolgte die komplette Abwicklung der Leistung ohne eigene Investitionen oder sonstige fixen Kosten.

Für die Produktverarbeitung suchten wir einen Kooperationspartner, der die komplette Verarbeitung und Verpackung übernehmen sollte. Für einen Verarbeitungsbetrieb untersuchten wir dessen Chancen und Risiken.

▨ Die Vorteile waren der zusätzliche Umsatz und

▨ die sofortige Bezahlung der Leistung.

▨ Die Risiken konnten wir mindern, da die zu verarbeitenden Materialien zur Verfügung gestellt wurden.

▨ Keine Vorfinanzierung für den Verarbeiter.

> Diese strategische Kooperation ist in der EKS ein wichtiger Baustein, der viel zu wenig beachtet wird. In der Regel verfügt der jeweilige Kooperationspartner über die technischen Anlagen oder Voraussetzungen, die wir selbst nicht haben. Wenn der Nutzen für den Partner im Mittelpunkt steht, ist erst einmal eine Grundbereitschaft für eine spätere Zusammenarbeit vorhanden.

> Man beginnt eine solche Kooperation zunächst auf „Probe" um die gemeinsame Grundhaltung zu prüfen. Später verfestigt sich diese Zusammenarbeit zum Vorteil der beteiligten Parteien.

Rückläufige Auslastungen des Verarbeitungsbetriebes konnten mit der Fremdfertigung für meinen Kunden ausgeglichen werden. In der erfolgreichen Entwicklung errichtete der Verarbeitungsbetrieb auf eigene Kosten ein Hochregallager für die Zwischenlagerung der Paletten, wir bezahlten die jeweiligen Kosten der Lagerhaltung und der Kommissionierung.

In der weiteren Entwicklung sahen wir die steigende Abhängigkeit von dem Internetshop-Händler und suchten nach Wegen aus dieser Abhängigkeit gesucht, ohne die Geschäftsbeziehung zu belasten.

Erst nachdem keiner der vorhandenen großen Wettbewerber mit einem eigenen Produkt auf dem Markt gekommen ist, suchten wir den Weg zu anderen Vertriebspartnern (keine Internet-Anbieter). Die normalen Hürden und Beschränkungen in der Geschäftsbeziehung zu großen Vertriebsgesellschaften wollten wir und konnten wir grundsätzlich nicht eingehen.

Wir hatten ein gutes Produkt mit einer zwingenden Problemlösung für den Endverbraucher, nach unserer Auffassung konnten wir mit unserem Produkt eine Alleinstellung aufbauen und mussten uns nicht dem Diktat der Großhändler unterwerfen. Lange haben wir nach einem Schlüssel gesucht, der uns die Türen zu den großen Vertriebsgesellschaften öffnete, ohne wieder in Abhängigkeiten zu landen.

Ein weiteres Problem war der jeweilige Ausschluss, wenn wir diesen oder jenen Großhändler beliefern würden. An dieser Aufgabenstellung haben wir lange gearbeitet, bis die ersten richtungsweisenden Gedanken auf dem Tisch lagen.

Wir boten der jeweiligen Vertriebsorganisation an, unser Produkt unter deren Markennamen zu vertreiben, und lassen es in deren kundenspezifische Verpackung abfüllen. Voraussetzung war jedoch die Abnahme kompletter Lastzüge (mit 25 Paletten).

Mit dieser strategischen Weichenstellung haben wir zukünftige potenzielle Wettbewerber ausgeschaltet und die Absatzverantwortung auf die jeweilige Vertriebsorganisation übertragen, da es ja um deren Produkte ging. Als kleines Unternehmen, das nur ein Produkt in unterschiedlichen Varianten verkauft, bestanden wir grundsätzlich auf der Bezahlung vor Lieferung. Diese Forderung durchzusetzen gelang uns aber nur, weil wir dem jeweiligen Großhändler seinen schnellen Warenumschlag beweisen konnten und seine Handelsspanne größer ist als bei anderen Handelswaren.

Diese größere Handelsspanne konnten wir nur deshalb bieten, weil wir aufgrund der strategischen Ausrichtung (hier der Kostenführerschaft) mit den geringsten Kosten kalkulieren können.

> Die EKS ist eine Nutzen-Strategie für den jeweiligen Geschäftspartner; wir bieten einen Nutzen, den ein anderer Lieferant in dieser Art und Qualität nicht bieten kann. Neben dem Produktnutzen für den Endverbraucher, müssen wir dem Großhändler seinen eigenen Nutzen vermitteln. Es ist doch einfach, aus der Sicht eines Großhändlers zu fragen, welchen Nutzen müssen wir bieten, damit wir sein Interesse wecken und den Abschluss tätigen können.

Über den Vertrieb mit den fremden Markennamen, aber mit unseren Produkten werden wir im Markt mit unserer tatsächlichen Umsatzgröße nicht wahrgenommen. Deshalb auch der Hinweis auf den heimlichen Marktführer. Diese Existenzgründung ist kein Märchen, sondern das konkrete Beispiel, wie mit geringen Mitteln und der Konzentration der Kräfte ein „David" einem „Goliath" überlegen sein kann.

Michael Rott wickelte im 4. Jahr seiner Existenzgründung einen Umsatz von ca. 5 Mio. Euro mit 3 Mitarbeitern ab.

Umgesetzte Grundsätze

In der geschäftlichen Entwicklung der Firma wurde von Anfang an aus der Not eine Tugend gemacht. Wegen der unzureichenden Kapitalausstattung in der Gründungsphase wurden für alle notwendigen Investitionen entsprechende Geschäftspartner gesucht, die bereits über diese Strukturen verfügen und zusätzliche Auslastung suchen oder die Vermietung von Regalflächen anbieten.

Außer der Geschäftsausstattung verfügt die Firma über kein gebundenes Kapital im Anlagevermögen. Diese konsequente Ausrichtung wurde auch nach den erfolgreichen Geschäftsergebnissen der vergangenen Jahre nicht verändert.

Eine zwangläufige Folge ist das hohe Eigenkapital und keinerlei Verbindlichkeiten gegenüber den bestehenden Bankverbindungen.

Eine weitere Leitlinie ist das Vermeiden von Abhängigkeiten geworden. Bei allen Aktivitäten und Maßnahmen werden diese Vorgaben berücksichtigt. So konnte bei dem Verkauf des amerikanischen Lieferanten sofort das Mengengerüst bei dem alternativen Lieferanten hochgefahren werden.

Die neuen Gesellschafter des verkauften Lieferanten wollten höhere Abnahmekonditionen erreichen und mussten wieder auf die bestehenden Konditionen einsteigen, wenn sie das Geschäft nicht verlieren wollten.

Die wichtigste Leitlinie war und ist jedoch die Konzentration der Kräfte auf den jeweiligen Engpass im Leistungsprozess. Die wechselnden Engpässe traten im Verlauf der Geschäftsentwicklung ganz unterschiedlich auf.

So wurden durch die Stilllegung von Frachtschiffen die Containerplätze auf einmal zu einem Engpass. Bei einem steigenden Bedarf von über 50 Container n pro Monat kann hier schnell eine Lücke in der Materialbelieferung entstehen. Inzwischen werden die Plätze entsprechend der saisonalen Auslastung drei Monate vorher verbindlich gebucht.

Was als zusätzliche Auslastung der Abfüllanlage eines Geschäftspartners begonnen hatte, wurde im Laufe der Geschäftsentwicklung zu einer dreischichtigen Vollauslastung der Anlage.

Wegen auftretender Maschinenreparaturen wurde von dem Geschäftspartner zunächst eine vorbeugende Wartung verlangt. Inzwischen investiert der Partner in eine 2. Abfüllanlage mit einem Aufwand von 0,5 Mio. Euro.

Für die notwendige Einlagerung der Anlieferungen und Zwischenlagerungen der Auslieferungen musste eine neue Halle mit Hochregalen gebaut und über Stellplätze vermietet werden, bei einem Investitionsaufwand von über 0.8 Mio. Euro.

Das notwendige Personal in der Lagerhalle und an den Abfüllanlagen stellt der Geschäftspartner. Die Abrechnung erfolgt nach dem jeweiligen Mengengerüst der bewegten Paletten und nicht nach dem Zeitaufwand der Mitarbeiter oder der entstandenen Investitionskosten.

Die einzige Ausnahme ist ein besonderer Stapler für Hochregale, der von dem Geschäftspartner für diesen Zweck geleast wurde und wofür wir die Leasingkosten übernehmen.

In der Absatzmenge der ausgelieferten Substrate sind die Steigerungsraten nicht mehr so groß wie in den vergangenen Jahren, deshalb wird seit einem Jahr der Exportanteil systematisch gesteigert. In diesem Marktsegment muss ein neuer Anbieter jedoch zunächst den Fachhandel im Ausland gewinnen und als exklusiven Partner vertraglich binden.

Einer der Erfolgsbausteine ist hier natürlich der vorhandene Produktvorteil, der wichtigere Baustein jedoch ist der zwingende Nutzen für den Vertriebspartner. So die Exklusivität als alleiniger Vertriebspartner zum Beispiel in Spanien, die Produktbereitstellung mit seinem eigenen zukünftigen Markenname für diesen Artikel und die hohe Handelsspanne und kostenlose Bemusterungen in der Startphase.

Neben anderen Hilfestellungen sprechen wir über die Exklusivität und den Ausschluss der Wettbewerber. Aus unseren Erfahrungen können wir dann auf die Folgegeschäfte mit den Produkten des Fachhändlers hinweisen, die aus der ständig steigenden Käuferzahl zu erkennen sind.

Aktuell verhandeln wir über den Kauf eines Patentes, das in unser Konzept und in unsere strategische Ausrichtung passt. Es bleibt weiter spannend.

Die nachhaltigen Erfolge: Michael Rott wickelt im 6. Jahr seiner Existenzgründung einen Umsatz von 6 Mio. Euro ab, die Abwicklung erfolgt mit nur 3 Mitarbeitern, alles andere sind externe variable Kosten. Der Gewinn vor Steuer liegt bei einer Umsatzrendite von 15 Prozent.

Teil III

Marktführer werden per Franchise

Franchising – der Turbolader für Klein- und Mittelbetriebe

Wolfgang Mewes

In den letzten Jahren sind mehr als 500.000 Handwerks-, Handels- und Dienstleistungsunternehmen eingegangen oder zu Kümmerexistenzen geschrumpft. Deutschland ist zum europäischen Land mit den prozentual wenigsten selbständigen Existenzen geworden. Und diese Entwicklung setzt sich fort. Die unpersönlichen Großunternehmen dehnen sich aus.

Die Entwicklung zu immer mehr, letztlich unpersönlichen Großunternehmen verringert Motivation, Antrieb, Engagement, Kreativität und Flexibilität. Sie führt „von unten her" zu der gleichen großbetrieblichen Schwerfälligkeit, Fehllenkung und Starrheit wie sie die sozialistische Zentralverwaltungswirtschaft „von oben her" geführt hat. Man sagt, dass die Klein- und Mittelunternehmen (KMU) an Wettbewerbsfähigkeit verlieren. Aber das ist falsch. Es ist nur eine Frage der Strategie. Selbst ein Zwerg, ja ein klitzekleiner Virus kann einen Riesen besiegen. Aber wie? Indem er, wie David gegen Goliath oder wie beim Jiu Jitsu, seine schwachen Kräfte möglichst genau auf den empfindlichsten Punkt, nämlich den zentralen Engpass konzentriert.

Der erste Schritt zu größeren Erfolgen ist, seine eigenen Kräfte, Sinne und Mittel spitzer zu konzentrieren. Der zweite ist, die eigenen Kräfte, Sinne und Mittel mit denen anderer gemeinsam zu konzentrieren, also zu kooperieren. Dadurch lässt sich die Wirkung der eigenen Kräfte, Sinne und Mittel noch einmal enorm verstärken. Gemeinsam lassen sich Innovationen, Durchbrüche, Erfolge erzielen und Markt- und Machtpositionen gewinnen, die man allein nicht erreichen kann, bisher nicht einmal für möglich hält.

Zwei Wege zum Erfolg

Grundsätzlich gilt: Es gibt zwei grundverschiedene Wege zu größerem Erfolg. Der erste ist der bisher übliche, sich immer stärker anzustrengen, immer noch mehr zu lernen, zu arbeiten, zu investieren und zu riskieren. Der zweite Weg ist, sich stärker mit Gleichgesinnten zu vernetzen und zu kooperieren. Er wird besonders durch die rasante Entwicklung von Mikroelektronik und Informationstechnologie exponential effektiver.

Der erste Weg ist begrenzt, führt irgendwann zu einer Überforderung der Kräfte und schlägt ins Gegenteil um. Ich fürchte, wir haben diesen Zustand schon auf unseren Schulen. Der zweite Weg ist dagegen unbegrenzt: Der deutlich größere Erfolg der ersten Partner zieht spiralförmig immer weitere Partner und Erfolge an. Wenn man es strategisch richtig macht: grenzenlos! Die Zeit der Einzelkämpfer ist vorbei. Die Bündelung seiner Kräfte, Sinne und Mittel mit anderen und speziell im Franchising bietet praktisch allen Gründern und bestehenden Handwerks-, Handels- und Dienstleistungsbetrieben einen Weg, um mit eher abnehmenden eigenen Anstrengungen risikolos zunehmend erfolgreicher zu werden. Entscheidend über Erfolg und Misserfolg ist dabei die richtige Strategie.

Was ist Franchising?

Der Begriff kommt aus dem Französischen „Franchise" = Lehen. Franchising ist heute eine spezielle Art der Zusammenarbeit zwischen rechtlich selbstständigen Unternehmen. Der Franchise-Geber (Zentrale) überlässt dem Franchise-Nehmer gegen Entgelt die Nutzung bestimmter Urheberrechte und geschützter Verfahren. Ursprünglich hat es sich dabei nur um die Nutzung eines Markennamens gehandelt. Inzwischen entwickeln die Franchise-Geber immer größere Vorleistungen: ein erfolgserprobtes Know-how, gemeinsamen Einkauf, Organisation, Einrichtung, Ausbildung von Mitarbeitern, Präsentation, Werbung, Öffentlichkeitsarbeit usw. Endziel wird immer häufiger, eine erfolgserprobte „Fertigexistenz" zu liefern und durch gemeinsame Innovationsforschung ihren Erfolg langfristig zu garantieren.

Unter dem Motto „Einmal gedacht, hundertmal gemacht" kann sich der Franchise-Nehmer auf die Ausführung des vorgegebenen Konzepts konzentrieren. Das Ganze entwickelt sich zu einem kybernetischen System: Die Zentrale wird zur Denkfabrik, die die erfolgreiche Entwicklung der Franchise-Nehmer vorbahnt und von den Franchise-Nehmern, sozusagen als „Fühlern", positive und negative Rückmeldungen bekommt, um an ihnen orientiert das Gesamtsystem immer erfolgreicher zu machen.

Das klingt kompliziert, kann aber ganz einfach begonnen werden. So hat ein Gastronom eine Kette von italienischen Restaurants aufgebaut. Durch die Krise gingen die Umsätze zurück, während die festen Kosten blieben. Mittlerweile war er 63 Jahre alt und pleite. Was tun? Eine spezielle Stärke im Sinne der EKS war, dass er jetzt mehr Zeit zum Überlegen als früher in der Alltagshast hatte. Er nutzte sie, um dank seiner jahrzehntelangen Erfahrungen nach den „Perlen" zu suchen. Eine davon war, dass er früher „Italienische Nächte" veranstaltet hatte. Sie hatten Anziehungskraft, Umsatz, Gewinn und die Kundenbindung immer stark erhöht. Er schrieb zunächst auf, wie er das bisher gemacht hatte und sammelte erst anschließend Ideen, wie man es, beispielsweise durch die Einbeziehung von Sponsoren, noch attraktiver gestalten könne. Das Ergebnis war ein schriftliches Konzept.

Schon dieses erste Konzept war überzeugend (das ist nicht immer so). Er diskutierte es mit Kollegen. Auch ihnen stand das Wasser bis zum Hals. Einer war sofort bereit, das Konzept in seinem Restaurant auszuprobieren, zumal unser Mann nur eine Beteiligung am tatsächlich erzielten Mehrgewinn verlangte. Das Ergebnis war – wie in den meisten Fällen – überraschend: Der Tagesumsatz stieg etwa auf das Vierfache, der Gewinn noch stärker, und die folgenden Wochen wurde das Restaurant deutlich besser besucht.

Das war eine Win-win-Situation – anders gesagt: Es gewannen alle: der Wirt, die Gäste, die Mitarbeiter, die Lieferanten und, weil am Mehrgewinn beteiligt, auch unser Mann. Bemerkenswert ist, dass sich der Wirt und unser Mann ganz einfach durch die Bündelung ihrer Kräfte ohne fremde Hilfe sozusagen an den eigenen Haaren aus dem Sumpf der Krise gezogen hatten. Außerdem hatten sich automatisch „Lerngewinne" eingestellt. Bei jeder Arbeit, die man macht, stellen sich schon automatisch Ideen ein, wie man es beim nächsten Mal besser machen kann. Man braucht diese Tendenz nur zu verstärken. Vor allem konnte unser Mann jetzt an nachprüfbaren Zahlen beweisen, um wie viel eine solche „Italienische Nacht" Anziehungskraft, Umsatz und Gewinn steigert.

Auch mental hatte sich seine Situation gebessert. Die vorherige Depression und Orientierungslosigkeit war einer wachsenden Be„geist"erung gewichen. Er sah jetzt einen Ausweg und konzentrierte sich darauf, solche Nächte für andere italienische Restaurants zu organisieren. Bei jedem Mal lernte er hinzu, was er durch regelmäßige „Manöverkritik" bewusst forcierte. In kurzer Zeit entwickelte sich so ein absolut sicher wirkendes Konzept mit zuverlässiger Voraussage des entstehenden Umsatzes, der entstehenden Kosten und des Gewinns.

Für ein derart abgesichertes Erfolgsrezept sind mit Sicherheit Interessenten zu finden. Besonders, wenn ihnen, wie heute, das Wasser bis zum Hals steht. Auf eine relativ einfache Brief-Werbung, eine sogenannte ZKB (= Zielgruppen-Kurzbewerbung) hin erhielt unser Mann mehr Aufträge, als er ausführen konnte. Und zwar, was besonders bemerkenswert ist, nicht trotz der Krise, sondern wegen ihr. Denn je schlechter es einer Zielgruppe geht, desto eher ist sie bereit, ein solches erfolgssicheres Rezept, sozusagen als rettenden Strohhalm, zu akzeptieren. Auf diese Weise wird die Krise zum Antrieb des eigenen Erfolges.

Schon bald verdiente unser Mann mehr als früher. Mit jedem Mal verbesserten sich seine Erfahrungen, Ideen, Beziehungen, sein Vorsprung und Ruf, sein Selbstbewusstsein und seine Überzeugungskraft. Mit anderen Worten: seine Ausstrahlung. Dann nahm er einen jungen Partner als Verstärkung hinzu. Inzwischen kooperiert er auf der Basis seines fortwährend verbesserten Konzepts mit sieben regionalen Partnern. Sie zahlen dafür eine Lizenz. Fast naht- und risikolos hat sich auf diese Weise ein Franchise-System entwickelt.

Der nächste Schritt soll sein, ein Gesamt-Konzept für Einrichtung, Organisation, Betrieb und nicht zuletzt Werbung und Event-Kultur eines speziellen Typs von italienischen Restaurants zu entwickeln, um – ähnlich wie McDonald – Franchise-Nehmer zu gewinnen. Statt einzelner Beratungen und Produkte wird man dann Fertigexistenzen entwickeln und für ihren Erfolg garantieren.

Fertigexistenzen zu entwickeln und zu liefern wird ein neuer Markt, für den ich auch in fast allen anderen Wirtschaftszweigen große Chancen sehe. Was hindert beispielsweise einen Druckmaschinen-Hersteller, statt einzelner Maschinen und Geräte fertige Unternehmenskonzepte für spezielle Druckerei-Typen, zum Beispiel Schnelldruckereien, zu entwickeln und zu liefern: Von einer „Denkfabrik" bis ins letzte durchdacht, vielfach praktisch erprobt, aus den

Erfahrungen der Anwender heraus fortwährend verbessert und an die sich verändernden Verhältnisse angepasst. Das kann eine solche Zentrale besser als der Einzelne. Statt, wie bisher, technische Produkte liefert man dann betriebsfertige ökonomische Systeme, sozusagen „Goldesel". So, wie man heute für die technischen Leistungsmerkmale garantiert, kann man dann die wirtschaftlichen Leistungsmerkmale wie Mindestumsatz, Kosten, Mindestgewinne usw. garantieren. So ähnlich, wie es unser Italiener schon heute für seine „Italienischen Nächte" tut.

Ein anderes Beispiel ist die Isotec GmbH: Der Anfang war, dass ein Bauingenieur, Horst Becker, in den verwirrend vielen Problemen der Hauseigentümer ein besonders brennendes gesucht und gefunden hatte. Und zwar die ungenügende Isolierung vieler Bauten gegen aufsteigende Feuchtigkeit. Auf dieses Problem konzentriert, sammelte er zunächst alle denkbaren Lösungsmöglichkeiten. Wir haben es inzwischen an vielen EKS'lern erlebt, wie schon ganz einfach durch diese Konzentration bessere Lösungen gefunden werden, als man vorher für möglich hält. Ursache ist die immer schnellere Veränderung der Verhältnisse, die immer bessere Lösungen nicht nur erfordert, sondern auch möglich macht. Als beste Lösung schälte sich schließlich die Paraffinierung der Außenwände heraus. Sie hatte zunächst viele Probleme, aber in praktischen Versuchen wurde ein Anwendungsproblem nach dem anderen – sozusagen Engpass für Engpass – überwunden. Das Ergebnis war eine überzeugend bessere Lösung als die bisherigen.

Mit dieser überzeugend besseren Lösung, amtlichen Prüfzeugnissen und anderen Referenzen ging man nun daran, sozusagen spiralförmig, einen Anwendungsbetrieb nach dem anderen als Partner zu gewinnen. Der Partner erhält alles, was für die erfolgreiche Anwendung erforderlich ist: Von der technischen Schulung über Material, Werkzeug, Checklisten, Werbemittel und Öffentlichkeitsarbeit bis zur Vorgehensweise bei der Kundenakquisition. Eine zentrale Kontrolle sorgt dafür, dass keiner pfuscht und damit den Ruf aller beeinträchtigt. Die Partner brauchen im Grunde nur dem vorprogrammierten Weg zu folgen, um mit Sicherheit einen weit überdurchschnittlichen technischen, aber auch wirtschaftlichen Erfolg zu erzielen. Kundenzufriedenheit, Reklamationen, Veränderungen in den Problemen, Kundenwünsche, neue Techniken, Ideen usw. werden von der Zentrale regelmäßig abgefragt, geprüft und gegebenenfalls einbezogen. Als Gegenleistung bezahlen die Partner eine Lizenz.

Zukunft Franchise

Insgesamt ist das System ein hocheffektiver Fortschrittsverwirklichungsmotor. Der Erfolg der Partner wird nicht mehr, wie in vielen Einzelbetrieben, von den immer schnelleren Veränderungen der Verhältnisse gefährdet. Im Gegenteil: Dank der gemeinsamen Bündelung der Kräfte, Sinne und Mittel erkennt man alle positiven und negativen Veränderungen auf diesem Gebiet vor allen anderen und kann als erster und am erfolgreichsten reagieren. Die immer schnellere Veränderung der Verhältnisse wird von einem Nach- zum Vorteil.

Der Präsident des Deutschen Franchise-Verbandes, Dieter Fröhlich, hat recht, wenn er sagt, dass durch Franchising in relativ kurzer Zeit viele gesunde Klein- und Mittelbetriebe und

Hunderttausende neuer Arbeitsplätze geschaffen werden können. Auch schon ohne die Hilfe des Staates, sondern einfach durch die bessere Kooperation und die Beschleunigung der Innovationen. Und das nicht auf Kosten anderer Betriebe, sondern durch die Lösung von Problemen, die bisher ungelöst sind. (Vgl. www.dfv-franchise.de.)

Vor allem aber wird der Fehler unseres Bildungswesens korrigiert, die Jugendlichen mit einem immer unübersichtlicheren Haufen von Kenntnissen in die Praxis zu entlassen. Das ist, wie wenn man einem Bauherren einen wirren Haufen von Baumaterial vor die Tür schüttet und ihn bei dem wichtigsten Problem, daraus ein Haus bzw. hier ein erfolgreiches Leben zu bauen, allein lässt.

Es ist letztlich alles nur eine Frage der richtigen Strategie: Die erste Voraussetzung größerer Erfolge ist die Konzentration bzw. Zuspitzung der Kräfte, Sinne und Mittel. Zunächst der eigenen, dann wie hier beschrieben, gemeinsam mit anderen, so mit Franchising.

Literatur

Weitere interessante Impulse zum Thema Franchising und Strategie erhalten Sie beim Deutschen Franchise-Verband (www.dfv-franchise.de) und dem Bundesverband StrategieForum e.V. (www. strategie. net).

Diverse Franchiseunternehmen, die nach EKS arbeiten, sind zu finden in dem Handbuch für Franchisegeber und Franchisenehmer: Das Franchise-System, herausgegeben von Jürgen Nebel, Albrecht Schulz und Eckhard Flohr, 4. Auflage, München 2008.

BÖHM, HUBERTUS, Leitfaden Franchise-Design, Wie Sie ein Franchise-System erfolgreich planen und aufbauen, München 1997

HARTMANN, JÜRGEN, miniBagno – ein Nischenspezialist meldet sich zurück, in: StrategieJournal 3-11, S. 10 - 14

OPOCZYNSKI/FAUSTEN, WISO Existenzgründung, Frankfurt 2005

Marktführer gegen den Branchentrend – Town & Country-Haus

Interview mit Jürgen Dawo

Einleitung und Interviewführung: Hans Bürkle

Unternehmensprofil

Das Ehepaar Gabriele und Jürgen Dawo war erfolgreich als Immobilienmakler im Raum Esslingen tätig und zog nach der Wende nach Thüringen, wo beide ein Franchisesystem zur Vermarktung von Immobilien aufbauten. Dieses Geschäft lief recht gut bis 1995 die gesetzlichen Rahmenbedingungen geändert und Sonderabschreibungen im Osten gekappt wurden. Die Immobilienbranche befand sich plötzlich auf Talfahrt. Ein neues Geschäftsmodell war nötig.

1997 gründeten Gabriele und Jürgen Dawo das Unternehmen Town & Country Haus (T&C) mit der Idee, Massivhäuser für Normalverdiener im unteren Preissegment anzubieten. Das Konzept entwickelten sie aus den gemachten Erfahrungen heraus. Sie hatten folgende Engpässe bei einer Entscheidung zum Hauskauf heraus destilliert: Engpass eins war der zu hohe Preis individueller Architektenplanungen, Engpass zwei die Kleingliedrigkeit der Baubranche und nicht vorhandene Kostenvorteile durch eine große Menge, und Engpass drei Ängste bei der Finanzierung.

„Normale" Hausanbieter denken nicht unbedingt in großen Stückzahlen – T&C jedoch plante diese, um zu einem Discountpreis zu kommen. Um weiter günstig und qualitativ gut zu sein, wurden anfangs nur wenige Haustypen angeboten. So hatte man den Lösungsansatz für die Engpässe eins und zwei. Den dritten Engpass löste T&C über Sicherheitskonzepte, um den Käufern Finanzierungsängste zu nehmen. Die Details der Geschäftsstrategie werden im nachfolgenden Interview genauer erläutert.

Mittlerweile gehört T&C zu den innovativsten und erfolgreichsten Bau-Unternehmen Deutschlands. Mit 2.331 Häusern verkaufte Town & Country in 2007 erstmals mehr Häuser als alle anderen Massivhausanbieter. Dabei verzeichnet Town & Country Haus seit der Unternehmensgründung durch die permanente Weiterentwicklung des Geschäftskonzeptes Jahr für Jahr Umsatzzuwächse. Im Jahr 2010 konnte der Umsatz aller Town & Country Partner von 322 Mio. Euro in 2007 auf 432 Mio. Euro gesteigert werden.

Basis des Erfolges ist zum einen die konsequente Nutzenorientierung zu Gunsten der Haus-
käufer und zweitens das Franchisekonzept mit integriertem Wissensmanagement. So bekam
T&C vom Magazin Impulse und der Commerzbank 2007 den Titel Wissensmanager des
Jahres verliehen. Zudem schaffte es Town & Country Haus als einziges Unternehmen der
Bau-Branche unter die TOP 100 der größten Arbeitsplatzbeschaffer Deutschlands. In der
Umfrage der Wirtschaftswoche rangierte T&C mit 107 neu geschaffenen Arbeitsplätzen in
2005 auf Platz 66 der Bestenliste. Das durchdachte Geschäftskonzept wurde darüber hinaus
gleich mehrfach prämiert: Im Jahr 2003 wurde das Unternehmen zum Franchise-Geber des
Jahres gekürt. Zudem erzielte das Vertriebs-Konzept im Jahr darauf einen dritten Platz beim
„Sales Award" des Handelsblattes und die Auszeichnung mit dem EKS-Strategiepreis. Und
im April 2009 wurde dem Unternehmen auf dem Kongress des StrategieForum e.V. der Strategiepreis 2009 in der Kategorie „Bester Kundennutzen" vergeben (Abbildung 1).

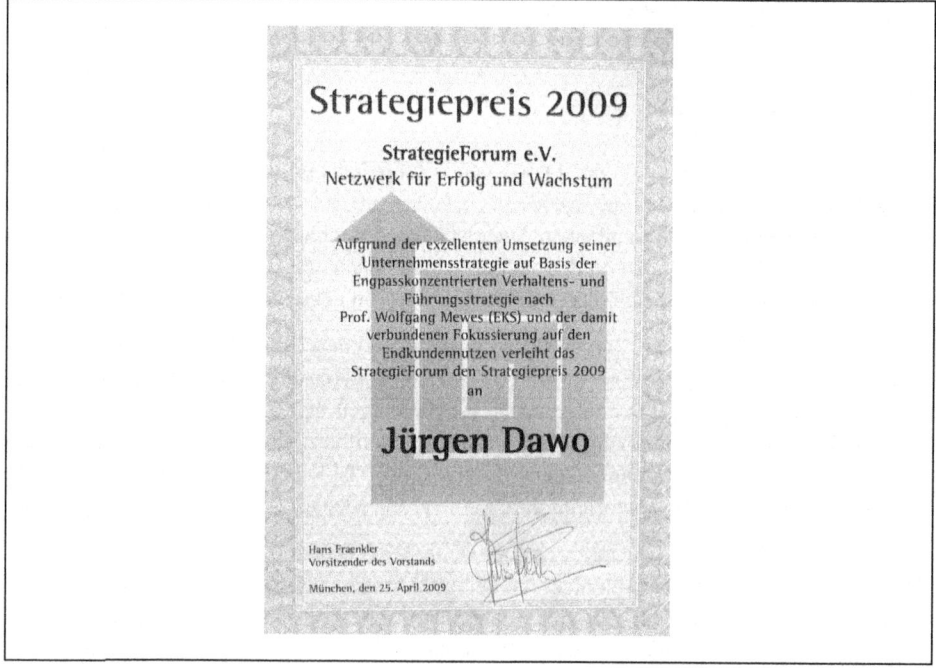

Abbildung 1:   *Urkunde Strategiepreis „Bester Kundennutzen" 2009*

Das erstaunliche bei diesem Erfolg ist, dass dieser völlig entgegen dem Branchentrend gelungen ist. Das Motto bei T&C lautet „Wir haben gehört, es ist Rezession. Wir haben beschlossen, uns nicht daran zu beteiligen!"

2010 erhielten Gabriele und Jürgen Dawo in der Kategorie Franchise den Unternehmerpreis
der Harvard Clubs of Germany, welcher in Kooperation mit den Harvard Business Manager

verliehen wurde. Im Impulse Ranking der besten Franchisesysteme errang Town & Country Haus den dritten Platz hinter McDonald's und Backwerk.

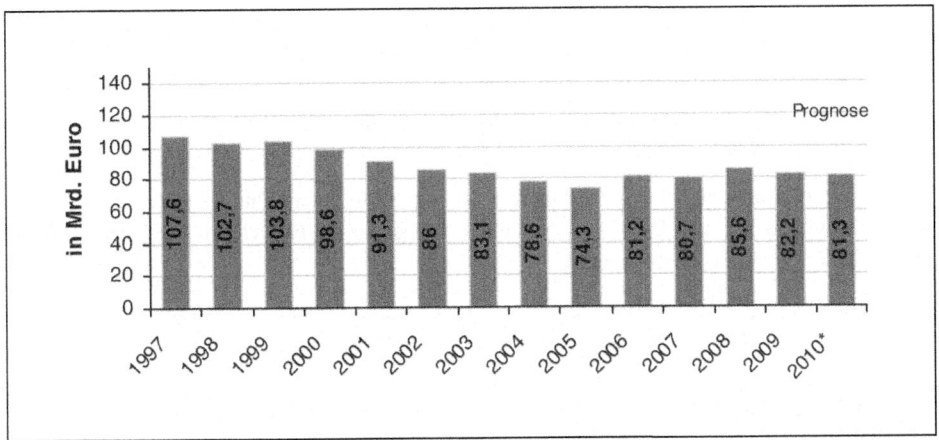

Abbildung 2: *Umsatzentwicklung im deutschen Baugewerbe (in Mrd. Euro)*

Trotz der Konjunkturflaute in der Baubranche steigerte sich T&C im letzten Jahr auf 2.720 verkaufte Häuser im Jahr 2010. Damit wurde ein Plus von rund 22 Prozent in Deutschland im Vergleich zum Vorjahr erzielt.

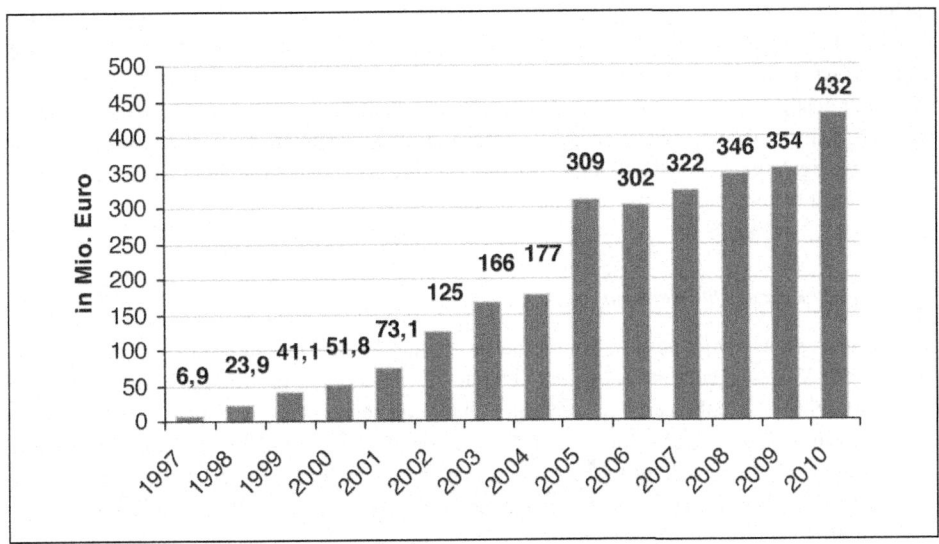

Abbildung 3: *Verkaufte Town & Country-Häuser (1997 bis 2010)*

Ebenso deutlich wie die Anzahl der verkauften Häuser wuchs auch der Umsatz von Town & Country Haus. So konnte der Umsatz aller Town & Country Partner in 2010 um rund 10 Prozent in Deutschland auf insgesamt 346 Mio. Euro gesteigert werden. Der Erfolg des Unternehmens in wirtschaftlich schwierigen Zeiten kommt dabei nicht von ungefähr. Wie kein anderer Anbieter im Segment für kostengünstiges Bauen hat sich T&C auf die Bedürfnisse der Bauherren eingestellt. T&C versteht sich als Baudienstleister und sorgt nicht nur für eine hohe Qualität des Eigenheims, sondern bietet rund um den Hausbau viel Service und schützt die Bauherren vor unkalkulierbaren Risiken vor, während und nach der Bauphase.

Das dichte Leistungsnetz für die Bauherren, gebündelt in einem Bau-Finanzierungs-, einem Bau-Qualitäts- und einem Bau-Service-Schutzbrief, ist für die Branche richtungsweisend und gilt in seinem Umfang als einzigartig.

Als Unternehmensziel will T&C seine Position im Markt ausbauen und über die Marke von 5.000 verkauften Häusern pro Jahr springen – ein ehrgeiziges Ziel.

Interview mit Jürgen Dawo

Herr Dawo, wie hat Ihre Firmengeschichte angefangen und was war Grundlage Ihres heutigen Erfolgs?

Wir, meine Frau und ich, waren 1982 im Bereich des klassischen Immobilienmaklergeschäfts im Raum Esslingen selbständig tätig. 1990 haben wir dann das Franchisesystem Kulsa gegründet. Dort waren wir mit 75 Maklern der größte Verbund von Immobilienmaklern, den es in den neuen Ländern gab und 1995, als der Staat die Abschreibung gestrichen hat und die Fördergesetze abgesetzt wurden, haben wir einen Ausweg aus dem schwieriger werdenden Geschäft gesucht. Für uns und unsere Immobilienmakler, die gemeinsam eine Zukunft haben wollten, galt es neue Geschäftsfelder zu finden. Und im Bereich der Gebrauchtimmobilien gab es wenig Angebot in Bezug auf bezahlbare Häuser, so dass die Idee entstand, eben auch neue Häuser anzubieten.

Wie sah das Konzept für Neubauten aus?

Der ursprüngliche Gedanke war, ein einfaches Einfamilienhaus zu bezahlbaren Konditionen, analog des Volkswagenmodells, zu entwickeln. Ein Haus, das jedermann bezahlen und erwerben könnte. Wir haben ein Konzept entwickelt und selbst getestet. Wir wollten es keinem Kunden antun für uns das Versuchskaninchen zu spielen, sondern haben es selbst ausprobiert, wie unsere neue Planung läuft und das Haus gebaut wird. Mit der Erfahrung des ersten Hauses wurden die Handbücher für das geplante Franchisekonzept erstellt, die Verhandlungen geführt, die Planungen verfeinert und die Preise feinjustiert.

So haben wir 1997 das allererste Haus selbst bezogen. Dort wohnen wir noch heute.

Wir sind sicherlich anders an das Immobiliengeschäft herangegangen, als das Unternehmen in früheren Jahren getan haben. Ziel war ein bezahlbares Haus auch für Normalverdiener. Der Verkaufspreis war das erste, was vom Konzept her feststand. Damals 199.500 DM. Und von diesem Preis haben wir versucht zurück zu rechnen.

Wir haben damals kalkuliert, dass wir ein Haus für 160.000 DM bauen müssen, damit wir es für 199.000 DM am Markt mit allem drum und dran verkaufen können. Bei der Planung und den Nebenkosten kommt ja einiges dazu. Wir haben unser eigenes Haus für 213.000 DM gebaut, das heißt, dass 53.000 DM gefehlt haben. Und so ab dem vierten oder fünften Haus kamen wir zu dem Zielpreis, den wir erreichen mussten, um es für 160.000 DM bauen zu können.

Was waren die Ausgangsstärken bei der Entwicklung von Town & Country?

Also die Stärken waren uns klar. Wir haben ein Franchise-System erfolgreich geführt, wir haben ein Wir-Gefühl gehabt, wir haben eine gut funktionierende Franchisezentrale aufgebaut, wir haben den Bereich Immobilienverkauf ordentlich geführt, wir boten Nutzen und ganzheitliche Beratung und hatten eine gute Kundenzufriedenheit. Das hatten wir alles schon. Es war rundherum, auch bei der Gebrauchtimmobilie, so, dass wir dem Nutzen für unsere Kunden oberste Priorität einräumten. Damit waren wir schon erfolgreich. Also mussten wir diese Stärken nunmehr in den Bereich des Neubaus (für die Einfamilienhäuser) übertragen, was uns ganz gut gelungen ist.

Die Lage Mitte der neunziger Jahre war nicht rosig, wie wurden Sie in dem rückläufigen Markt erfolgreich?

Als ich 1997 gesagt habe, dass wir ein Franchise-System für den Bau und Vertrieb von Einfamilienhäusern gründen möchten, wurde ich von Architekten, von Bauingenieuren und Bauhandwerkern belächelt. Weil sie alle die Meinung vertreten haben, dass man in einen schlechter werdenden Markt nicht einsteigen könne. Seitdem ging es in der Baubranche tatsächlich abwärts. Nur nicht bei uns.

Die Gesamtbranche hat sich von 124 Mrd. auf 80 Mrd. verringert. Und gegen diesen Trend haben wir uns gestemmt, indem wir das Geschäft völlig anders als üblich betrachteten und führten. Andere Haushersteller wollten ihre Steine, die Häuser, sozusagen die „Hardware", verkaufen. Wir jedoch konzentrierten uns auf die „Software": So haben wir uns als einzige Firma bundesweit erstmals um die Probleme rund um den Bau gekümmert und sie gelöst. Denn wir haben sehr schnell gemerkt, dass wir nicht wesentlich billiger bauen können als andere: auch wir müssen die Steine kaufen und die müssen auch zu einem normalen Stundenlohn vermauert werden. Der Dachstuhl kann in großen Stückzahlen etwas günstiger gefertigt werden, wird letztlich aber nicht halb so teuer. Am Produkt selbst kann nur wenig an Kosten reduziert werden, ohne die Qualität zu vernachlässigen, also müssen wir uns eben durch andere Dinge unterscheiden. Durch besseren Nutzen im Gesamtpaket. Nutzen sowohl für die

Endkunden, die ein Haus bauen, als auch für unsere Franchisepartner, die die Qualitätsstandards nicht selbst definieren müssen, sondern von Town & Country Haus entwickelt werden.

Die etablierten Hersteller kommen langsam dahinter, dass bei uns eine völlig andere Denkweise herrscht. Überall wurde gesagt: Kundenorientierung steht ganz oben. Aber das stand in der Baubranche noch nie ganz oben. Und diese andere „Denke" konnten wir entwickeln, weil wir keine Bauleute sind. Weder der Marketingleiter noch meine Frau noch ich. Und auch unsere Bauingenieure sind jung gewesen, die konnte man noch mit unserer Strategie und mit unserer Vertriebsorientierung begeistern.

Unser technischer Leiter beispielsweise ist schon seit über 10 Jahren bei uns und hat sich inzwischen neben seiner Kernkompetenz, dem Bauingenieurwesen, enorme Vertriebskompetenz angeeignet und kann ohne Schwierigkeiten auch komplexe bautechnische Gegebenheiten unseren Verkäufern beibringen.

Und das sind die Dinge, die zählen. Also weg von dieser Produktorientierung, weg vom Haus, hin zu dem „Drumherum". Das hat uns geholfen in dieser Branche den Nutzen zu verbessern und gegen den Trend jedes Jahr zu wachsen.

Wie kommen Sie zu neuen Möglichkeiten, den Nutzen für die Hauskäufer zu verbessern?

Dazu war für mich die EKS sehr wichtig. Durch sie wurde ich auf die ganzen Engpässe ja erst aufmerksam. Also fragten wir: Was heißt Sicherheit für den Kunden, was hindert Menschen tatsächlich, dieses Geschäft mit uns zu machen, warum trauen sich Menschen nicht, die eigenen vier Wände zu beziehen? Dies sind alles Engpässe, die wir mit der Engpassanalyse dauernd verfolgen und überlegen, wie wir diese Hürden abbauen können. Und für uns sind die Engpässe wesentlich, die den Normalbürger daran hindern, die eigenen vier Wände zu beziehen.

Bei der Lösung steht der konkrete Nutzen an allererster Stelle. Alles was wir tun ist immer mit der Frage verbunden: „nützt das unserer Zielgruppe?" Wir geben uns viel Mühe mit Analysen, mit Befragungen, mit Marktforschung, auch über Jahre hinweg um die Bedürfnisse bzw. Engpässe aufzuspüren. Und so verfügen wir mittlerweile über Detailwissen, das in dieser Form kein anderer Anbieter so angesammelt hat. Daraus können wir, um es mit Prof. Wolfgang Mewes zu sagen, zwingende Nutzenpakete entwickeln, die uns die Möglichkeit geben, mit unseren Marketingaktionen die Interessenten sehr gezielt anzusprechen und unseren Franchise- und Lizenzpartnern auch gutes Marketingmaterial in die Hand zu geben, das den Nerv der Zielgruppe trifft.

Wir versuchen dabei immer wieder das jeweils brennendste Problem der Zielgruppe zu erkennen und zu lösen. Nehmen wir einmal drei akute Probleme, die unsere Kunden abhalten, ein Haus zu kaufen: Das ist einmal die Angst, die finanzielle Belastung auf Dauer nicht stemmen zu können, dann die Angst, während der Bauzeit auf einen Bauträger zu treffen, der nicht fertig baut, also eine Bauruine hinterlässt, und dann natürlich die Angst ab Fertigstellung bis zum fünften Jahr; denn was passiert, wenn nach 3 Jahren Schimmel im Haus ist, der Keller feucht und keiner mehr da ist, der sich für Reklamationen zuständig fühlt?

Wie sieht Ihr Nutzenkonzept im Detail aus?

Wir von Town & Country Haus sagen, dass wir das sicherste Haus in Deutschland sind. Vor, während und nach dem Bau. Vor dem Bau sichern wir die Kunden ab mit der Fertigstellungsbürgschaft. Würde ein Partner von uns in die Insolvenz gehen, wird das Haus fertig gebaut. Punkt! Abgesichert von der R+V-Versicherung als Bürgschaftsgeber. Während des Baus sichern wir die Kunden ab mit der TÜV-Prüfung der Planung und der Qualitätsprüfung vor Ort, mit dem Blower-Door-Test, der prüft, ob die Qualität am Bau tatsächlich so war wie versprochen, und auch mit dem Baugrundgutachten vor der Planung damit es keine Überraschungen beim Aushub gibt.

Und für die Sicherheit nach dem Bau haben wir eine Gewährleistungsbürgschaft. Und diese Gewährleistungsbürgschaft beläuft sich auf 75.000 Euro, die jeder Kunde von uns für 5 Jahre bekommt. Also nicht nur 5 Prozent vom Hauspreis, wie üblich, wenn überhaupt eine Bürgschaft gegeben wird, sondern tatsächlich 75.000 Euro. Damit kann das Haus ganz große Schäden haben und trotzdem braucht sich dieser Kunde bei uns keine Sorgen zu machen. Optional bieten wir auch Immobilienkreditversicherungen an.

Mit all diesen Vorteilen kann bei uns ein Hauskauf mit dem geringst möglichen Risiko abgeschlossen werden, damit sind wir weltweit wirklich einmalig in der Hausbau-Branche.

Wann gehen Ihnen die Engpässe oder Kundenprobleme aus?

Da haben wir keine Angst, da sich der Markt und die Kundenbedürfnisse stets wandeln. Im Gegenteil – wir entwickeln stetig Innovationen. So gibt T&C seinen Partnern durch die ständige Einführung von Innovationen schlagende Verkaufsargumente an die Hand. So die Energiespar-Varianten, die exakt auf die KfW-Vorgaben für energiesparendes Bauen abgestimmt sind.

Oder wir entwickelten den 20-Jahre-Notfall-Hilfeplan. Wir wollen unseren Kunden nicht nach 5 Jahren der Gewährleistung entlassen, sondern wir wollen dort ansetzen, wo es ganz vielen Menschen aus der Zielgruppe noch Angst macht ein Haus zu bauen; denn was passiert, wenn sich die Bauherren scheiden lassen, was passiert wenn der Ehepartner stirbt? Für solche Fälle haben wir die Town & Country-Stiftung, in der wir, meine Frau und ich, Immobilienvermögen eingesetzt haben. Mit den daraus resultierenden Mieterträgen wird so eine Art Schuldenberater bezahlt. Der dann, falls eine Familie in Not kommt, mit der Familie die notwendigen Maßnahmen bespricht und beispielsweise auch bei Bankgesprächen zur Seite steht. Das kann der Normalbürger oft nicht. Unsere Linzenzpartner unterstützen die Stiftung mit jedem gebauten Haus.

Und so entwickeln wir immer wieder innovative Lösungen für unsere Endkunden wie für unsere Partner.

Ihr Problemlösung für den Häuslebauer bedarf eines ebenso stringenten Vertriebssystems – wie sieht dies aus?

Wir wachsen seit Jahren mit einem Franchisesystem. Dort gilt dieselbe Strategie, nämlich dem Franchise-Partner oder Lizenz-Partner wie den Endkunden Nutzen zu bieten.

Dabei ist unsere Zentrale der professionelle Vordenker für unsere Partner im Bereich Werbung, PR, Beratung bei Baudetails, beim Einkauf, der Kalkulation, Hotline usw. Das ist selbstverständlich und das verstehen wir unter ganzheitlichem Franchising.

Wenn wir die absolute Nutzenorientierung an den Endkunden bringen wollen, müssen wir die Qualifikation unserer Lizenz- und Franchise-Partner als oberstes Ziel setzen. Wir haben die zugehörigen Seminare und IHK-Prüfungen geschaffen, auch mit vielen Innovationen in der Branche.

Verkaufen 2.0 ist die neue, innovative Verkaufsstrategie, die seit 2009 bei Town & Country Haus geschult wird. In deren Mittelpunkt steht die Zukunft des Kunden und nicht die des Verkäufers. Über 2.000 Teilnehmer wurden bereits bis Ende 2011 trainiert. Der neue empathische Verkäufer ist Helfer beim Einkauf. Verkaufen 2.0 ist der einzig richtige Weg, um die wirklichen Wünsche und Vorstellungen der Kunden zu erfüllen.

Wir haben eine Wissensdatenbank angelegt mit einer Lernplattform, die per Computer nutzbar ist. Der Grundgedanke des T+C-Campus ist, unseren Partnern die Möglichkeit zu geben sich 24 Stunden am Tag über das Internet Informationen über Town & Country Haus zu holen. Wir unterscheiden im T+C Campus zwischen aktuellen Clips, öffentlichen Clips und Lehrvideos. Kernstück des E-Campus ist eine Online-Bibliothek mit über 150.000 Dateien zu allen wichtigen Themen rund um Hausbau und Unternehmensführung. Zudem werden regelmäßig Online-Seminare angeboten, die sich die Franchise-Partner downloaden können. Darüber hinaus können die Partner ihr Wissen in Foren untereinander austauschen. Damit hat sich Town & Country Haus zu einem lernenden Unternehmen entwickelt, in dem von jedem Partner jederzeit der gesamte Wissensbestand des Unternehmens-Verbundes genutzt werden kann. Siehe auch www.ek-akademie.de.

Auf der Basis dieses hohen Wissensstandes im Unternehmen und der hohen Qualität der T&C-Schulungen wurde zudem gemeinsam mit der IHK Erfurt die bundesweit erste Ausbildung zum „Hausverkäufer IHK" entwickelt. Die Ausbildung wird von allen Town & Country Partnern durchlaufen und bietet ideale Voraussetzungen für einen erfolgreichen Unternehmensstart in der Bau-Branche.

Mit den Franchisepartnern pflegen wir eine fördernde Partnerschaft. All business is local – so haben die Partner Ihre Stärke vor Ort, wir lernen von ihnen und sie lernen von uns, wobei die Zentrale mit der Marke Town & Country Haus das Zugpferd ist.

Unser Vertriebssystem wurde vom Deutschen Franchiseverband wieder einmal geprüft und wir haben die Qualitätsprüfung mit Bravour bestanden. Schon bei der ersten intensiven Überprüfung durch ein unabhängiges Institut im Rahmen des „System-Checks" hatte T&C im Jahr 2005 ein hervorragendes Ergebnis erzielt. Mit der erneuten Verleihung des Gütesiegels zeichnet der DFV uns als eines der ersten Unternehmen der Franchise-Branche zum zweiten Mal aus. Für die hervorragende Partnerzufriedenheit erhielten wir den Franchise Award in Gold des prüfenden Instituts der Uni Münster. Insgesamt bieten wir unseren 300 Franchise-Partnern zahlreiche Schulungstage zu allen relevanten Themen, vom Controlling über Strategie bis zum Zeitmanagement, an.

Ein ganz wesentlicher Punkt im Vertrieb ist das Aufbauen von Vertrauen beim Kunden. Denn es gibt wohl kaum eine Entscheidung, die mit so vielen Emotionen und langfristigen Folgen verbunden ist wie die, ein Haus zu bauen (abgesehen von der Entscheidung, zu heiraten oder ein Kind zu bekommen). Gerade für Normalverdiener bedeutet der Bau eines Hauses mitunter jahrelange Abhängigkeit von Banken; schon eine vorübergehende Arbeitslosigkeit kann die gesamte Finanzierung gefährden und den Verlust des Traumhauses bedeuten. Ist die Entscheidung für den Hausbau gefallen, wartet die nächste schwierige Entscheidung, nämlich die Auswahl des besten Anbieters. Ob ein Bauunternehmen vertrauenswürdig ist oder nicht, ist für den Käufer nur mit großem Informationsaufwand zu ermitteln – insbesondere dann, wenn er ein preiswertes Haus kaufen will. Das Vertrauensthema wird bei T&C intensiv geschult und unsere Marke trägt mehr und mehr dazu bei, dass unsere Vertriebspartner und die Baupartner Vorteile in der Akquise und in der Abwicklung haben.

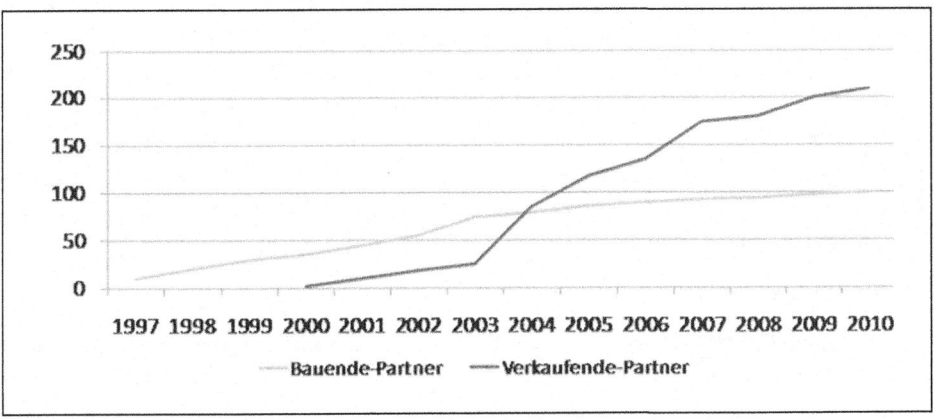

Abbildung 4: *Entwicklung der Lizenz- und Franchisepartner bei Town & Country*

Was bedeutet für Sie die Marktführerschaft?

Die Marktführerschaft ist für uns wichtig, nicht um als Größter zu gelten, sondern um Einkaufsvorteile zu haben, um Synergien zu erzeugen, um mit der Industrie anständig verhandeln zu können. So haben wir bei 2.500 Einheiten eine ganz andere Verhandlungsbasis. Damit können unsere Partner günstig einkaufen, dadurch billiger anbieten und die Hauspreise lange Jahre stabil halten.

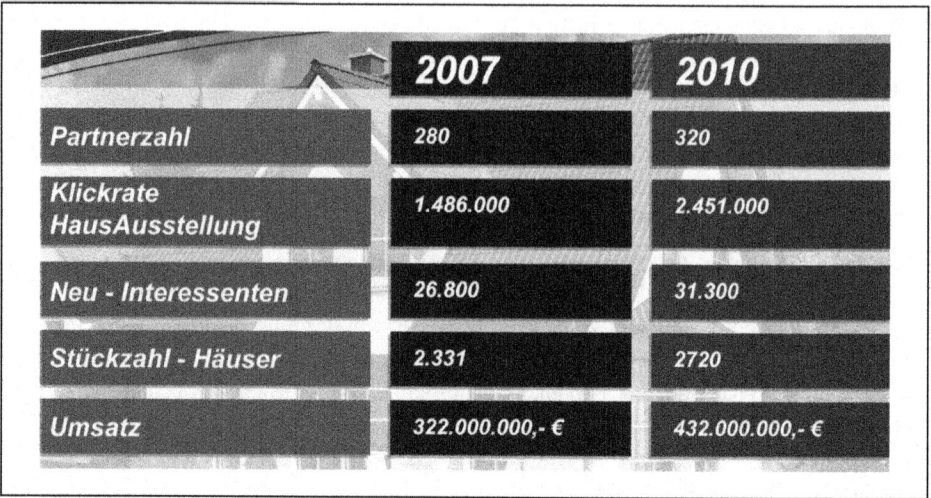

	2007	2010
Partnerzahl	280	320
Klickrate HausAusstellung	1.486.000	2.451.000
Neu - Interessenten	26.800	31.300
Stückzahl - Häuser	2.331	2720
Umsatz	322.000.000,- €	432.000.000,- €

Abbildung 5:   *Kenndaten meistgekauftes Einfamilienhaus Deutschlands*

Bis 2008 haben wir auf Grund dieses Wachstums die Preise nie erhöhen müssen. Wir konnten das Haus zum selben Preis wie 1997 verkaufen. Nur mit einem erheblich höheren Nutzenpaket. Also haben wir die Preise gesenkt, ohne den Deckungsbeitrag zu senken. Darüber hinaus haben wir als Marktführer weitere Vorteile bei der Partnersuche, der Personalsuche usw. Und damit es nicht falsch verstanden wird, die Größe ist Abfallprodukt der Top-Leistung, die wir anstreben. Wir wollen die Besten sein, das führt zur größeren Anziehungskraft und infolge zu größeren Stückzahlen.

Mittlerweile haben wir über 19.000 Häuser seit 1997 verkauft. Im ersten Jahr waren es nur 89 Häuser. Das geht nur mit der richtigen Strategie. Als unsere wichtigsten Erfolgsprinzipien kann ich Folgendes empfehlen:

- Wer dauerhaft Erfolg haben will, muss sich spezialisieren.

- Wer dauerhaft Erfolg haben will, muss die Engpässe der Zielgruppe immer wieder analysieren und lösen!

- Wer dauerhaft Erfolg haben will, muss mehr Nutzen bieten, als die Zielgruppe erwartet (oder woanders bekommen kann).

- Und die Empfehlung für EKS-Anwender: Die Phasen der EKS müssen mindestens einmal im Jahr durchgearbeitet werden, und zwar gründlich. Viele verbinden EKS lediglich mit „Kundennutzen", aber damit allein kommt man nicht weit. Und die beste Strategie nutzt nichts, wenn sie nicht konsequent umgesetzt wird.

Enorme Wachstumsmöglichkeiten durch Franchising

Dieter Fröhlich

Warum bietet die Wirtschaftsform „Franchising" enorme Wachstumsmöglichkeiten? Im Jahr 1776 schrieb der Engländer Adam Smith das Buch mit dem Titel „Wohlstand der Nationen". Er beschrieb Grundlagen der Volkswirtschaft, die später zu mehr Effizienz in der Produktion, wie zum Beispiel der Fließband-Fertigung, führten. Heute ist die Produktivität fast überall auf einem sehr hohen Stand angelangt. In der zweiten Hälfte des 20. Jahrhunderts entwickelten sich Neuerungen im Einkauf (Einkaufsverbände usw.).

Nach der „optimalen" Produktion und dem „verbesserten" Einkauf folgte die Revolution in der Verwaltung (Fax, Mobil-Telefon, Internet, E-Mail usw.). Die nächste Herausforderung bestand und besteht im Finanz-Management unter Berücksichtigung aller Vor- und Nachteile von Basel II.

Und worin besteht die nächste, aktuelle Revolution? Richtig, im Verkauf! Hier gefährden viele Neuerungen die Existenz der „traditionellen" Betriebe. Ob Ebay-Versteigerungen, Multi-Level-Marketing, Struktur-Vertriebe, Direkt-Verkauf auch über das Netz, Factory-Outlets, Party-Verkauf, Filialisten oder Intelligenz-Marketing. Es organisieren sich neue Vertriebs-Strukturen.

Und welche Rolle spielt das Franchising? Franchising hilft (je nach System) den Produzenten in vielerlei Hinsicht bei der Bewältigung der neuen Herausforderungen.

Franchising ist eine starke Einkaufsgemeinschaft; sie rationalisiert und vereinfacht die administrative Arbeit. Sie ist im Rating bestens aufgestellt (für Franchisegeber und Franchisenehmer.) Das Franchise-System beauftragt gute Berater und hat eine der besten Verkaufs-Strategien.

Franchise-Unternehmer und Franchise-Nehmer genießen die Vorteile eines großen Betriebes (gemeinsamer Einkauf usw.) und die Vorteile eines kleinen, service-orientierten Unternehmens, jedoch ohne deren Nachteile.

Professor Wolfgang Mewes schrieb schon vor über 40 Jahren:

„Schöpfe, programmiere, multipliziere (zum Beispiel mit Franchising)."

EKS, richtig angewandt, bietet meist die Chance, mit einem Franchise-System zu wachsen.

Damals wie heute ist Franchising noch nicht überall vertreten, wo es Chancen hätte; das ist gerade für Deutschland ein breites Expansionsfeld.

Schöpfe und programmiere!

Diese Aufgabe übernimmt zunächst der Franchisegeber. Später werden auch die Ideen der Franchisenehmer getestet und multipliziert.

Abbildung 1:   *Elemente eines Franchisesystems*

Der Franchisegeber stellt seinem Franchise-Partner ein ausgewähltes Paket von Wissen, Kompetenzen, Hilfen und Dienstleistungen zur Verfügung. Im Pilot-Betrieb wägt der Franchisegeber Chancen und Risiken ab.

Und das erprobte Know-how wird vom Franchisegeber im Handbuch niedergelegt. Es stellt die genaue „Betriebs-Anleitung" für den geschäftlichen Erfolg des Franchisenehmers dar.

Ein Bild sagt mehr als tausend Worte – vgl. Abbildung 2. Im Franchising arbeitet man nicht gegeneinander, sondern miteinander. Kooperation mit den Franchisenehmern ist angesagt.

Abbildung 2: *Kein Gegeneinander: Franchise zwingt zu Kooperation*

Das Konzept wird multipliziert, denn Franchising heißt: „Einmal gedacht, vielfach erprobt, hundertmal gemacht."

Am Ende zählt der wirtschaftliche Erfolg des Franchisenehmers, denn nur so kommt auch der Franchisegeber auf seine Kosten.

Und ein weiterer Vorteil bietet sich dem Existenzgründer: Nur beim Franchising ist durch optimale Vorbereitung ein „Katapult-Start" ins erfolgreiche Unternehmertum möglich.

Damit das gesamte Franchisesystem überlebt und wächst, wird das Konzept regelmäßig verbessert, um im Markt eine Nummer-1-Position zu erreichen. Spitzenleistungen müssen auch beim Franchising hart erarbeitet werden. Die Zauberformel heißt „Ständiges Training unter fachkundiger Anleitung."

Der Kunde erwartet mehr als Qualität und günstige Preise. Am liebsten hätte er täglich und an sieben Tagen der Woche einen 24-Stunden-Service. Er ist gut informiert und vergleicht die Preise. Im Bemühen, den Erwartungen der Kunden zu entsprechen, ist der einzelne Unternehmer meist überfordert. Kunden-Orientierung, Kunden-Zufriedenheit und Kunden-Begeisterung führen jedoch im Rahmen der Franchisekonzepte zu gemeinsamen Erfolgen.

Nur in der gelebten Gemeinschaft sind die Franchisenehmer stark und können gegen die Attacken der Wettbewerber und die Widrigkeiten des Marktes bestehen.

Abbildung 3:   *Siegerehrung einmal anders: Partnerschaft von Franchisegeber und Franchisenehmer führt zu Spitzenleistung*

Die Musikschule Fröhlich

Sie gehört seit 20 Jahren zu den zehn größten Franchise-Systemen in Deutschland. Gegründet wurde sie 1977, EKS wird seit 1979 und das Franchisekonzept seit 1982 angewandt.

„Musik macht fröhlich und klüger!": Unter diesem Motto bietet die Musikschule Fröhlich seit mehr als 30 Jahren ein bewährtes Musikunterrichtskonzept an, das inzwischen mehrere Hunderttausend Schüler erfolgreich zum lebenslangen Musizieren geführt hat.

Der Nutzen unserer Systemzentrale für die Franchisenehmer

1. Produktion

Dass wir fröhliche Musik machen und spielerisch lernen lassen, ist klar. Das ist die Dienstleistung. Darüber hinaus bieten wir auch die richtigen Produkte. So haben wir eine eigene Instrumenten-Entwicklung speziell für die Zielgruppen Kinder und Orchester.

Im Verbund mit unseren Musiklehrern können wir genau die richtigen Musikinstrumente empfehlen.

Abbildung 4:   *Produktbeispiel Akkordeon*

2. Einkauf

Der zentrale Einkauf für alle Franchisenehmer hat viele Vorteile. Nicht nur der günstige Preis, sondern die Qualitätssicherung und Produktverbesserung und Lieferfähigkeit sind dabei zentrale Themen.

3. Administration

80 Prozent der administrativen Arbeiten der Franchisenehmer werden in der Zentrale getätigt. So können sich die Franchisenehmer voll auf ihre Aufgabe, den eigentlichen Unterricht, konzentrieren.

4. Finanz-Management

Abrechnung der Unterrichtsstunden, die Mitgliederverwaltung sowie Einnahmen- und Ausgabenrechnung sind hoher Aufwand. Die Unterlagen für die Strategie-Fakten sind im Intranet jederzeit aktualisiert verfügbar.

5. Verkaufsunterstützung

Die Zentrale entwickelt eine Vielzahl an Verkaufshilfen für Print, Internet und Intranet. Schülerwettbewerbe und vieles mehr werden entwickelt und durchgeführt.

6. Schulung der Franchisenehmer

Wir freuen uns über jede/n Existenzgründer/in, der/die sich mit Musik im Rahmen unseres Franchiseverbundes selbständig machen will. Im Rahmen der Startphase werden in unserem Hause folgende 13 Strategie-Phasen abgearbeitet:

1. Leitgedanke
2. Profilierung
3. Marketing
4. Qualitäts-Management
5. Qualifikation, BWL- und Fachwissen
6. Unternehmensnachfolgen, -vertretung
7. Risikomanagement
8. Jahreszielplanung
9. Benchmarking
10. Kundenstruktur
11. Mitarbeiterorientierung
12. Lieferanten
13. Informationsmanagement

7. Ergebnis

Unsere Musikschule ist mit über 540 Franchisenehmern einer der erfolgreichsten Franchise-geber Deutschlands. Aufgrund der durch EKS unterstützten Geschäftsstrategie und des Erfolges erhielten wir neben anderen Auszeichnungen den Deutschen Franchise-Preis 1997.

Ausblick

Als Präsident des Deutschen-Franchise-Verbandes (DFV e.V.) möchte ich allen Interessierten noch mehr Mut zur Existenzgründung machen. Wenngleich das Thema Franchising bereits ein breites Spektrum an Handels-, Handwerks- und Dienstleistungs-Themen abdeckt, gibt es weitere, riesige Wachstumschancen.

Insbesondere im Dienstleistungssektor wird es eine Vielzahl neuer Franchise-Ideen geben. Die Möglichkeiten, die Franchising bietet, sind noch längst nicht zu 100 Prozent ausgenutzt. Es entstehen neue Chancen durch die Novellierung der Handwerksordnung sowie die Probleme im Gesundheitsbereich. Erste Entwicklungen in dieser Branche sind bereits vorhanden. Wir haben enorm viele Chancen, neue Arbeitsplätze zu schaffen, über unsere Franchisepartner und die Franchisenehmer, die ja wiederum Mitarbeiter einstellen werden.

Die Bedeutung der Strategie für den Erfolg von Franchise-Systemen

Thomas Doeser

Das Angebot von Franchise-Konzepten entwickelt sich seit vielen Jahren dynamisch weiter, auch gegen den Trend und in Krisenzeiten. Man findet ständig neue Franchise-Chancen, im Handel, im Handwerk und vor allem im Dienstleistungsbereich in einer unvermutet hohen Vielzahl von Branchen.

Da gibt es Franchise-Systeme, die sich zuerst an branchenfremde Existenzgründer richten, denen man wesentlich schneller und einfacher nur das zum Betrieb des Systems notwendige Know-how beibringen kann und keine hinderliche „Vorbildung" befürchten muss. Andere Systemanbieter wenden sich an bestehende Betriebe und Unternehmen, die entweder ganz auf das Franchise-System umstellen oder eine Systempartnerschaft als zweites Standbein nutzen. Daneben gibt es auch Industriefranchisen im Produktionsbereich sowie auf besondere Berufsträger zugeschnittene Franchise-Systeme. Dazu kommen Franchise-Konzepte aus dem Ausland, die über Masterfranchise-Systeme oder auch mit direkten Franchiseangeboten neue Märkte erschließen wollen.

Franchising ist eines von vielen Vertriebsinstrumenten, welche von Herstellern und Anbietern von Dienstleistungen im Rahmen einer Vertriebsstrategie zum Absatz von Waren und Dienstleistungen eingesetzt werden. Einer der besonderen Vorteile dieses Vertriebsinstruments ist dabei der direkte Kontakt zu den Kunden, auch zum Hersteller. Beim Franchising stehen der Franchisegeber zusammen mit den Franchisenehmern in einem System den Kunden gegenüber und werden vom Markt als ein gemeinsames Ganzes wahrgenommen. Besonders in Krisenzeiten zeigt sich der attraktive Ansatz dieses strukturierten Kooperationsmodells Franchising als Alternative zu einer nicht systemgestützten Selbständigkeit bei Franchising, denn durch Teilnahme an einem bereits erprobten Systemkonzept mit eingebautem Coaching ist das Risiko nachweisbar geringer.

Vertriebs- und Absatzstrategien sind allerdings nur Bestandteile einer ganzheitlichen Unternehmensstrategie .Diese ist allein bestimmend für die nachhaltige Entwicklung eines Unternehmens im Markt, bei der dann ein Franchise-Nehmer zum Erfolgsfaktor mit direktem Kundenzugang am POS wird und auch zum wertvollsten Marktforschungsinstrument direkt am Kunden.

Know-how als Erfolgsfaktor

Wie jedes andere Unternehmen sind Franchiseunternehmen als sogenannte verteilte Wissens-systeme zu beschreiben, die Wissen produzieren und akquirieren, testen und erproben, an-wenden und vermarkten. Verteilte Wissenssysteme deshalb, weil die Lernstrukturen, Ent-scheidungs- und Handlungsstrukturen auch in Franchise-Systemen dezentralisiert sind. Der ständig sich dynamisch immer schneller entwickelnde Wissensbestand ist Chance und Risiko jedes Unternehmens. Bei Franchise-Systemen auch deshalb, weil ein Systemanbieter einer sogenannten vertragsimmanenten Innovationspflicht unterliegt, die nur durch ein optimales Wissensmanagement in einem Franchise-System erfüllt werden kann, um die nachhaltige Wettbewerbsfähigkeit des Systems und seiner Systempartner gewährleisten zu können.

Franchise-Systeme benötigen eine organisationale Wissensbasis mit kollektiven und indivi-duellen Wissensbestandteilen, welche zur Lösung der Unternehmensaufgaben notwendig sind. Bei Franchise-Systemen kommt es besonders darauf an, dass eine Institutionalisierung von Wissen zielgerichtet erfolgt in Anbetracht der fundamentalen Bedeutung von (System-) Wissen bei Franchise-Systemen als Kernbestandteil jeder System-Strategie. Die Pflege des kollektiven Wissensbestandes im Rahmen einer ganzheitlichen Unternehmensstrategie erfolgt durch Wissensmanagement als dem zentralen Instrument zur Generierung eines nachhaltigen Wettbewerbsvorteils eines Franchiseunternehmens.

Der wichtigste Erfolgsbestandteil und damit Prüfpunkt eines Franchiseangebots ist die Frage nach dem Know-how des Franchisegebers, das den eigentlichen Wert eines Franchise-Systems ausmacht. Für Franchise-Systeme, um die es hier speziell geht, ist der relevante Know-how-Begriff im Europäischen und Deutschen Verhaltenskodex für Franchising zu beachten.

Know-how bedeutet danach ein Paket von nichtpatentierten praktischen Kenntnissen, die auf Erfahrungen des Franchisegebers und Erprobungen durch diesen beruhen und die geheim, wesentlich und identifiziert sind. Die Begriffe „geheim", „wesentlich" und „identifiziert" sind die eigentlichen Prüfpunkte, mit denen man das Know-how eines Franchisegebers bewertet.

So bedeutet „geheim", dass das Know-how in seiner Substanz, seiner Struktur oder der ge-nauen Zusammensetzung seiner Teile nicht allgemein bekannt oder nicht leicht zugänglich ist. „Wesentlich" bedeutet, das dieses Know-how Kenntnisse umfasst, die für den Verkauf von Waren oder die Erbringung von Dienstleistungen an Endverbraucher, insbesondere für die Präsentation der zum Verkauf bestimmten Waren, die Bearbeitung von Erzeugnissen im Zusammenhang mit der Erbringung von Dienstleistungen, die Art und Weise der Kundenbe-dienung sowie die Führung des Geschäftes in verwaltungsmäßiger und finanzieller Hinsicht wichtig sind.

Das Know-how muss für den Franchisenehmer nützlich sein, wenn es bei Abschluss des Franchisevertrages geeignet ist, die Wettbewerbsstellung des Franchisenehmers insbesondere dadurch zu verbessern, dass es dessen Leistungsfähigkeit steigert und im das Eindringen in einen neuen Markt erleichtert. „Identifiziert" bedeutet, dass das Know-how ausführlich beschrieben sein muss, um prüfen zu können, ob es die Merkmale des Geheimnisses und der Wesentlichkeit erfüllt.

Franchise-Systeme sind heute vor allem als Wissensproduzenten zu verstehen, die physische Produkte und/oder wissensintensive Dienstleistungen erfolgreich kombinieren. Physische Produkte werden immer leichter und schneller substituierbar, während eine Verknüpfung der Produkte (und Dienstleistungen) mit der Fähigkeit zur permanenten Erneuerung und Dokumentation des Wissens einen der wichtigsten Vorteile eines sozialen Systems wie einem Franchise-System darstellt.

Daran werden Franchiseanbieter künftig verstärkt gemessen werden. Die gängigen Benchmarking-Methoden sind dafür jedoch nicht geeignet, weshalb man sich auf weiterentwickelte Prüfprozesse einstellen muss. Die gesellschaftlichen und wissenschaftlichen Veränderungen machen Mitarbeiter und Partner immer mehr zu Wissensarbeitern, und eine Hauptaufgabe eines Franchiseanbieters besteht darin, die Ressourcen dieser Produktivkraft zu managen. Im Zeitalter der Globalisierung und der damit verbundenen ständig steigenden Mitwirkung vieler neuer Beteiligter am Wissenszuwachs wird Wissen auch sehr schnell entwertet. Das gilt gleichermaßen für inadäquate Wissensmanagement-Techniken selbst, weshalb auch hier Prozesse in einem Franchise-System installiert werden, die das Wissensmanagement regelmäßig auf den Prüfstand stellt als wichtiger Bestandteil einer Erfolgsstrategie.

Was heißt eigentlich Strategie?

Hier fangen schon die unterschiedlichen Vorstellungen darüber an, was man darunter verstehen soll. Allen Ansichten gemeinsam ist, dass man durch strategisches Vorgehen Erfolge erzielen will. Strategie ist – auf den Punkt gebracht – die Lehre vom wirkungsvollsten Einsatz der verfügbaren Mittel und Ressourcen.

Entscheidend ist dabei für angehende Franchisepartner, für welche Ziele ein Franchiseanbieter seine Mittel und Ressourcen einsetzt. Die Ansätze erfolgreicher Strategien sind schon lange bekannt und bestimmen auch heute noch das Wirtschaftsleben. Klassiker wie Seneca, Clausewitz, Machiavelli oder Sun-Tsu, Hagakure oder Musashi sind nach wie vor aktuell, wobei moderne ganzheitliche Ansätze wie zum Beispiel die EKS-Strategie von Professor Wolfgang Mewes sich heute besonders erfolgreich entwickeln. Schon vor über 30 Jahren hat Mewes erkannt, dass in einer immer stärker vernetzten Umwelt Erfolge nur über intelligente Kooperationsstrategien nachhaltig erzielbar sind. Schon damals hat Mewes Franchising als komplexe Kooperationsstrategie erkannt und den immer weiter wachsenden Erfolg des Franchising vorhergesehen, wie er weltweit deutlich sichtbar ist.

Wofür steht der Begriff EKS? Enpasskonzentrierte Strategie oder Energokybernetische Strategie oder auch Evolutionskonforme Strategie sind einige der ausfüllenden Bezeichnungen, die heute einen der erfolgreichsten Ansätze für strategisches Management und gleichzeitiger Unternehmensphilosophie bezeichnen.

Der EKS-Ansatz verfolgt vor allem die Erreichung einer strategischen Marktführerschaft als Ergebnis eines sogenannten zwingenden Nutzens für den bearbeiteten Markt. Der sonst nach klassischer Betriebswirtschaftslehre primär angestrebte Gewinn ist bei der EKS dann die zwangsläufige Folge für die optimale Leistung und im Gegensatz zu anderen Ansätzen nicht das Primärziel. Die EKS richtet sich kunden- und nutzenorientiert nach außen und fokussiert nicht auf nach innen gerichtete Probleme, die den Blick für die Zielgruppen und Erfolgspotenziale vernebeln können.

Ein weiterer Vorteil des EKS-Ansatzes ist die Spezialisierung seiner Stärken auf klar begrenzte Zielgruppen und Märkte. Lieber auf einem begrenzten Markt die Führung anstreben als auf einem großen Markt einer unter vielen zu sein. Das bedeutet die systematische Erfassung der Probleme und Wünsche der entsprechenden Zielgruppen und darauf zugeschnittene Problemlösungsangebote, Produkte und Dienstleistungen, die zu einem nachhaltigen Wettbewerbsvorteil werden. So entwickeln sich Nischenstrategien mit nachweisbar schnellerem und nachhaltigerem Erfolg.

Ein Franchisegeber wird die so formulierten Leistungspakete seinen Franchisenehmern in nachvollziehbaren Modulen und Geschäftsprozessen aufbereiten und verfügbar machen, damit diese das Systemkonzept vor Ort dann selbst erfolgreich umsetzen können und sie ihre Kräfte und Mittel in einem oft geschützten Vertragsgebiet optimal einsetzen können. Moderne Systeme setzen dafür online-basierte Führungswerkzeuge ein, Wissensmanagementsysteme und Unternehmenswikis, um nur einige der aktuellen Entwicklungen zu nennen.

Für den Aufbau von Franchise-Systemen ist die Anwendung der EKS-Strategie nachweislich besonders erfolgreich. Für ein kooperatives Vertragsvertriebssystem kommt es, der EKS entsprechend, besonders darauf an, eine permanente Win-win-Situation zu verfolgen durch die Konzentration auf den Nutzen für alle Systembeteiligten.

Bekannte und sehr erfolgreiche Franchise-Systeme wie z.B. Town & Country, die Musikschule Fröhlich, Kieser-Training oder auch Fressnapf orientieren sich an der EKS. Viele erfolgreiche Unternehmen, nicht nur Franchiseanbieter, sind durch die EKS entstanden, gewachsen und zu nachhaltigen Marktführern geworden.

Eine aufwändige Entwicklungs- und Erprobungsleistung eines Franchisegebers zusammen mit einer optimierten Multiplikationsstrategie im Rahmen eines Franchisekonzepts ist der eigentliche Wert eines Franchiseangebots, der auf dem Käufermarkt der Franchise-Interessenten einer strengen Prüfung unterliegt. Erst wenn die eigentliche Unternehmensleistung wirklich eine nachweisbare Spitzenleistung ist, die Systemorganisation erfolgreich erprobt ist und bereits mit Systempartnern nachweislich so erfolgreich wie im Eigen- oder Pilotbetrieb des Franchisegebers umgesetzt worden ist, wird ein solcher Franchisegeber wahrgenommen.

Industriemarken wie Würth, Kärcher und andere sind mit der EKS-Strategie groß und erfolgreich geworden. Aber auch Nischenkonzepte wie zum Beispiel miniBagno, der Spezialist für kleine Bäder, sind mit der EKS-Strategie entstanden. Die Engpass-Konzentrierte Strategie vermittelt die Erkenntnis, dass man sich auf seine eigenen Stärken konzentriert und sich damit auf bestimmte Problemlösungen spezialisiert, die man für exakt bestimmte Zielgruppen bzw. Marktsegmente anbietet mit dem klaren Anspruch, in dem ausgewählten Marktsegment Marktführer zu werden.

So ist auch Portas Marktführer geworden als „Europas Renovierer Nr 1" mit über 500 Franchisenehmern, die Küchen, Haustüren oder ganze Wohnungen wieder auf Vordermann bringen.

Abbildung 1:   *Messestand von Portas*

Das Wachstum eines Unternehmens wird regelmäßig von Engpässen behindert, deren Überwindung automatisch zu weiterem Wachstum führt. Die Konzentration der Mittel auf die Lösung dieser Engpassprobleme zur Förderung des weiteren, automatischen Wachstumsprozesses zum Nutzen der Zielgruppe führt nachweislich auch zum wirtschaftlichen Erfolg.

Franchise-Interessenten sind nicht zuletzt durch Fachportale im Internet immer besser vorinformiert bei der Suche nach einem geeigneten Franchisekonzept, und sie fragen gezielt nach der Strategie eines Franchise-Gebers. Auch die konkreten Ziele, für welche die verfügbaren Ressourcen (auch die eines Franchisenehmers) eingesetzt werden sollen, werden hinterfragt. Erwähnenswert ist, dass das größte und erfolgreichste Franchiseportal in Deutschland (www.franchiseportal.de) auch nach EKS-Grundsätzen aufgebaut und entwickelt worden ist.

Franchisemodelle hinterfragen

Weitere Fragen bei der Auswahl eines Franchiseangebots sind etwa: Welches Marktsegment bzw. welche Zielgruppen sollen bearbeitet werden? Welche Problemlösungen bietet ein Franchise-Geber diesen Zielgruppen und welchen Nutzen kann ein Franchise-System den Kunden bieten? Dabei ist besonders zu hinterfragen, ob das Problemlösungsangebot eines Franchise-Systems auch wettbewerbsfähig ist und vor allem ob die dargestellten Wettbewerbsvorteile tatsächlich als solche von den Kunden erkannt und in Form von steigenden Umsätzen auch ausreichend honoriert werden.

Weiterhin ist zu prüfen, ob ein vorhandener Wettbewerbsvorsprung eines Franchise-Systems für die Dauer eines Franchise-Vertrages Bestand hat, was wesentlich von der Unternehmensstrategie abhängt. Wie sieht die Innovationsstrategie des Franchise-Gebers aus, um mit den Franchise-Nehmern nachhaltig wirtschaftlich erfolgreich zu bleiben? Gefragt wird hier nach Forschungs- und Entwicklungsaktivitäten, Marktforschung, Einbindung der Franchise-Nehmer bei Weiterentwicklungsprozessen des Franchise-Gebers, Expansionszielen etc.

Dieser Innovationsanspruch ist jedem Franchise-System immanent, da Franchise-Verträge regelmäßig von längerer Dauer sind und teilweise mit erheblichen Investitionen verbunden sind, die man während der Dauer des Franchise-Vertrages wieder erwirtschaften muss. Daher genügt ein vielleicht zum Zeitpunkt des Abschlusses eines Franchise-Vertrages vorhandener Wettbewerbsvorteil nicht diesem Anspruch, wenn der Franchise-Geber keine schlüssige Strategie zum nachhaltigen Erhalt dieses Wettbewerbsvorteils und zum weiteren Ausbau darstellen kann.

So können falsche Spezialisierungen zum Beispiel auf technische Problemlösungen und Produkte als tragende Grundlage für ein Franchise-Konzept schon an jeder technischen Weiterentwicklung anderer Hersteller scheitern, die dem Franchise-System einfach die Kunden wegnehmen. Auch Franchise-Systeme, die nur aufgrund bestimmter rechtlicher Konstellationen (Vorgaben, Normen etc.) erfolgreich sind, verlieren ihre Grundlage bei der Änderung der Rahmenbedingungen.

Spezialisierungen auf bestimmte Problemlösungen für klar definierte Zielgruppen sind dabei wesentlich robuster und nachhaltig auch erfolgreicher. So ist beispielsweise die Konzentration auf die Modernisierung kleiner Bäder von zwei bis sechs Quadratmeter anhand des Marktpotenzials so interessant, dass diese Problemlösung sicher noch jahrzehntelang nachgefragt wird, unabhängig von den dabei eingesetzten Produkten. Die Zielgruppe, die so kleine Bäder hat, wird immer in ausreichender Zahl vorhanden sein, und deren Bäder müssen immer wieder erneuert werden.

MiniBagno wurde mit einer solchen Strategie auf EKS-Grundlage Marktführer auf dem Gebiet der Renovierung von Bädern von 3 qm bis 6 qm, gerade wegen dieser Einschränkung auf diese Größenordnung. So konnten spezialisierte Innovationen entwickelt und zu Spitzenleistungen formuliert werden, dass man durch die Konzentration der Kräfte auf diese Größenordnung erstens schneller und zweitens immer besser war als der Allround-Anbieter. Der Erfolg kommt nach Mewes mit einer solchen Spezialisierung immer automatisch. Die Problematik dabei ist jedoch manchmal der schnelle Erfolg, wenn aufgrund der automatischen Nachfragesteigerung das Spezialgebiet verlassen wird, um auch andere lukrative Aufträge mitzunehmen, etwa Bäder über 6 qm. Dann findet man sich auf einmal wieder im Wettbewerb mit den Allroundern, verliert seine Positionierung und ist wieder einer von vielen.

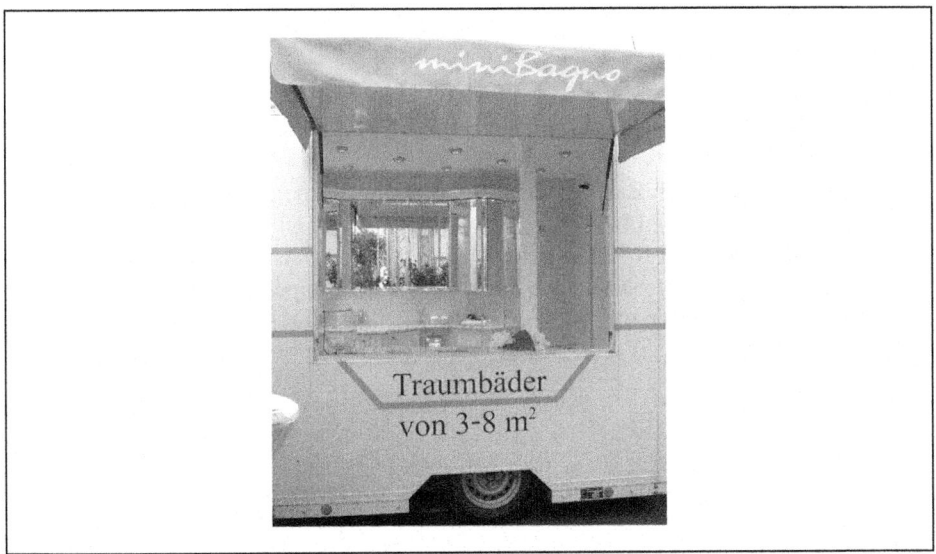

Abbildung 2: *Präsentationswagen mit miniBagno Traumbad*

Bei Dienstleistungssystemen geht es immer um Grundprobleme von Zielgruppen, die man besser lösen sollte, als andere Anbieter. Reinigung, Kinderbetreuung, Weiterbildung, Reisen, Bauen, Wohnen, Essen, Trinken sind Grundbedürfnisse, die es immer geben wird. Damit eröffnen sich für das Kooperationsmodell Franchising auch unbegrenzte Anwendungsfelder getreu dem Grundsatz „Alles ist franchisierbar!". Wer sich einmal die Franchiseangebote zum Beispiel unter www.franchiseportal.de oder international unter www.franchisekey.com ansieht, wird staunen, was es bereits alles schon gibt.

Dabei fällt auf, dass augenscheinlich gleiche Konzepte in gleichen Branchen bei näherer Prüfung eben nicht gleich sind und jedes Konzept erfolgreich im gleichen Markt für unterschiedliche Zielgruppen seine Partner findet. Sieht man sich nur einmal die Vielfalt der boomenden Coffeshop-Systeme an, die zwar alle Kaffee verkaufen, aber je nach Geschmack, Zusatzsortiment, Einrichtung, Ambiente, Philosophie etc. sich an ausgesuchte Zielgruppen wenden. Es gibt auch laufend neue Angebote in der Systemgastronomie, die aktuelle Trends der Ess- und Trinkgewohnheiten abbilden und Wachstumschancen haben.

Entscheidend für den Erfolg eines Franchise-Anbieters ist immer die von ihm gewählte Zielgruppe, bei der er mit seiner Problemlösung wirklich Marktführer werden und vor allem bleiben will. Das setzt voraus, dass er sich in diese Zielgruppen hineindenkt und sie genau beobachtet im Hinblick auf deren Wünsche und Probleme, die er dann nachhaltig besser lösen kann als andere. So lohnt sich immer ein Blick auf die Gesamtstrategie eines Anbieters, um feststellen zu können, ob man als Franchise-Partner bei diesem langfristig gut aufgehoben ist und ob man Teil einer intelligenten Kooperationsstrategie ist, die nachhaltig Erfolg für alle Beteiligten verspricht. Dann haben wir die dreifache Gewinnersituation „Win-Win-Win": für die Zielgruppe, den Franchiseanbieter und den Franchisenehmer.

Literatur

BÖHNER/DOESER, Jahrbuch Franchising 2010, Münster 2010

FRIEDRICH/MALIK/SEIWERT, Das große 1 x1 der Erfolgsstrategie, EKS – Erfolg durch Spezialisierung, Offenbach 2009

HARTMANN, JÜRGEN, miniBagno – ein Nischenspezialist meldet sich zurück, in: StrategieJournal 3/11, S. 10 - 14

MEWES, WOLFGANG, Mit Nischenstrategie zur Marktführerschaft, Band 1 und 2, Zürich 2001, kostenlos zum Herunterladen auf www.beratergruppestrategie.de

VENOHR, BERND, Wachsen wie Würth, Frankfurt 2006

Vorteile für die Franchisepartner bei der standortindividuellen Strategie

Jürgen Nebel

Die Marktidee: Am Anfang steht der Kundennutzen

Am Anfang eines Franchisesystems steht die Idee, einer klar zu definierenden Zielgruppe mit einer bestimmten Leistung einen Nutzen zu bieten. Kurzum, am Anfang steht der Kundennutzen. Und zwar ein Differenznutzen, den der mögliche Wettbewerb nicht bietet – also eine Besserlösung für eine spezielle Zielgruppe. Ist diese Besserlösung entwickelt, dann gilt es diese zu optimieren, zu systematisieren und zu multiplizieren (vgl. Mewes: „Schöpfe, programmiere, multipliziere").

Wer treibt in einem Unternehmen die Entwicklung eines Franchisesystems voran, sammelt also zunächst die Ideen, entwickelt hieraus ein Konzept und setzt es in einem ersten Pilotbetrieb um? Es ist der für das Franchiseprojekt verantwortliche Projektmanager, der dies nicht einfach neben dem Tagesgeschäft her betreiben kann, sondern es zu seiner Hauptaufgabe machen wird. Später, wenn der oder die ersten Franchisenehmer „am Netz" sind, wird aus dem Projekt eine eigene Abteilung im Unternehmen, wird die Systemzentrale errichtet.

Das Franchisesystem ist ein Verbund von Unternehmen. Und für einen Verbund von Unternehmen gilt grundsätzlich dasselbe wie für ein einzelnes Unternehmen: Die Regeln der Marktwirtschaft, die die moderne Betriebswirtschaftslehre ausgiebig beschrieben hat. Darüber hinaus – und das ist eben wichtig – zeigen wir hier die Besonderheiten eines Unternehmensverbundes auf, der als Franchisesystem am Markt agiert. Grundsätzlich spiegelt sich im Franchisesystem die Betriebswirtschaft im Kleinen, jedoch mit dem wesentlichen Unterschied,

- dass alle Überlegungen und Entscheidungen sich auf eine Vielzahl kooperierender Unternehmen beziehen, so dass sich der Erfolg, aber auch der Misserfolg, multiplizieren – der Franchisegeber ist also gleichsam das Flaggschiff, dem die Franchisenehmer hinterher segeln, und

▨ dass der Geschäftserfolg der umgesetzten Idee so groß sein muss, dass sich leicht Partner finden lassen, die Teilnehmer dieses Erfolges sein möchten – mit anderen Worten, nur wenn der künftige Franchisegeber deutlich ausstrahlende Vorteile bietet, werden sich Franchisenehmer finden lassen, die die Franchisegebühren und die Begrenzung ihrer wirtschaftlichen Freiheit gerne als Gegenleistung für die Systemvorteile austauschen wollen.

Was ist demnach Kernvoraussetzung für die Eignung einer Idee auch als Franchiseidee? Sie muss die Entwicklung und Umsetzung eines Geschäftskonzeptes erlauben, das *ein unverwechselbares* Profil hat. Das heißt zudem, dass ein Franchisesystem grundsätzlich in jeder Branche etablierbar ist.

Hier ein Beispiel für die saubere Abgrenzung vom Wettbewerb aus der Franchisepraxis: Ein Auszug aus dem Systemhandbuch eines der erfolgreichsten Schweizer Franchisesysteme, dem Kieser Training. Dieses System, das Kräftigungstherapie anbietet, beherzigt diesen Grundsatz vorbildlich:

„Jeder kennt das Matterhorn. Warum eigentlich? Es ist weder der höchste Berg noch der größte. Und doch ist für viele Menschen das Matterhorn der Berg schlechthin. Wie kommt das?

Spitz statt stumpf! Das Matterhorn hat eine Form, die sich dem Betrachter für immer einprägt: spitz, scharf abgegrenztes Profil (jedenfalls von der Walliser-Seite her gesehen) und allen anderen Bergen in der Umgebung unähnlich."

Was hat dies mit unserem Angebot zu tun? Eine ganze Menge. Man kann den Markt mit einer Berglandschaft vergleichen. Da gibt es auch die verschiedensten Formationen: Monolithe, Hügel, Berge, Massive, Gebirgsketten. Also: auffällige und unauffällige, Kleinunternehmen, mittlere Unternehmen, Großunternehmen und Multis. Welche kennt man? Die großen und die spitzen, also die herausragenden.

Ein vielfältiges Angebot macht die Spitze breit, sodass es eben keine Spitze mehr ist. Je schmaler das Angebot, um so spitzer die Spitze, um so auffälliger ist sie und um so weiter wird sie gesehen. „Weiter gesehen zu werden" ist für ein künftiges Franchisesystem sehr vorteilhaft: Zuerst einmal für die potenziellen Kunden und dann auch für die interessierten Franchisenehmer.

Die Kernidee sollte also spitz sein und nicht schon in Gedanken durch vorschnelle Hinzunahme weiterer Geschäftsfelder abstumpfen. Dieser Versuchung zu widerstehen, wird in der späteren Umsetzung noch schwer genug sein. Üben Sie also schon einmal Ihre Disziplin, solange Sie sich noch im Reich der Gedanken befinden, Diversifikationen zu vermeiden. Wenn das System erst einmal erfolgreich ist und dieser Erfolg ausgedehnt werden soll, fällt dies schon leichter. Aber sobald der Erfolg (einmal) ausbleibt und händeringend zusätzliche Geschäftsfelder gesucht werden, wird es wieder schwierig. Hinzu kommt, dass in einem erfolgreichen System diejenigen Franchisenehmer, die anders als die meisten, keinen ausreichenden Erfolg haben, gerne das System durch Hinzunahme „profitabler" anderer Geschäfte „bereichern". Um dieser Gefahr vorzubeugen, muss die Geschäftsidee klar festgehalten werden. Wie sie danach konsequent umgesetzt werden kann, zeigt dieser Aufsatz.

Die Umsetzung führt das Kieser-System-Handbuch in seiner typischen Art wie folgt aus:

„Wir wollen nicht irgendein Fitness-Club in der Landschaft sein, sondern ein Begriff, eine Idee, welche nicht verwässert werden soll. Konzentration auf ein Produkt bzw. eine Dienstleistung durch die Spezialisierung ergibt eine höhere Produktqualität; dies spricht sich herum und ergibt einen höheren Bekanntheitsgrad, was wiederum zu einer stärkeren Inanspruchnahme der Leistungen und zu einer Senkung der Kosten ‚pro Stück' führt – damit zu einem höheren Gewinn – der seinerseits vermehrte Investitionen in die Entwicklung des Produktes erlaubt, woraus nochmals eine höhere Produktqualität resultiert."

Hier sind Ansätze dargestellt, die Sie bei vielen erfolgreichen Franchisekonzepten wieder finden werden wie zum Beispiel große Stückzahl und Konzentration. Da sie von so grundlegender Bedeutung für ein Franchisesystem sind, wird der Wichtigste gleich zu Beginn herausgestellt. Das für jedes Unternehmen geltende Marketinggebot, Profil zu gewinnen und einzigartig zu sein, ist für ein Franchisesystem geradezu überlebenswichtig. Dies zu beherzigen, fällt erfahrungsgemäß vielen Franchisegebern schwer, um so wichtiger sind hier klare Systementscheidungen, denn oft verwässern manche Franchisenehmer spätestens bei der Umsetzung das Profil durch gutgemeinte Zusatzleistungen oder Abwandlungen. Nicht von ungefähr packt daher Kieser diese Prinzipien in sein Systemhandbuch, auf dass es seine Franchisenehmer verinnerlichen. Schon in diesem frühen Stadium der Franchisesystem-Entwicklung ist es erforderlich, dass Sie sich zwei Fragen beantworten:

■ Welche Schwächen haben meine Konkurrenten, Schwächen, die auch für die Kunden sichtbar sind? Was machen oder können sie nicht?

■ Welche Stärke hat dagegen mein Produkt (Dienstleistung oder Ware)? Auf mindestens ein entscheidendes Alleinstellungsmerkmal gründet sich ein erfolgreiches Franchisesystem. Leuchtende Beispiele sind: Portas, der Renovierer von Türen und Möbel; Obi, der Heimwerkerspezialist und Town & Country Haus, der geniale Häuslesbauer.

Mit der Beantwortung der vorstehenden Fragen ist die Chance groß eine ausbaufähige Nische zu finden und zu besetzen.

Standortindividuelle Strategie

Ein Franchisesystem ist beispielsweise drei Jahre alt, manche Franchisenehmer sind fast die ganze Zeit dabei, manche seit ein oder zwei Jahren, andere erst seit kurzem. Im Rahmen dieser Entwicklung wird deutlich, wie unterschiedlich die dem System angeschlossenen Franchisenehmer als Personen sind. Vier Differenzierungen können wir machen:

■ Erstens sind Franchisenehmer Menschen und Menschen sind nun mal recht verschieden. Da ändert auch das anfangs entwickelte Franchisenehmerprofil nichts, das auch eine Vereinheitlichung des Franchisenehmer-Unternehmertyps bewirken soll.

▪ Zweitens zeigt sich bei fast allen Systemen, dass die zunächst ins Auge gefassten idealen Franchisenehmer aus diesem oder jenem Grund doch nicht die ganz richtigen sind. Das heißt nichts anderes, als dass meist schon bald vom ursprünglichen Franchisenehmerprofil deutlich abgewichen wird, weil ein anderer Typ Franchisenehmer mehr Erfolg verspricht. Naturgemäß sind oft die anfangs akquirierten Franchisenehmer grundsätzlich anders als die später gewonnenen. Sie haben andere Berufserfahrungen oder unterschiedliche Begabungen.

▪ Drittens akzeptierten manche Franchisegeber Partner, obwohl sie fürchteten, diese würden doch nicht richtig erfolgreich. Die jungen Franchisegeber brauchten deren Eintrittsgebühr oder sie wollten möglichst schnell einige Franchisenehmer vorzeigen.

▪ Viertens ergeben sich aufgrund der unterschiedlich langen Systemzugehörigkeit einige frappante, bisweilen nicht ungefährliche Ungleichgewichtigkeiten in der Franchisenehmerschaft. Diese unterschiedlichen „Entwicklungsstadien eines Franchisenehmers" hat Holger Reuss in einem 3-Phasen-Modell dargestellt:

– *Einstieg (Phase I)*
Im Mittelpunkt dieser Phase steht der Einstieg und die ersten Gehversuche des neuen Franchisenehmers im Systemverbund. Er ist relativ unerfahren und kennt meist nur seine Pflichten und Anforderungen, die an ihn gestellt werden. Der erst kurz unterzeichnete Vertrag dient ihm als Gebrauchsanweisung zur Ausübung seiner Aufgaben. Ein straffer, autoritärer Führungsstil wird in dieser Phase hingenommen, solange die Gewinnperspektiven (materielle Motive, hohes Einkommen/Gewinn) befriedigt werden.

– *Know-how-Entwicklung (Phase II)*
Kennzeichnend für diese Phase ist die veränderte Haltung des Franchisenehmers gegenüber den Systemleistungen (Franchisegeberleistungen). Durch seine Systemzugehörigkeit hat er die erforderlichen Kenntnisse und Fähigkeiten zur Führung seines Betriebes erworben. Er entwickelt eine eigene unternehmerische Qualifikation und stellt an den Hersteller ein verändertes Anforderungsprofil. Angebotene Hilfeleistungen lehnt er schneller ab. Er verlangt mehr Aufmerksamkeit gegenüber selbstentwickelten Ideen. Sein wachsendes Selbstbewusstsein bedingt, dass er mehr Spielraum für Eigeninitiative und unternehmerische Eigenverantwortung fordert. Mit diesem Verständnis wächst der Anspruch an ein kooperatives Führen des System-Managements.

– *Verselbständigung (Phase III)*
In dieser Phase hat sich der Franchisenehmer einen festen Stand in der Systemorganisation geschaffen. Er sieht sich im steigenden Maße als selbständiger Unternehmer und glaubt, gegebenenfalls seinen Betrieb auch ohne Systemunterstützung führen zu können. Er entwickelt in zunehmendem Maße eigene Interessen, die immer häufiger mit denen des Franchisemanagements nicht mehr übereinstimmen. Insbesondere reagiert er empfindlich gegenüber vermeintlichen Einschränkungen seiner Autonomie und sucht nach einer neuen Form der Selbständigkeit. Aufmerksamkeit sei außerdem auch seinen Bedürfnissen nach Anerkennung seiner Leistung und seines unternehmerischen Standes zu schenken. Alle diese Veränderungen erfordern hohe Sensitivität für eine flexible Führung seitens des System-Managements.

Franchisenehmer, die nun schon drei Jahre „am Netz" sind, fühlten sich, wie die meisten Starter, zu Beginn nicht unbedingt als wirkliche Unternehmer. Deshalb haben sie sich ja auch einem Franchisesystem angeschlossen. Nun sind sie in die Phase II der Know-how-Entwicklung hineingewachsen. Die Situation oder die persönliche Wahrnehmung hat sich geändert.

Dies ist Chance und Gefahr zugleich. Sie besteht darin, dass ältere Franchisenehmer aufgrund ihrer sicher gestiegenen unternehmerischen Kompetenz sowie aufgrund der gewachsenen Erfahrung auch eigenständige Ideen umsetzen wollen und auch können, jedenfalls tatsächlich, nicht unbedingt rechtlich auch dürfen. Die Chance für das System ist gegebenenfalls beachtlicher Know-how-Gewinn, die Gefahr ist eine nachhaltige Verletzung der Systemstandards an einzelnen Standorten.

Wie ist die Chance zu nutzen, wie der Gefahr zu begegnen?

Zunächst ist hier ein verbreitetes Ideal kritisch zu beleuchten. Das Ideal eines Franchisesystems zeichnet das Bild einer vollständigen Lizenzierung des Know-how zur Führung eines erprobten Geschäftstyps durch den Franchisegeber. Der Franchisenehmer bietet unter dem Dach einer Marke und bundesweit einheitlichem Auftreten seinen Kunden als Bestandteil des lizenzierten Know-hows mindestens einen, den Kunden überzeugenden Wettbewerbsvorteil. Transmissionsriemen des Franchisekonzepts sind also Franchisenehmer, die allzeit motiviert das Systemkonzept eins zu eins umsetzen und die zur Erhaltung der zentralen Einkaufsmacht möglichst zu 100 Prozent beim Franchisegeber einkaufen. So das Idealbild eines Franchisesystems.

Dieses Grundmodell zeigt indessen nur einen Teil der Realität. Es bildet sozusagen die physische Grundlage eines Franchisesystems ab, nicht dagegen die metaphysischen Zusammenhänge. Die metaphysischen Zusammenhängen aber bilden gleichsam den Wesenskern eines Franchisesystems. Wie so oft ist nicht das Materielle, sondern das Immaterielle entscheidend.

Die vollständige Realität des Franchising geht weiter. Selbst renommierte, schon zehn oder zwanzig Jahre erfolgreich am Markt arbeitende Systeme, also nicht nur die jüngeren Systeme, kämpfen mit den immer gleichen Problemen. Viele Franchisenehmer setzen die Systemstandards, das Know-how des Franchisesystems nicht vollständig um, was den Erfolg am Standort oft schmälert. Dieses Franchisenehmer-Verhalten kann nicht verwundern.

Zumindest nicht diejenigen, die wissen, wie schwierig die Aufgabe des Lerntransfers ist. Etwas Neues lernen heißt, sich ändern, und sich ändern fällt vielen Menschen schwer. Das heißt der Know-how-Transfer im Franchising ist im Grunde nichts anderes als der bekannte Lerntransfer der Lernpsychologie.

Zwei Hürden existieren: Erstens, manche Franchisenehmer begreifen die Erfolgsvoraussetzungen nicht, zweitens, sie begreifen sie, sind aber nicht willensstark genug, sie umzusetzen.

Ein weiteres Problem ist die nachlassende Motivation dieser Franchisenehmer. Auch diejenigen, die konsequent das System-Know-how am Standort umgesetzt haben und damit erfolgreich waren, zeigen häufig nach einigen Jahren Geschäftstätigkeit Ermüdungserscheinungen – bei vielen von ihnen läuft der Motor nicht mehr rund.

Haupt-Herausforderungen in Franchisesystemen sind so die

▪ nicht systemgetreue Konzeptumsetzung (Herausforderung: Know-how-Transfer) und

▪ nachlassende Motivation und Engagement der Franchisenehmer.

Die über das oben skizzierte Grundmodell hinausgehenden Phänomene zeigen also die wahre Herausforderung im Franchising, offenbart die metaphysische Komponente hinter der sichtbaren Wirklichkeit – die minutiöse Vorgabe und die Eins-zu-Eins-Umsetzung eines Franchisekonzeptes scheitert am Franchisenehmer als Menschen. Denn Franchisenehmer wissen vermeintlich vieles besser und verändern das Konzept.

Beispiel 1

Beispielsweise führt der Franchisenehmer eines von einem Reifenhersteller entwickelten Franchisesystems Motorreparaturen durch. Und das, obwohl der Franchisegeber lediglich den Handel mit Reifen und einen Autoservice vorsieht, der sich wohlweislich auf Auspuff, Bremsen, Stoßdämpfer und optisches Tuning beschränkt. Das Problem ist, dass sich systemfremde Motorreparaturen nicht rechnen. Konzentrierte sich der Franchisenehmer dagegen auf das im System klar definierte und kompetent beherrschte Systemgeschäft, wäre sein Erfolg größer. Die Freiheiten, die ein Franchisenehmer hat, erfordern Verantwortung.

Beispiel 2

In einem Franchisesystem mit Teefachgeschäften erkennt ein schlauer Franchisenehmer, dass seine Kunden, die Teetrinker, sich bisweilen auch für anderes aus dem fernen Osten interessieren. Konsequent, wie er meint, bietet er daher auch einen Buddha in seinem Teefachgeschäft an. Den normalen Teekunden beachtet er nicht weiter. Den bedient seine Verkäuferin. Interessiert sich ein Kunde dagegen für den 1.000 Euro teuren Buddha, so kommt er, wie die Spinne im Netz, aus seinem Hinterzimmer hervor und wickelt den Interessenten ein. Für ihn rentieren sich, so wenig wie bei seinem Kollegen, der x-beliebige Motoren reparierte, die Zusatzgeschäfte meist nicht. Und wenn, so würde er, aufs eigentliche Systemgeschäft konzentriert, eine höhere Rendite erwirtschaften. Fatal, und nicht nur weniger rentabel, sind die schädlichen Folgen für das System insgesamt. Hier muss der Franchisegeber seine Überwachungsfunktion wahrnehmen.

Wie lassen sich nun solche franchisetypischen Auswüchse vermeiden? Ein Franchisesystem, und damit jeder Franchisenehmer, muss ein klar definiertes Ziel und eine klar abgegrenzte Zielgruppe haben und seine „Nicht-Zielgruppe" kennen, für die er nicht tätig werden darf! Dies ist Mindestvoraussetzung, um solche gefährlichen Auswüchse zu vermeiden.

In einem Franchisesystem ist die genaue Zieldefinition und Strategiefestlegung demnach zwingende Notwendigkeit – weit wichtiger noch als in herkömmlichen Unternehmen, denn ein Franchisesystem ist ein Netzwerk vieler Unternehmer. Ist dort das gemeinsame Ziel unbekannt oder wird dessen Verfolgung missachtet, gleicht das Franchisesystem einem Hundeschlitten, der ja auch ohne gemeinsames Ziel bestenfalls nicht vorankommt, schlimmstenfalls umfällt.

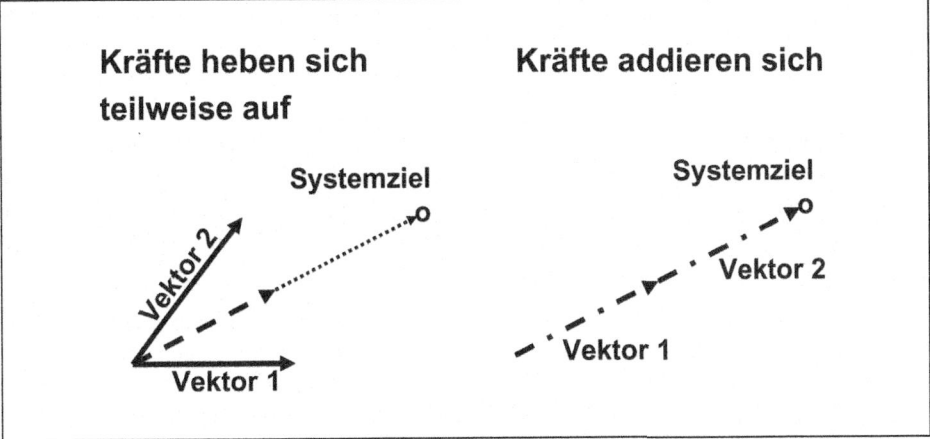

Abbildung 1: *Kräftewirkungen im Franchisesystem: a) Der Kräfteeinsatz (Vektoren) der Systembeteiligten (FG oder FN) hebt sich teilweise gegenseitig auf, wenn sie nicht in dieselbe Richtung zielen. b) Verstärkung des Kräfteeinsatzes (im Idealfall Verdoppelung der Kräfte) durch gemeinsames und bekanntes Ziel der Systembeteiligten.*

Wie kann dieser Problematik begegnet werden? Können Maßnahmen und Antworten nicht genutzt werden zu einer Sicherung der Einhaltung der Systemstandards, einer Steigerung der Gewinnchancen des einzelnen Franchisenehmers und zur Befriedigung seines Bedürfnisses, sich als selbstständiger Unternehmer zu betätigen?

Ja, die Kombination ist möglich. Voraussetzung ist, dass sich der Franchisegeber verabschiedet von der bislang herrschenden Meinung, Strategie sei allein seine Sache. Das landläufige und herkömmliche Bild des Franchising zeigt noch immer den Franchisegeber als alleinigen Strategen für das gesamte Franchisesystem, die Franchisenehmer hingegen als die gebundenen Konzeptumsetzer vor Ort, deren individueller Spielraum kaum über die Auswahl der Restaurantbestuhlung oder Büroausstattung hinausgeht.

Synergieeffekte durch Arbeitsteilung

Das Spannende im Franchising sind die Synergieeffekte, die durch die arbeitsteilige Zusammenarbeit von Franchisegeber und vielen Franchisenehmern erzielt werden. Die Wachstumschancen, die ein Franchisesystem mit seinen selbständigen Unternehmern vor Ort eröffnet, sind immens und stellen ein Erfolgsgeheimnis des Franchising dar. Sehr häufig jedoch wird die „individuelle unternehmerische Erfahrung" nur so genutzt, dass das gewonnene Knowhow durch die Gremien auf einen standardisierten Betriebstyp zurecht gestutzt wird, der dann wieder transferiert und multipliziert wird. Was häufig fehlt, ist die individuelle, standortspezifische Ausrichtung auf die tatsächlich vorhandenen Teilzielgruppen am Standort.

Dieses Standardisieren im Übermaß führt zur Einengung des unternehmerischen Spielraums und ist, wie gesagt, auch rechtlich riskant. Vor allem aber, und das ist noch schlimmer als die juristische Herausforderung, wirkt starke Einengung auch demotivierend. Dies ist bekannt und trotzdem wird die unflexible Konzeptvorgabe oft für notwendig erachtet, weil der Franchisegeber glaubt, nur so könne er die sicher notwendige Einheitlichkeit des Systems garantieren, denn das Prinzip Selbstverantwortung trauen viele ihren Partnern, manchmal auch wegen entsprechender Erfahrung, nicht zu. Der Preis für dieses Misstrauen ist hoch, denn die unternehmerische Energie und die hierdurch im System erzielbaren Synergieeffekte werden damit drastisch reduziert. Beides sind Hauptvorteile gegenüber der herkömmlichen Filialisierung.

Am allermeisten aber zu beklagen sind die durch unflexible Franchisekonzepte vergebenen Chancen standortindividueller Kundenorientierung. Dies ist der Kerngedanke und die zentrale Erfolgsursache einer standortindividuellen Strategie. Nicht zufällig hat Professor Meffert in der bislang größten Franchisestudie Deutschlands empirisch nachgewiesen, dass „eine flexibilitätsorientierte Strategie, die auf eine individuelle Erfüllung von Kundenbedürfnissen ausgerichtet ist, mit einem nicht zu geringen Autonomiegrad der Franchisenehmer verbunden sein sollte, damit diese nicht durch umfassende und rigide Systemstandards in ihrem Handlungsspielraum unnötig begrenzt werden".

Aber wie setzen erfolgreiche Franchisesysteme eine auf individuelle Erfüllung von Kundenbedürfnissen ausgerichtete flexibilitätsorientierte Strategie um, ohne zugleich den franchisenotwendigen systemtypischen einheitlichen Marktauftritt zu gefährden? Und wie sieht ein nicht zu geringer Autonomiegrad der Franchisenehmer in der Praxis aus?

Das mit 30 Jahren wohl älteste deutsche Franchisesystem Quick-Schuh, Tochter der Einkaufsgenossenschaft Nord-West-Ring, hat eine faszinierende Antwort auf diese Frage entwickelt. Der Quick-Schuh-Franchisegeber kanalisiert durch geschickte Motivation der unternehmerischen Energie seiner Franchisenehmer die typischerweise im Franchising vorhandenen Individualisierungsbestrebungen und lenkt sie in systemkonforme Bahnen. Indem der Franchisegeber innerhalb der systemeigenen Bandbreite die standortindividuelle Kunden-Ausrichtung fördert, erhöht er gleichzeitig den Nutzen der Kunden, der Franchisenehmer und des Franchisegebers.

Wie ist das alles zu leisten? Wie wird bei Quick-Schuh eine auf individuelle Erfüllung von Kundenbedürfnissen ausgerichtete flexibilitätsorientierte Strategie – also eine Standort-Strategie – entwickelt und konsequent umgesetzt? Quick-Schuh betreibt eine permanente Strategie-Anpassung auf Franchisenehmerebene. Übrigens betreibt auch das Franchisesystem Obi eine Standortstrategieausrichtung auf Franchisenehmer-Ebene, jedenfalls vor der Eröffnung eines Bau- und Heimwerkermarktes.

Beiden Standortstrategien auf Franchisenehmerebene, der permanenten wie der einmaligen bei Geschäftseröffnung, beruhen jedoch auf dem Grundgedanken, die Kundenbedürfnisse nicht durch Nachahmung der Konkurrenzleistungen außer Acht zu lassen, also eine einfallslose Me-too-Strategie zu verfolgen, sondern im Gegenteil, lückenorientiert den Standort auf schlecht oder gar nicht erfüllte Kundenwünsche zu durchforsten.

Standortstrategie – die individuelle Erfüllung von Kundenbedürfnissen

Dieses Prinzip der Lückenorientierung beherzigt das Obi-Franchisesystem. Wird bei diesem Pionier des Franchising in Deutschland ein neuer Markt konzeptioniert und ergibt die detaillierte Standortanalyse beispielsweise, dass ein alteingesessener und gutsortierter Holzhandel in der Nähe existiert, aber das nächste Garten-Center weit entfernt ist, so beschränkt sich der Marketing-Profi auf eine recht kleine Holzabteilung und gibt dafür dem angegliederten Garten-Center viel Raum und ein tiefes Sortiment. Ist die Situation an einem anderen Standort umgekehrt, so wird die Gartenabteilung klein, die Holzabteilung dagegen auch ausgefallenere Kundenwünsche befriedigen.

Quick-Schuh geht einen Schritt weiter: Auf der Basis von Franchisenehmer-Erfa-Tagungen, wird die Grundlage geschaffen, wirkungsvoll eine auf individuelle Erfüllung von Kundenbedürfnissen ausgerichtete flexibilitätsorientierte Strategie – also eine Standortstrategie – zu entwickeln, anzupassen und permanent umzusetzen. Außerdem werden in diesen Prozess die Mitarbeiter des Franchisenehmers einbezogen.

Basis sind die dem genossenschaftlichen Vorbild entlehnten besonderen Erfa-Tagungen, bei denen sich die Franchisenehmer regelmäßig in sechs Regionen Deutschlands und jeweils reihum in einem anderen Quick-Schuh-Geschäft zusammenfinden. Zunächst beurteilen die salopp Quicker genannten Franchisenehmer von Quick-Schuh anhand vorbereiteter Checklisten das Quick-Schuh-Geschäft am Ort der Erfa-Tagung. Der genossenschaftlichen Tradition folgend wurde bislang das Hauptaugenmerk auf das gerichtet, was nicht stimmte. Rund zehn Kolleginnen und Kollegen fanden da immer einiges, was zu bemängeln war, angefangen von der Deko über Warenpräsentation und Beleuchtung bis hin zur Kassenzone.

Dies entsprach einer Schwachstellenanalyse, nicht dagegen der für die EKS typischen Stärkenanalyse. Letztendlich wurde hier zumeist nur an Hygienefaktoren poliert, Faktoren also, die nicht unbedingt mehr Geld in die Kasse bringen, sondern oft etwas kosten, um dem Kunden ein blitzblankes Geschäft bieten zu können.

Im nächsten Schritt machen sich die Franchisenehmer in kleinen Grüppchen auf, die spürbare Konkurrenz am Standort unter die Lupe zu nehmen, also Schuhhändler oder Kaufhausabteilungen, die wie Quick-Schuh gleichfalls den Niedrigpreis-Kunden im Visier haben. Diese werden nach denselben Checklisten taxiert. Zumeist führte dies dazu, dass die Franchisenehmer die ein oder andere Idee kopierten oder ein weiteres Warensegment, das die Konkurrenz anbot, angliederten. Damit endete das Latein der üblichen genossenschaftlichen Erfa-Tagung. Solcherart durchgeführte Erfa-Tagungen sind indessen schon weit mehr als viele Franchisegeber ihren Partnern bieten.

Vor allem aber sind sie – und das ist das Beste daran – zugleich eine notwendige und ausgezeichnete Grundlage, eine wirkungsvoll auf individuelle Erfüllung von Kundenbedürfnissen ausgerichtete flexibilitätsorientierte Strategie zu entwickeln – also eine Standort-Strategie.

Die Entwicklung einer standortindividuellen Strategie ist ein kreativer Gruppen-Prozess. In einem Strategie-Workshop erarbeiten die Franchisenehmer der Erfa-Tagung gemeinsam schriftlich auf dem Quick-Schuh-Strategie-Tableau genannten Chart, für alle gleichzeitig sichtbar, die Standort-Strategie (siehe Abbildung 2).

Für das Bearbeiten sind die zuvor bei der Konkurrenz-Begehung analysierten Stärken und Schwächen der Konkurrenz Ausgangspunkt. Die Stärken der anderen werden nicht nachgeahmt, sondern deren Schwächen ausgenutzt, zum Nutzen der Kunden. Denn aus den Schwächen der Mitbewerber resultieren zumeist unzureichend erfüllte Kundenbedürfnisse, beispielsweise vernachlässigte Sortimentstiefen. Dies sind zugleich Chancen für Quick-Schuh, eine neue Stärke am Standort zu entwickeln!

Die Franchise-Erfa-Tagungen bearbeiteten jeweils folgende Fragestellungen:

1. Schwachstellenanalyse:

   – Hygienefaktoren werden gepflegt, hierdurch entstehen Kosten,
   – Geld wird unmittelbar keines verdient, die Leistung wird jedoch verbessert

2. Stärkenanalyse nach EKS

   – Kundenbedürfnisse werden besser befriedigt, zusätzlicher Umsatz und Gewinn sind das Ergebnis

Ob diese Stärken indessen tatsächlich genutzt, also durch entsprechende Leistungserweiterung umgesetzt werden, hängt von einer brainstormartig durchgeführten und auf dem Tableau notierten Stärken-Analyse des Quick-Schuh-Geschäftes ab. Gleichsam Hausstärken jedes Geschäftes sind die Quick-Schuh-Systemstandards Niedrigpreis, Schnellkauf-System, modische Orientierung und permanente Aktivität für den Kunden.

Diese müssen unbedingt erfüllt sein, denn sie sind Garant für den einheitlichen Systemauftritt und den Erfolg am Standort. Hinzu kommen diejenigen, gemeinsam ermittelten Stärken und Eigenschaften, die gerade von Standort zu Standort verschieden sind. Dies sind: Lage, Laufströme, Geschäfte in nächster Nähe und hierdurch angezogene Zielgruppen, Warengruppen-Schwerpunkte oder Besonderheiten des Ladenlokales. Hinsichtlich der Verkäuferinnen sind dies deren besondere Verbindungen, ihr Alter, ihre Stärken, ihre bevorzugten Kundengruppen.

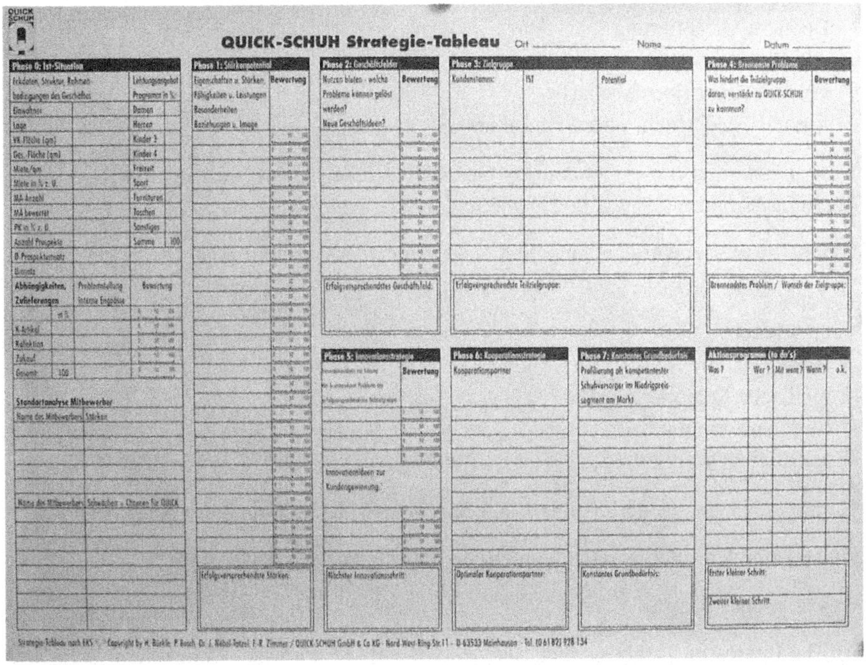

Abbildung 2: Strategietableau von Quick-Schuh

Diese Standort-Strategie-Workshops förderten zum einen diejenigen Ressourcen zutage, die Grundlage werden, um die am Standort diagnostizierten vernachlässigten Kundenwünsche zu befriedigen. Der Workshop motiviert zum anderen außerordentlich die Mitarbeiterinnen – sofern der Franchisenehmer diesen Workshop zusammen mit ihnen durchführt, (meist außerhalb der Franchisenehmer-Erfa-Tagung). Seine Verkäuferinnen werden so ernsthaft in die Geschäftsentwicklung einbezogen. Die Einbeziehung und Motivation der Mitarbeiter ist natürlich auch für die nachfolgende Umsetzung von entscheidender Bedeutung. Das für Franchisesysteme typische und notwendige „Wir-Gefühl" sollte sich nicht nur auf Franchisegeber und Franchisenehmer beziehen, sondern idealerweise die Mitarbeiter der Franchisenehmer mitumfassen. Mit diesem Weg ist dies viel besser möglich als bislang. Aus Betroffenen Beteiligte machen, ein weiser Spruch, den Obi einst entwickelt hat.

Wie geschieht dies? Folgende Fragen werden den Mitarbeitern gestellt und von diesen in der Gruppe beantwortet:

▧ Welche Kunden kommen ins Geschäft?

- Alter
- Geschlecht
- Beruf

- modische Orientierung
- Bequem-Orientierung
- sportliche Orientierung
- Freizeit- oder Berufsbedarf
- Einmal-, Mehrfach- oder Stammkunden?

▨ Warum kommen diese Kunden ins Geschäft? Äußern sie etwas? An der Kasse, bei der Beratung? Äußern sie, warum sie wieder kaufen?

▨ Welche Interessenten/Kunden gehen wieder aus dem Geschäft?

- Alter
- Geschlecht
- Beruf
- modische Orientierung
- Bequem-Orientierung
- sportliche Orientierung

▨ Warum gehen sie wieder? Äußern sie etwas oder welchen Grund vermuten Sie?

▨ Welche Kunden/Interessenten beraten Sie (besonders) gern? Warum?

▨ Welche nicht? Warum?

▨ Welche Interessen/Hobbys haben Sie? Neigungen? Kenntnisse, Fähigkeiten, Sprachen?

Teilzielgruppen – die bessere Motivation für Mitarbeiter

Das Potenzial, das so erkannt und freigelegt, später durch entsprechende Maßnahmen genutzt wird, ist beachtlich. Ein weiterer Vorteil: Teilzielgruppen, mit denen sich die Mitarbeiter identifizieren, verbessern vieles, vor allem wird der Grundsatz „Nur wo man sich wohlfühlt, verkauft man gut" nachhaltig umgesetzt.

Mittels einiger weiterer Schritte wie Auflistung der bestehenden Teilzielgruppen, Analyse von deren besonderen Problemen und Wünschen, Innovations- und Informationsstrategie kristallisieren sich verschiedene Geschäftsfelder heraus. Alle zielen sie in die Lücke zwischen den Mitbewerbern auf Basis vorhandener oder leicht auszubauender Stärken. Diese Stärken werden oft nur mit geringem Aufwand oder gar nur durch Verschiebung von Prioritäten gebildet. So können Kundenbedürfnisse besser oder überhaupt erstmals abgedeckt werden. Zum Nutzen der Kunden und ohne die Konkurrenz am Ort – auf Kosten der Margen – zu erhöhen. So wird der Wettbewerb etwas entzerrt, ein EKS-typisches Phänomen, denn das Quick-Schuh-Geschäft konzentriert sich auf bislang am Standort vernachlässigte Teil-Zielgruppen.

Dies können etwa 12- bis 18-jährige Mädchen sein, deren modische Ansprüche oder besondere Schuh(über)größen bislang nicht ausreichend berücksichtigt wurden. Die Teilzielgruppe Mutter mit Kind, mit ihren speziellen Bedürfnissen hinsichtlich Spielecke, Kinderwageneignung, sensible Beratung der Allerkleinsten.

Trotz des scheinbaren Überangebotes an Waren gibt es immer noch zahlreiche Teilzielgruppen, deren Servicewünsche nicht optimal erfüllt werden. Erfolgversprechende Teilzielgruppen kristallisieren sich gewöhnlich mehrere heraus. Die erfolgversprechendste wird ausgewählt und nur diese wird in Angriff genommen. Die anderen, nach erneuter Überprüfung erst, wenn die erste bearbeitet und die Kundenbindung entwickelt und aufrechterhalten wurde. Grund: Die Kräfte jedes Geschäftes sind begrenzt und daher konzentriert einzusetzen, um überhaupt spürbare Erfolge zu erzielen. Und Erfolge erzielt man, indem man Profil zeigt, also besondere Leistungen auch besonders herausstellt.

Wichtig ist, dass die Grund- oder Systemstrategie und die hiernach anzuvisierenden Zielgruppen des Franchisesystems nicht vernachlässigt, sondern vielmehr deren Einhaltung und Ausrichtung erneut überprüft werden. Durch die gezielte und kanalisierte Nutzung der unternehmerischen Energie vieler Franchisenehmer wird der „Franchise-Flottenverband" nicht nur von einem großen Motor des Franchisegebers angetrieben, sondern die Gesamtleistung des Systems durch die vielen kleinen Motoren der einzelnen Franchisenehmer synergetisch verstärkt.

Durch das Entwickeln dieser standortindividuellen Strategie ergeben sich drei wesentliche Vorteile, deren Umsetzung ein Franchisesystem erfolgreicher machen:

1. Die Franchisenehmer konzentrieren sich auf die Stärken des Systems, sind also systemtreuer und verzetteln sich nicht mit systemfremden oder -untypischen, gar -schädlichen Nebengeschäften. So ganz nebenbei wird überprüft, ob das System-Know-how wirklich verstanden und umgesetzt worden ist. Zum Beispiel darf die Teil-Zielgruppe nicht oberhalb des Niedrigpreissegmentes liegen oder das Schnellkaufsystem nicht durch zu intensive Kundenberatung unterhöhlt werden. Schon gar nicht dürften, um wieder andere Franchisesysteme ins Spiel zu bringen, Buddhas verkauft oder Motorreparaturen durchgeführt werden. Aufgrund der Einübung der Strategie wird dies jetzt auch den früheren Abweichlern klar. Und Verständnis erleichtert allemal die Umsetzung – und damit den franchisenotwendigen Know-how-Transfer.

2. All business is local! Durch die individuelle Standortanpassung wird gleichsam eine Verfeinerung des Systems vor Ort vorgenommen, die das Franchisesystem einem vergleichbaren Filialsystem deutlich überlegen macht. Es zeigte sich immer wieder, dass die Motivation durch wirkliche Einbeziehung der Verkäuferinnen enorm ist. In gleichem Maße dürfte dies für ein Filialsystem, wo der Chef Angestellter ist, nicht gelingen.

3. Das Know-how des Franchisesystems wird durch diese individuelle Ausrichtung der unternehmerischen Energie erweitert. Diese Förderung der Individualität hat gleich zwei positive Auswirkungen:

   – In dem Prozess der Strategieentwicklung und -umsetzung wird neues System-Know-how entwickelt, das wiederum den anderen Partnern für deren Standort zur Verfügung gestellt wird. Ob es dort wirklich anwendbar ist, hängt von den örtlichen Gegebenheiten ab. In einem System wie der Quick-Schuh mit über 500 Standorten ist dies häufig der Fall. Nächster Entwicklungsschritt bei Quick-Schuh ist die Schaffung einer standardisierten Strategieanalyse, die für die häufig vorkommenden Grundkonstellationen in einem Strategie-Paket gleich entsprechende Umsetzungsmaßnahmen bereithält.

– Die freiheitliche Entwicklung der Franchisenehmer unterstreicht deren Unternehmertum. Vermieden werden so zum einen rechtliche Sanktionen und zum anderen demotivierende Einengungen.

Dies ist die Methode, wie ein Franchisesystem den bewährten Grundsatz „Think global – act local" im System umsetzen kann. Global denken heißt, definierte Systemziele und -standards als Richtschnur für den Erfolg und die Einheitlichkeit des Systems entwickeln und überwachen. Lokal handeln heißt, mit unternehmerischer Initiative und Scharfsinn die örtlichen Chancen erkennen und konsequent umsetzen.

Wie hat Quick-Schuh diese Standort-Strategie im Gesamt-System eingeführt? Der Franchisegeber ging gemäß dem Top-down-Prinzip in drei Stufen vor:

1. Zunächst wurde auf einer gemeinsamen Strategie-Klausur-Tagung des Außendienstes, also der Management- und Marketing-Berater von Quick-Schuh, die die Franchisenehmer vor Ort betreuen, die langjährig erprobte Strategie mit einem externen EKS-Berater überprüft. Eine definierte System-Strategie ist von eminenter Bedeutung. Ohne sie dürfte ein solcher Prozess gefährlich sein, da eine Stimulierung der Standort-Strategie ohne „die Leitplanken" der auch schriftlich fixierten und kommunizierten System-Strategie zum Auseinanderdriften des Systems führen würde.

2. Auf der Quick-Schuh-Gesellschafter-Versammlung wurden die EKS und die Quick-Schuh-Strategie-Tableaus vorgestellt und bereits in Ansätzen für einige Standorte entwickelt. In den Franchisenehmer-Erfa-Tagungen wurden und werden sie detailliert erarbeitet und als dauernder Prozess immer wieder angepasst.

3. Bei 500 Quick-Schuh-Geschäften wird die Standort-Strategie durch die in Sachen Strategie trainierten Franchisenehmer selbst entwickelt und umgesetzt – zumeist mit Unterstützung der Quick-Schuh-Marketing-Berater – und stets unter der besonders erfolgreichen und motivierenden Einbeziehung der Verkäuferinnen am Standort.

Dies ist ein neuer und vielversprechender Weg, dauerhafte Motivation der Franchisenehmer und deren Mitarbeiter zu erzielen. Dauerhaft, da der Prozess der standortabhängigen Marktanpassung im Sinne eines an sich bekannten und bewährten regionalen Handelsmarketings im Franchising an der entscheidenden Stelle, dem Franchisenehmer und seinem gerade in reiferen Systemen oft vernachlässigten Unternehmertum, ansetzt. Denn gerade die reiferen Systeme vergessen durch rigide Vorgaben oft, dass ihre Franchisenehmer Unternehmer sind. Der Prozess der Standort-Strategie endet praktisch nie, da sich ja auch die Marktbedingungen am Standort permanent ändern, ein Laden schließt, ein anderer macht auf oder verändert das Sortiment – eine Herausforderung der mit dieser neuen EKS-Methode und dem Strategietableau im Franchising besonders gut zu begegnen ist und sich daher für nachhaltige Motivation besonders eignet. Dies erfüllt den von Professor Meffert geforderten nicht zu geringen Autonomiegrad der Franchisenehmer mit praktischem Leben.

Dass diese standortindividuelle Strategie selbst in einem der härtesten deutschen Märkte, der Lebensmittelbranche, erfolgreich umsetzbar ist, zeigte Lothar J. Seiwert, der für diese EKS-Anwendung den Deutschen Trainingspreis 1997 gewonnen hat. Strategisches Ziel des Rewe-Projektes war:

- Erringung der regionalen Marktführerschaft im Einzugsgebiet

- Jeder der beteiligten Supermärkte soll an seinem Standort die „Nr. 1" werden, die Marktführerschaft erlangen. Dazu sollte die jeweilige Kernkompetenz (Stärke) des einzelnen Supermarktes herausgearbeitet und weiterentwickelt werden. Die Konzentration auf die Bedürfnisse der erfolgversprechendsten Zielgruppen der Märkte sollte den entscheidenden Vorsprung vor den Mitbewerbern schaffen. Ein Top-down-Ansatz sollte sicherstellen, dass die Führungskräfte hinter den tiefgreifenden Veränderungsprozessen stehen, diese unterstützen und nicht blockieren.

Bedarfsanalyse

Um die Situation des einzelnen Marktes zu klären, war es nötig, die Führungskräfte und die Marktleiter mit dem nötigen Know-how für die Analyse auszustatten, und sie bei der Durchführung zu unterstützen. In besonderen EKS-Seminaren wurden sie darauf vorbereitet, die Stärkenanalysen ihrer Märkte durchzuführen. Über eine Kundenbefragung wurden die Basisfähigkeiten des einzelnen Marktes aus Kundensicht ermittelt.

Letztlich ist ja die Sicht des Kunden der entscheidende Faktor für den Erfolg der eigenen Aktivitäten. Die Analyse der Mitbewerber vor Ort brachte nicht nur Erkenntnisse über deren Vor- und Nachteile gegenüber dem eigenen Markt, sondern zusätzlich viele neue Ideen zur Optimierung des eigenen Geschäfts.

Durch die Zusammenführung der Analyseergebnisse konnten schließlich Rückschlüsse auf lohnende Wachstumsfelder, die geeignetsten Stammkundengruppen und die Bedürfnisse der Kundenzielgruppen in Bezug auf den Einkauf allgemein und auf den einzelnen Supermarkt gezogen werden.

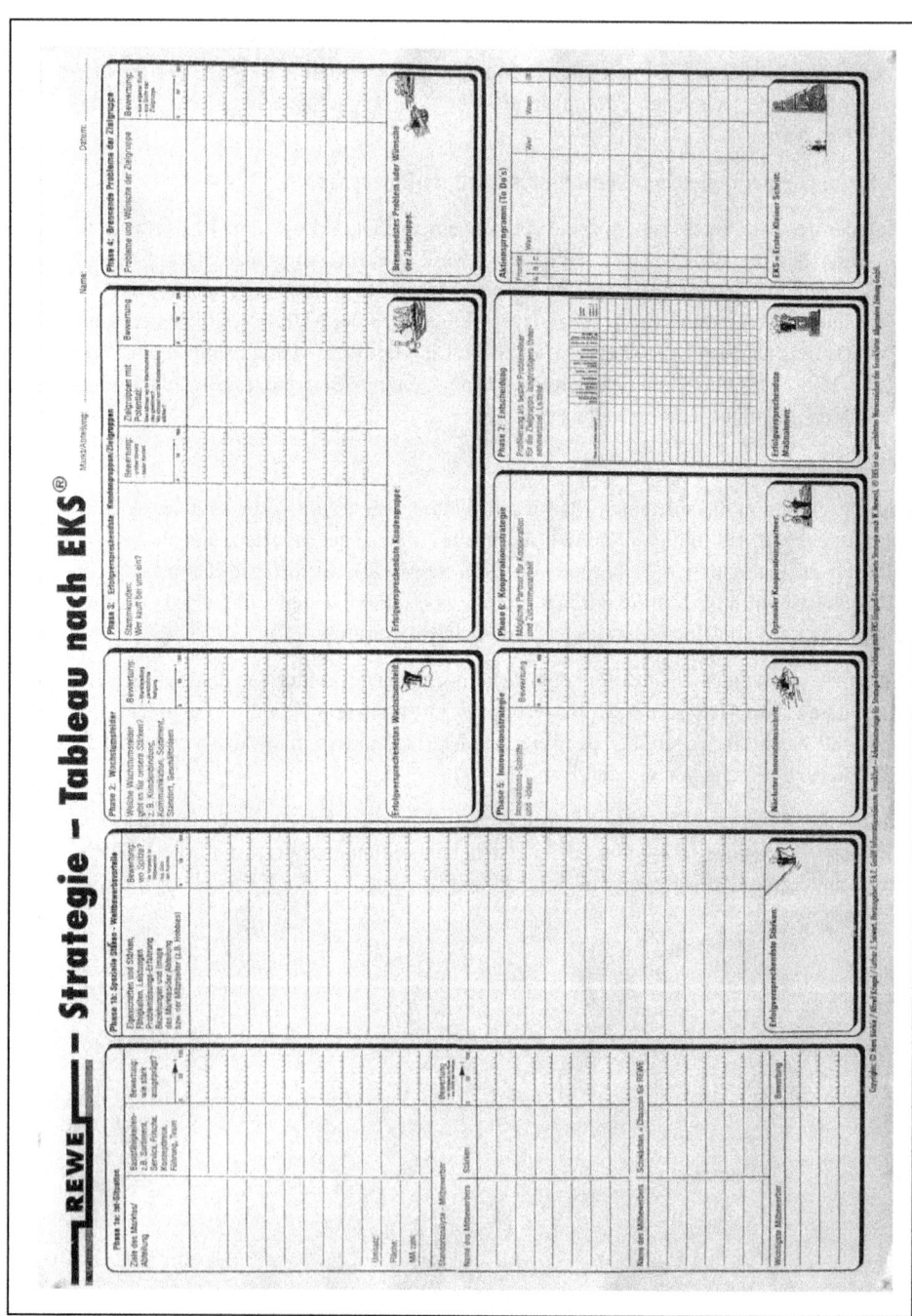

Abbildung 3:   *EKS-Strategietableau von Rewe*

Ergebnisse des Projektes

- Erreicht wurde bisher die Marktführerschaft in Thüringen. Gewinnsteigerungen (teils bis 148 Prozent) und Umsatzsteigerungen (bis 60 Prozent) konnten auf breiter Front erzielt werden.

- In vielen Bereichen kommt man dem „perfekten Supermarkt" durch Innovationen und bessere Kundenorientierung deutlich näher. Der Bereich der Warengruppen und Servicedienstleistungen wurde, in Abstimmung mit den Kunden, ausgebaut.

- Durch die Einbeziehung von Kooperationspartnern (Pizza-Taxis, Heim-Service-Firmen, Computer-Clubs, Tierheime, Autohäuser) konnten viele Verbesserungsideen schnell und kostenverträglich umgesetzt werden.

- Die selbstständigen Marktleiter sehen ihre Zukunftsperspektiven inzwischen positiver als vor dem Projekt.

- Die Zielsetzung „Marktleiter werden Marktführer" führte zu einer Konzentration auf die eigenen Stärken. Die Aktivitäten sind inzwischen zielgruppenspezifischer orientiert, mit dem Ergebnis einer besseren Kunden- und Serviceorientierung. Die Markleiter leben dies zu einem großen Teil ihren Mitarbeitern vor.

- Damit einhergehend konnte die Wiederentdeckung des Unternehmertums bei den selbstständigen Marktleitern beobachtet werden, die zuvor eher eine „Angestellten-Mentalität" entwickelt hatten.

- Ein wichtiges Ergebnis ist auch die Steigerung der Motivation der Mitarbeiter, die inzwischen als „interne Kunden" betrachtet und behandelt werden.

- Zahlreiche Preise durch unabhängige Gremien der Branche belegen den umfassenden Erfolg des Projektes.

Kein Wunder, dass die Lebensmittelzeitung konstatiert: „Immer bessere Noten aus der Branche bekommt das franchiseähnliche Partnerschaftsmodell der Rewe." Gefordert, so fasst das Blatt die Ziele zusammen, „sind damit aber zuvorderst die Zentralen, ihre Selbständigen fit zu machen für den Wettbewerb. Gefragt sind Modelle, die den Kaufleuten einerseits größtmögliche Unterstützung bieten, ihnen aber trotzdem ein hohes Maß an Selbständigkeit bewahren." Dies wird uneingeschränkt vom System der standortindividuellen Strategie gestützt.

Teil IV

Erfolgsbausteine der Engpass-
konzentrierten Strategie

Elemente der Wirtschaftskrise

Interview mit Wolfgang Mewes

Interviewführung: Wolfgang Bürkle

Welche Bedeutung messen Sie, Herr Professor Mewes, der Wirtschaftskrise zu?

Alle reden heute von Finanzkrise, und die Politiker basteln die ganze Zeit an den Finanzen herum. Tatsächlich ist die eigentliche Ursache aber eine geistige Krise, auf deren Entwicklung wir bereits Anfang der 70er Jahre hingewiesen haben: Wir denken in Wirklichkeit falsch. So hat Jaspers bereits im Jahr 1958 geschrieben, dass die Dynamik der technischen Entwicklung die Menschen zunehmend verwirren, überwältigen und schließlich vernichten wird, wenn es nicht gelingt, eine völlig neue soziale Verhaltensweise zu entwickeln.

Geld regiert die Welt – wir leben alle im Kapitalismus und denken kapitalistisch. In Wirklichkeit aber geht es heute darum, die geistigen Verhältnisse zu verbessern – das ist das zentrale Problem. Die ganze Fummelei der Politiker und auch der Unternehmen an der Verbesserung der Finanzverhältnisse wird auf die Dauer nichts bewirken. Man muss die Probleme von der Ursachenseite her angehen. Diese Finanz- und Wirtschaftskrise hat insofern eine wichtige Bedeutung, als darin die Chance für ein anderes Denken und Handeln erkannt werden kann und muss.

Was ist für Sie das Gefährliche an der Wirtschaftskrise?

Das Gefährliche daran ist, dass wir uns ständig weiter auseinanderleben. Putin hat auf dem Weltwirtschaftsforum in Davos Anfang 2009 festgestellt, dass die Konflikte und Spannungen und das Gegeneinander in der ganzen Welt wachsen. Wir wissen aber alle, dass Kräfte, die zunehmend gegeneinander arbeiten, nicht vorankommen. Wir brauchen also eine bessere geistige Strategie, nämlich eine engere geistige Zusammenarbeit der Beteiligten. Dann werden wir feststellen, dass alle Probleme, die wir heute haben, eigentlich in der Vergangenheit schon gelöst worden sind.

Wir sind uns nur nicht mehr bewusst, wo überall die Lösungen stecken. Und das Gefährliche an dieser Finanzkrise ist, dass sich daraus eine Krise der realen Wirtschaft entwickelt. Aus dieser wird sich, wenn wir nicht ganz konsequent unser Denken verändern, eine soziale Krise entwickeln: nämlich eine immer breiter werdende Kluft zwischen arm und reich. Aus dieser sozialen Krise werden sich eine politische Krise und eine Revolution der politischen Verhältnisse entwickeln, aus denen sich wiederum militärische Auseinandersetzungen, also direkte blutige Kämpfe entwickeln können.

Das haben wir in der Vergangenheit durchaus schon gesehen und wir müssen bewusst hinschauen, denn das ist keine zufällige, sondern eine ganz konsequente und logische Entwicklung. Wenn wir uns also nicht viel intensiver über die Ursachen der Wirtschaftskrise unterhalten und überlegen, wie wir die geistigen Verhältnisse verbessern, dann werden wir aus dieser Krise nicht herauskommen.

Vorübergehend ist es durchaus möglich, dass die Politiker durch das Öffnen der Geldschleusen in Wirklichkeit die Konjunktur wieder in Gang bringen. Aber da treiben sie den Teufel mit dem Beelzebub aus, denn dann bekommen wir wiederum eine Inflation. Das ist ein ständiges Hin- und Herschwanken, aber es ändert an den Ursachen nichts.

Als die Finanzkrise begann, haben viele gesagt, dass sich das im folgenden Halbjahr wieder ändern werde. Aber da wird sich nichts ändern. Wir haben eine Krise, die schlimmer ist als die in den 30er Jahren. Was hat man denn seit der Zeit immer gemacht? Jedes Mal, wenn eine Krise, also ein Rückgang der Konjunktur aufzog, hat man die Geldschleusen weiter geöffnet. Wir hielten es für völlig selbstverständlich, dass die umlaufende Geldmenge regelmäßig um zwei Prozent erhöht wurde. Schon das war Blödsinn. Die Negativspirale dreht sich so immer weiter. Heute geht es nicht um die Vergrößerung der Geldmenge, sondern um die Verbesserung der Innovation.

Wo sehen Sie die maßgeblichen Ursachen der Krise?

Die maßgebliche Ursache ist eine geistige Krise. Heute sage ich dies klar und deutlich, vor 30 oder 40 Jahren habe ich noch sehr dezent bereits auf den gleichen Umstand hingewiesen. Wenn alle davon reden, dass mehr Geld in die Bildung gesteckt werden müsse, ist dies schon mal völlig falsch gedacht – denn die Nutzung des Bildungswesens ist die eigentliche Ursache unserer geistigen Krise!

So ist die Wissenschaft in immer mehr Bereiche und Teile getrennt worden. Der Physiker hat den Biologen nicht verstanden, der Biologe versteht den Chemiker nicht, dieser den Soziologen nicht. Man hat die ganze Wissenschaft segmentiert, obwohl die Welt ein komplexes System ist, in dem alles ineinander wirkt. Jede Wissenschaft bemüht sich darum, immer mehr Details zu produzieren, und in Wirklichkeit finden wir uns in diesen Details nicht mehr zurecht.

Wenn man genau hinsieht, hat Hegel schon entdeckt, wie man unter den heutigen Verhältnissen Frieden schaffen könnte: Nämlich durch die berühmte Sache mit den Thesen, Antithesen und Synthesen. Aber kein Mensch – selbst diejenigen, die Philosophie studiert haben – haben eine Ahnung, was das alles bedeutet. Es herrscht völlige Verwirrung. Wir müssen vor allem die geistigen Verhältnisse, also unser Bildungswesen, verbessern. Strategisch verbessern!

Und wie kann dieses Schulsystem verbessert werden?

Jetzt darf ich ganz klar sagen: durch die EKS. Als Beispiel hierzu dient die Entstehung der EKS selbst: Ich hatte zu Beginn des Wirtschaftswunders an meinen Buchhaltern – ich war ja Buchhaltungsleiter in einem großen Unternehmen – festgestellt, wie man die Leute, die aus dem Krieg oder der Gefangenschaft zurück kamen, ganz schnell zu tüchtigen Buchhaltern machte: mit Checklisten, auf denen genau aufgeschrieben war, was sie zu machen hatten. Dann entwickelten sie Interesse an ihrem Fach, und unter dem Interesse, dieser verstärkten Motivation, entwickelten sie sich weiter. Manche sind Geschäftsführer von Bertelsmann geworden, andere sehr tüchtige und erfolgreiche Unternehmer, obwohl sie keine normale schulische Ausbildung hatten beziehungsweise nur das, was im Krieg an Ausbildung üblich war.

Unter diesem Aspekt haben wir ein völlig falsches Bildungssystem. Ein Bildungssystem, das die Menschen immer stärker verzettelt, obwohl jeder normal Denkende weiß: Um Wirkung zu erreichen, muss ich meine Kräfte konzentrieren.

Wenn ich morgens meine Tageszeitung lese, dann kommt ein Schwung von Papier auf mich zu, eine Fülle von Nachrichten, von denen 95 Prozent mich gar nicht interessieren, weil ich die Dinge nicht ändern kann. Aber die Fragen, an denen ich etwas ändern kann, die sind minimal behandelt. Und so ist das überall. Ich habe ja viel mit jungen Hochschulabsolventen zu tun – was die alles wissen, da kann ich überhaupt nur staunen. Bloß können die mit diesem Wissen nichts anfangen. Sie können daraus kein Werkzeug schmieden, mit dem sie auf dem Markt Gewinne machen.

Also muss man sich schon viel früher spezialisieren, schon in der Schule?

Genau. Wir müssen uns über eines klar sein, was in der Physik jeder weiß: Um Wirkung zu erreichen und Erfolgserlebnisse zu sichern, muss ich mich sehr schnell auf reale Probleme konzentrieren und spezialisieren. Das ist Allgemeinwissen: Um eine Wirkung zu erreichen, muss ich meine Kräfte spezialisieren. Spezialisierung ist nur die Fortsetzung von Konzentration der Kräfte auf der Zeitachse.

Damals, als ich in den 50er Jahren anfing und wirklich hervorragende Erfolge bei der Ausbildung von Bilanzbuchhaltern hatte, hat man mir immer entgegengehalten: „Ja, in Bilanzen wissen die prima Bescheid, vor allem im Steuerrecht, was damals das brennendste Problem war, aber das sind ja Fachidioten, die verstehen ja sonst nichts davon." Der Witz bei der Geschichte ist: Das Wichtigste ist ja, dass die Leute motiviert werden für ihr Fach, dass sie es lieben und den inneren Antrieb entwickeln, weiter zu lernen.

Einer der wichtigsten Atomforscher war Niels Bohr. Der war anfangs Bote in einem Forschungsinstitut, entwickelte aber mehr und konsequenter als andere Interesse an dem Fach und wurde schließlich einer der wichtigsten seiner Zunft. Das Wichtigste, was Schule und Wissenschaft erreichen müssten, wäre eine Verstärkung der Motivation zum Lernen. In Wirklichkeit verstehen wir doch heute das Lernen als lästige Pflicht, damit wir irgendeinen Schein bekommen.

Derzeit bin ich dabei zu entwickeln, wie sich ein Unternehmen jetzt in der Wirtschaftskrise verhalten muss, um seine Verhältnisse zu stabilisieren und weiterhin erfolgreich zu sein. Und da wird Folgendes herauskommen: Die Krise – das zeigen die Krisen der Vergangenheit auch – hat bei allen schwerwiegenden Nachteilen auch erhebliche Vorteile und Chancen. Viele große, heute erfolgreiche Unternehmen und Karrieren sind in der Krise entstanden. Aber wir spezialisieren uns auf die Probleme, blähen uns den Kopf auf, suchen nicht danach, welche Chancen die heutige Situation birgt. Diese Chancen kann ich aber nur finden, wenn ich mich spezialisiere.

Wenn ich den ganzen Kopf mit allen Problemen fülle, die heute auf uns zukommen, dann hopse ich von einer Überlegung zur anderen, von einer Lösung zur nächsten, und es kommt nichts dabei heraus. Konzentriere ich mich aber in einer ganz bestimmten Weise beziehungsweise spezialisiere mich auf die Lösung eines für meine Mitwelt wichtigen Problems und sammle alle Informationen in dieser Richtung, dann gewinne ich den anderen gegenüber ganz schnell einen Vorsprung in der Lösung eines für meine Umwelt brennenden Problems. Und damit motiviere ich mich. Meine Umwelt zeigt eine stärkere Akzeptanz, dadurch bekomme ich mehr Erfolgserlebnisse, werde in meinem Weg bestätigt, entwickele Motivation und Souveränität in der Lösung der Probleme.

Wir reden alle von Wirtschaftskrise. Das kommt nur daher, dass wir uns über Jahrzehnte, wenn nicht über Jahrhunderte, immer mehr auf die Kapitalvorgänge fokussiert haben. Das nennt man doch Kapitalismus. Das ist in der Vergangenheit unter bestimmten Verhältnissen sogar mal richtig gewesen. Aber wir setzen nun ständig linear ein früher erfolgreiches Verhalten fort. Wir kommen nachher noch auf Justus von Liebig zu sprechen, er hatte festgestellt, dass die Minimumfaktoren sich verändern.

Weiterhin hat schon Paracelsus festgestellt: Die Dosis macht das Gift. Eine Sache, die in geringer Dosis ungeheuer wirksam und erfolgreich ist, kann in der Übertreibung tödlich sein. Für einen, der in der Wüste verdurstet, ist Wasser der Minimumfaktor oder der Engpass, der lebenswichtig ist – wenn der Verdurstende Wasser erreicht, kann er auch alle übrigen Probleme stärker lösen. Für jemanden, der ertrinkt, ist Wasser tödlich. Liebig hat das viel besser und viel präziser festgestellt, und aus diesem altbekannten Wissen heraus ist klar, dass Kapital kein Minimumfaktor mehr ist und erneute Kapitalspritzen eher zum „Tode" des Kapitalismus führen werden.

So fordern Sie eine Abkehr vom kapitalorientierten Denken?

Wir sind alle erzogen worden, unsere finanziellen Verhältnisse zu verbessern. Also auch unsere Gewinne, unsere Umsätze und so fort. Und nun kommt die EKS und sagt: Dies ist doch alles Quatsch.

Betrachten Sie doch genau die Realitäten der Wirtschaft: Da sind immer diejenigen am erfolgreichsten geworden, die nicht zuerst an ihren Gewinn gedacht haben, sondern zunächst daran, wie sie ihren Nutzen für die Mitwelt steuern. Wunderschönes Beispiel ist Henry Ford. Der hat fortwährend die Qualität seines Autos, der „Tin Lizzy", verbessert, den Preis gesenkt, die Löhne seiner Mitarbeiter erhöht und trotzdem mehr verdient.

Und zwar deswegen, weil er sich besser der Umwelt anpasste. Und das hat Darwin schon festgestellt. Aber wir verfügen an allen Ecken und Kanten und überall in irgendwelchen Wissenschaften über Erkenntnisse, sind jedoch nicht in der Lage, diese zu einem geschlossenen System zusammenzufügen, zu einer konsequenten Strategie des richtigen Verhaltens!

Wir brauchen doch bloß hinzuschauen: Gottlieb Duttweiler war in der Schweiz mit einem Textilbetrieb gescheitert. Ich will ihm damit nicht zu nahe treten, im Gegenteil, er ist mir sehr sympathisch. Dann ist er vor seinen Gläubigern nach Südamerika abgehauen, hatte aber – ich kann's verstehen – großes Heimweh nach der Schweiz und sagte: „Ach, wenn ich doch nur das verdienen würde, was ein mittlerer Angestellter in der Schweiz verdient, dann möchte ich doch zu gern zurück". Dann ist er in die Schweiz zurückgekehrt und hat den Leuten dringend notwendige Nahrungsmittel billiger als die anderen angeboten – mit dem Ergebnis, dass er natürlich weniger als ein normaler Unternehmer verdiente, aber weil er günstiger war als die anderen, kamen alle zu ihm.

Das sprach sich herum – mit der Folge, dass er im Grunde immer mehr von dem gleichen begrenzten Sortiment verkaufte, immer billiger einkaufen konnte, immer größere Marktmacht hatte und mit seinen niedrigeren Preisen mehr verdiente als die anderen mit ihren höheren Preisen. Dadurch steigerte er seinen Nutzen, sein Preis-Leistungsverhältnis, wie wir heute sagen, für seine Umwelt und entwickelte dadurch höhere soziale Anziehungskraft.

Über Letztere erreichte er mehr Nachfrage und Umsatz, wodurch er wiederum rentabler arbeiten konnte. Während andere Werbung betreiben mussten, kamen die Leute durch Mundpropaganda von allein zum ihm. Duttweiler sparte sich die ganze Werbung und konnte deswegen natürlich viel billiger verkaufen. Am Ende des Jahres gab es dann noch einen Bonus für das, was die Leute bei ihm gekauft hatten. Das imponierte natürlich den Journalisten, die das groß in der Zeitung ausbreiteten – für ihn kostenlose PR. Im ersten Jahr hatte er um die 10.000 Kunden. Nachdem sich der Bonus weit herumgesprochen hatte, stieg deren Zahl auf 25.000 im Folgejahr, 500.000 im nächsten und 1.000.000 Kunden wiederum im Jahr darauf.

Auf diese Art und Weise wurde Duttweiler, obwohl er das so nicht geplant hatte, zu einem der mächtigsten Unternehmer in der Schweiz. Duttweiler ist heute Migros. Ich könnte noch zig Beispiele bringen, unter anderem Robert Bosch. Der sagte einst: „Ich habe so viel Geld verdient, weil ich meinen Mitarbeitern so hohe Löhne bezahlt habe".

Aber die ganzen Wissenschaftler haben sich lustig gemacht, als Henry Ford versuchte, die Ursache seines Erfolges zu erklären. Dass es nachher übrigens mit Ford bergab ging, hing damit zusammen, dass man zu der alten Betriebswirtschaftslehre zurückgekehrt ist, während Henry Ford sozusagen aus der Intuition heraus richtig gehandelt hat. Sie haben sich lustig gemacht, obwohl der Erfolg von Henry Ford so ungewöhnlich, riesig und sensationell war. Lieber hätten sie ihre eigenen Vorurteile überprüfen und überlegen sollen, wieso denn wider Erwarten Henry Ford derartig erfolgreich war. Aber das ist ein typisches Kennzeichen unserer Wissenschaftler: Sie sind so stolz auf ihre Vorurteile, dass sie glauben, die anderen seien im Unrecht, wenn irgendwas dagegen spricht. Sie kommen gar nicht auf die Idee, dass sie selbst Unrecht haben könnten.

Einstein hat gesagt: „Es gibt keine größeren Widerstände als die wissenschaftlichen Vorurteile". Wir bilden uns alle ein, dass, wenn jemand irgendetwas studiert, dieser seine geistigen Verhältnisse verbessert. Vielleicht tut er dies – auf seinem eigenen begrenzten Gebiet. Aber nicht im Ganzen. Mir hatte man die Spezialisierung meiner Bilanzbuchhalter vorgeworfen. Diese waren aber vor allem deshalb so erfolgreich, weil sie sich mit Blick auf den Engpass in den 50er Jahren vor allem der Frage widmeten, wie man auf legale Art und Weise möglichst viel von dem erzielten Gewinn im Betrieb zurückhalten kann und möglichst wenig ans Finanzamt bezahlen muss.

Das war eben das, was für die Unternehmen damals wichtig war. Dafür verstanden sie von Bilanzanalyse und allem Übrigen weniger. Der Witz an der Geschichte ist aber, dass sie durch die größeren Erfolgserlebnisse, die größere soziale Anziehungskraft, die stärkere Motivation zu Generalisten wurden.

Wenn ich mich da als Beispiel nehmen darf, so war ich ja wirklich einer der engstirnigsten Spezialisten in der Buchhaltung bei der Frage, wie man beispielsweise durch erhöhte Rückstellungen und überhöhte Abschreibungen und deren Begründung gegenüber den Prüfern vom Finanzamt möglichst wenig vom erzielten Gewinn abführte. Das war damals im Wirtschaftswunder übrigens sehr erfolgreich, nicht nur für das Unternehmen, sondern auch für das Wirtschaftswunder selbst. Ich war voll auf dieses Thema spezialisiert, was mich dann beruflich ziemlich erfolgreich gemacht hat, denn das hatte meinem Chef mächtig imponiert und mir relativ schnell ziemlich großen Einfluss gebracht. Sogar meine Freunde von der Gewerkschaft mokieren sich immer darüber, wenn ich sage, dass ich gleichzeitig Finanzleiter eines großen Zeitschriftenverlages war und von den Mitarbeitern gewählter Betriebsratsvorsitzender. Da können die nur noch mit dem Kopf schütteln. Aber in Wirklichkeit waren und sind die Interessen außerordentlich konform.

Wir schaffen Spannungen in unserem aktuellen Bildungswesen, vor allem die Politiker schaffen Konfrontationen, wo gar keine sind. Es ist eine Frage der geistigen Größe, negativ gesprochen des ungenügenden Durchblicks sowohl auf der Unternehmerseite als auf der Mitarbeiterseite, dass alle das gleiche Interesse haben: Die Wirtschaft soll funktionieren, die einen sollen möglichst viele und motivierende Arbeitsplätze erhalten, während die anderen möglichst große Gewinne einfahren sollen, um sie in das Fortschreiten der Wirtschaft zu stecken. Das sind doch konforme, ineinandergreifende und komplementäre Interessen. Politiker und Funktionäre haben es aber fertig gebracht, dort, wo eigentlich völlig komplementäre Interessen bestehen, Konflikte zu erzeugen. Und das ist die ganze Ursache für die heutige Krise.

Ist hier das Mitbestimmungsgesetz von Vorteil?

Nein. Diese Fehlentwicklung hatte schon früh begonnen. Denken Sie an Thomas Manns „Buddenbrooks". Man braucht bloß mal zu vergleichen, wie damals (um 1900) die Wirtschaft lief, wie seinerzeit auch Intuition eine große Rolle spielte, wie wir uns zunehmend mehr auf das rein Rationale, auf das Finanzielle fokussiert haben und in Wirklichkeit die Unternehmer, speziell die Manager, überhaupt nicht mehr wahrnehmen, was jetzt gerade aktuell ist. Und was für ein Unding, dass die amerikanischen Bankmanager, nachdem sie die Karre in den Dreck gefahren haben, nun sich selbst aus den Zuschüssen, die der Staat jetzt bezahlt, riesige Tantiemen auszahlen wollen. Dafür haben sie gar kein Gefühl und sie werden die Kritik von Barack Obama überhaupt nicht verstehen, sondern halten es im Gegenteil für völlig selbstverständlich, dass man nimmt, was einem juristisch zusteht.

Dass das auf Dauer Konflikte erzeugt und die eigene Entwicklung zerstört – auf die Idee kommen sie gar nicht, denn sie denken zu kurzsichtig. Ich habe im Strategie-Journal geschrieben: Die ganze Ursache unseres heutigen schlechten Denkens liegt darin begründet, dass wir zu kurzsichtig denken. Wenn wir mal weitsichtiger denken, dann werden wir feststellen, dass wir Konflikte provozieren, wo wir Zusammenarbeit produzieren könnten.

Physikalisch gesprochen: Ich kann zwar riesige Kräfte entwickeln – je mehr diese Kräfte aber gegeneinander wirken, um so weniger kommt dabei heraus. Und genau das tun wir zurzeit. Wir verfügen über ungeheure Kräfte, wir haben ungeheuer intelligente Jugendliche. Ich staune immer darüber und überlege: Was hast du mit 25 Jahren gewusst, und was wissen die heute? Sie sind ungleich gebildeter – aber wie man Geld verdient, wie man mit anderen Leuten gut zusammen arbeitet, wie man Gemeinsamkeit schafft oder dass ich sowohl die Interessen meines Chef vertreten muss als auch die meiner Mitarbeiter, damit sie mich gemeinsam zum Betriebsratsvorsitzenden wählen – diese Fragen werden auch in der Wissenschaft leider kaum untersucht.

Zurück zum Bildungswesen – welche Ihrer damaligen Lehrgangsteilnehmer waren warum erfolgreich?

In der Zeit zwischen 1950 und 1970 habe ich eine Vielzahl von Betriebswirten ausgebildet und fortwährend überlegt: Wer ist eigentlich erfolgreich und wer ist es nicht? Dann habe ich die unterschiedlichen Ergebnisse auf einen gemeinsamen Nenner zu bringen versucht. So hatte ich Lehrgangsteilnehmer, die außerordentlich erfolgreich waren, und andere, die mit der Masse schwammen. Dabei stellte ich fest: Die Erfolgreichsten sind gar nicht diejenigen, die am meisten gelernt haben und am fleißigsten waren, die die besten Beziehungen oder das größte Kapital hatten – sondern die Erfolgreichsten waren diejenigen, die sich auf eine bestimmte Zielgruppe spezialisierten, nach deren brennendstem Problem fragten und dann ganz fokussiert überlegten, wie dieses zu lösen sei. Wenn ich meine Kräfte so bündele, ist es wirklich verblüffend einfach, Lösungen zu entwickeln.

Mich erinnert das immer an das berühmte Sprichwort: „Was der Verstand der Verständigen nicht sieht, das findet in Einfalt ein kindlich Gemüt". Wir sind alle viel zu sehr verzettelt. Der Satz von Jaspers (der ja nicht der Einzige war, der das sehr frühzeitig gesagt hat) ist aktueller denn je: „Die Dynamik der technischen Entwicklung wird die Menschen zunehmend verwirren, überwältigen und schließlich vernichten, wenn es nicht gelingt, eine völlig neue soziale Verhaltensweise zu erzeugen".

Ihre Anzeigenserie in FAZ, Handelsblatt und VDI-Nachrichten zwischen 1970 und 1990 – war das ein Marketingtrick zur Verkaufsförderung Ihres Managementlehrgangs?

Es war kein Marketingtrick, sondern vielmehr der Aufschrei einer gequälten Seele. Ich habe gedacht, dass das Umdenken schneller greift, aber die Politiker haben es verstanden, durch das fortwährende Aufziehen der Geldschleusen die Verschuldung des Staates zu erhöhen und die Leute irgendwie ruhig zu halten. Wir müssen sehen, was das bedeutet: Wir schieben ständig die Probleme der Jetztzeit in die Zukunft – ohne Lösungsansatz. Es wäre nämlich alles nicht so schlimm, wenn wir die Lösung mitliefern würden. Aber das tun wir nicht. Natürlich war meine Anzeigenkampagne Verkaufsförderung, ich musste das aus dem laufenden Geschäft finanzieren. Staatliche Zuschüsse bekam ich nicht.

Der Clou war aber: Unser Fernlehrgang, die EKS, war ungewöhnlich preiswert, denn ich sagte mir, dass die Leute die Sache weiterempfehlen, wenn sie zufrieden sind – und dadurch spare ich Werbungskosten. Das hat sich auch bewahrheitet. Wir haben mit relativ niedrigen Preisen gute Gewinne gemacht, und deshalb konnten wir die Anzeigenserie auch finanzieren.

Warum konnten Sie sich nicht mit ihrer Meinung zügig durchsetzen?

Nun stellen Sie sich mal die Situation damals vor. Da stand im Grunde ein Einzelner gegen eine geschlossene Front Andersdenkender. Das gab es in der Geschichte schon öfters. Die wirklich großen, grundsätzlichen Innovationen sind zunächst immer abgelehnt worden. Wie bei Justus von Liebig, den die Engländer mangels Unverständnis aus dem Königreich jagten und erst später anerkannten. Kürzlich war im Fernsehen zu sehen, dass der Erfinder der heutigen riesigen Containerschiffe furchtbar arm gestorben ist. Das Schlimmste ist die Sache mit Prometheus. Ihn, der das Feuer zu den Menschen brachte, haben die etablierten Götter furchtbar dafür bestraft.

Wir müssen uns darüber klar sein, dass wir hier eine innovationsfeindliche Gesellschaft haben, obwohl die Innovation das wichtigste Problemlösungsmittel ist, das wir zur Verfügung haben. Man kann neue Kosmetik oder ein neues Parfüm entwickeln, darf aber um Gottes Willen nicht ans Eingemachte gehen. Zu diesen grundsätzlichen Fragen gehört die, ob denn die Grundausrichtung unserer Betriebswirtschaftslehre stimmig ist. Wobei ich sagen muss, diese Erkenntnisse sind nicht allein auf meinem Mist gewachsen, sondern es gibt Einzelpersonen, die mich glücklicherweise unterstützt haben. Aber das Durchsetzen war ungeheuer schwierig. Man braucht ja im Grunde nur mal die Wirtschaftsgeschichte anzuschauen. Diejenigen, die die wirklich großen Innovationen gebracht haben, sind in aller Regel arm gestorben.

Das wollte ich nun eigentlich nicht. Vielmehr sah ich meine Aufgabe darin – und das Problem glaube ich gelöst zu haben – wie man die wichtigsten Innovatoren gleichzeitig zu den erfolgreichsten Leuten macht. Denn erst dann werden die Innovationen fortgesetzt.

Warum hatten wir nach dem Zweiten Weltkrieg Wirtschaftserfolge ohne Ende?

Das Interessante ist, dass es in den am stärksten geschlagenen Nationen am schnellsten berg-auf gegangen ist – in Deutschland und Japan. Warum? Weil hier die staatlichen Strukturen zerstört worden sind, vor allem das Bildungswesen. Ich habe es ja in dem Zeitschriftenverlag, bei dem ich anfangs tätig war, erlebt. Wir haben mit Leuten, die entweder durch den Krieg kaum in der Schule waren oder aber im Krieg oder in Gefangenschaft alles wieder vergessen haben, ein Wirtschaftswunder aufgebaut.

Ich erläutere das immer unserer Jugend, die sich mal anschauen soll, wie Deutschland nach dem Krieg aussah. Wir haben alle gedacht, dass sich dies zu unseren Lebzeiten nicht mehr deutlich verbessern wird. Aber wie Deutschland aufblühte! Warum? Weil jeder das Nächst-liegende zu seiner Existenz machte.

Damals in unserem Verlag verkaufte der Portier Nylonstrümpfe, ein Mitarbeiter bei mir in der Buchhaltung verkaufte Hemden, die Frau eines befreundeten Beamten verkaufte Schmalz. Jeder kungelte ein bisschen, mit dem Ergebnis, dass sich aus diesen gemeinsamen, weitge-hend intuitiv entwickelten Zusatzgeschäften eine florierende Wirtschaft ergab. Und lassen Sie mich sagen – es ist nicht böswillig gemeint: Wir sollten sehr, sehr energisch überlegen, ob nicht die zunehmende rationalistische Erziehung, ich drücke mich bewusst vorsichtig aus, ob diese nicht dazu geführt hat, dass die Wirtschaft immer schiefer lief. Sie hat sich zwar noch immer weiterentwickelt, aber eigentlich lag darin schon der Keim des Niedergangs.

In den 60er Jahren ist dann der Merkuria-Fall entstanden. Diese Fallstudie eines konkreten Unternehmens habe ich für meine Schüler ein bisschen aufgehübscht und ihnen als Vorbild-fall vorgegeben: So sollten sie handeln. Das ist ein viel besseres Prinzip als das Lehren mit Regeln. Diese hat man im Kopf, handelt in der Praxis aber ganz anders. Es hat sich gut be-währt, tatsächliche Fälle für die Lehrpraxis zu generalisieren. Wenn nun die deutsche Indust-rie nach dem Merkuria-Fall überwiegend so gehandelt hätte, dann hätte sie weder die heutige Wirtschaftskrise noch die Nahost-Krise.

Denn was war der Kern dieser Merkuria-Geschichte? Es ging darum, aus unseren speziellen Stärken (damals hatte Deutschland einen wirklich brillanten technischen Vorsprung) Spitzen-leistungen zu entwickeln, unseren Vorsprung innovativ zu vergrößern, aber die eigentlichen Produktionsvorgänge möglichst bald an andere, nachrückende Volkswirtschaften zu übertra-gen.

Wir sollten also, statt Osteuropäer, Italiener, Türken zur Arbeit nach Deutschland zu holen und aus ihren Kulturkreisen herauszureißen überlegen, wie wir die Produktionsprozesse dorthin bringen. Dadurch würden wir dort auch den Wohlstand transferieren. Mit deren Wohlstand hätten wir deren Nachfrage vergrößert, nämlich die nach unserem Produkt.

Die Innovation vergrößern, die geistige Strategie verbessern, gleichzeitig aber die festen Kosten verringern: Das ist das eine. Denn ich sehe mit Schmerzen die BASF – eine Firma, die sich toll entwickelt hat, deren Aktienkurs aber unwahrscheinlich schnell fällt. Warum? Weil sie ihre festen Kosten viel zu stark hat ins Kraut schießen lassen. In der Vergangenheit hat sie zwar viel verdient, wird aber jetzt von den festen Kosten gepeinigt. Aber damals im

Merkuria-Fall war dieser Lösungsansatz schon enthalten. Es gilt, die Innovationsgeschwindigkeit, die Innovationsspitze und damit die Anziehungskraft und den Zwang, dass alle anderen meine Leistung in Anspruch nehmen, zu vergrößern.

Ist der Kapitalismus am Anfang oder am Ende? Benötigt der Kapitalismus neue Regeln?

Der Kapitalismus ist am Ende. Dazu muss man verstehen, dass Justus von Liebig an der Entwicklung von Pflanzen entdeckt hat, dass sich die sogenannten Minimumfaktoren (also der Faktor, der für die Entwicklung eines natürlichen Systems erforderlich ist) fortwährend ändern. Die Kapitalbildung war mal ungeheuer wichtig. Und es gab eben eine Zeit, da war es wichtig für den Erfolg, möglichst viel Kapital zu bilden. Heute haben wir genug davon, setzen es aber nicht mehr ein aus lauter Angst, es zu verlieren. Es nützt auch nichts, wenn die Regierung jetzt die Geld-Schleusen öffnet. Es kann durchaus zu einem neuen Aufblühen der Konjunktur führen, die dann aber umkippt in eine Inflation. Und dann bilden sich die Politiker ein, sie könnten die Inflation steuern. Und wenn sie dies tun, geht die Konjunktur wieder zurück. Das Schiff kommt immer stärker ins Schlingern. Wir müssen stattdessen die Innovation verbessern. Wobei viele meinen, wir müssten Ausgaben für das Bildungswesen steigern – nein! Wir müssen die geistige Effektivität der Menschen steigern. Das ist etwas ganz anderes.

Die durch Erfahrung begründeten Ahnungen der Praktiker haben die Zukunft immer besser vorausgesehen als die wissenschaftlichen Berechnungen. Zu Ihrer eigentlichen Frage zurück: Charles Darwin hat, wie wir heute wissen, ganz wichtige evolutionäre Erkenntnisse gesammelt. Es gibt bestimmte, grundsätzliche Entwicklungsgesetze der Natur, die für alles gelten – von der Entwicklung der Atome bis zur Entwicklung der Sterne und auch für die Entwicklung der Menschen, der Unternehmen, der Märkte und der Staaten. Was hat man den Mann angefeindet. Das kommt heute gar nicht richtig zum Ausdruck. Jetzt tun sie also so, als ob er damals schon anerkannt worden wäre. Nein, man hat ihn ungeheuer bekämpft. Jetzt, nach 150 Jahren, wird der Mann gefeiert – mit Recht.

Er hat ungeheuer grundsätzliche Erkenntnisse geschaffen aus der Praxis der Natur heraus, deren wirkliche Bedeutung wir bis heute noch gar nicht begriffen haben. Da wird derzeit kräftig geschrieben, die Zeitungen sind voll. Der Witz war, die gleiche Zeitung hat in ihrer naturwissenschaftlichen Beilage im Frühjahr 1978 einen Artikel gebracht, dass die Evolutionslehre von Darwin noch völlig unbewiesen sei und dass jemand, der eine Managementlehre darauf begründet, spinnt. Ich übertreibe es jetzt mal. Also den brauche man nicht wichtig zu nehmen. Das richtete sich ganz speziell gegen meine, seinerzeit für einige Furore sorgenden, ganzseitigen Anzeigen. Ein halbes Jahr später hat die gleiche Redakteurin geschrieben: Nach den neuesten mikrobiologischen Erkenntnissen – es waren die Leute, die gerade den Nobelpreis bekommen hatten – sei die Tatsache der Evolution gar nicht mehr zu bestreiten.

Innerhalb eines halben Jahres, aber nach insgesamt 130 Jahren, hatte man dann plötzlich Darwin anerkannt. In unserem Fall versuchen wir, Innovation auf breiter Basis anzusiedeln und immer mehr Bildungswesen zu entwickeln. Schauen wir doch mal hin: Die wirklich entscheidenden Innovationen haben Einzelpersonen geschaffen. Man denke ans Fliegen, denke ans Auto – und anfangs immer gegen die Mehrheit. Ich stehe auf dem Standpunkt, dass die Wissenschaft die vernünftige Entwicklung der geistigen Verhältnisse zumindest in letzter Zeit mehr behindert als gefördert hat. Wir haben die komplexen evolutionären Verhältnisse in immer mehr Wissenschaftsbereiche zerlegt, und innerhalb derer ist man nun nicht auf das Große, Gemeinsame, Erkennbare gestoßen, wie Professor Hans Hass mal festgestellt hat: nämlich die Prozesse, die wir in der Entwicklung der Atome, der Moleküle, der Pflanzen, der Tiere, der Menschen beobachten können.

Statt nun das Große, Gemeinsame zu suchen, sind sie immer tiefer in die Korinthen gekrochen und haben immer mehr Feinheiten herausgeholt. Mit dem Ergebnis, dass wir heute alle so verwirrt sind, dass wir – wie heißt das so schön – vor lauter Bäumen den Wald nicht mehr sehen.

Welche Wachstumsmöglichkeiten tun sich in der Krise auf?

Ungeheuerliche! Wir brauchen doch nur mal hinzusehen, welche ungeheuren Möglichkeiten in der technischen Entwicklung stecken, die wir überhaupt noch nicht ausgenutzt haben. Beispielsweise in der Verbindung mit dem Internet. Mit diesem Hilfsmittel kann ich über das gesamte aktuelle Wissen der Welt verfügen. Ich kann mit Hilfe eines Computers die Aufnahmefähigkeit, die Speicherfähigkeit und auch die Kombinationsfähigkeit meines Gedächtnisses verhundertfachen. Also ich weiß nicht, ob es klar ist, wie ich das meine. Aber ich habe Zugang zu dem gesamten Wissen der Welt. Und wir verstehen nicht, etwas daraus zu machen.

Es ist immer wieder verblüffend. Trotz meiner 85 Jahre bin ich derzeit dabei, noch mal zu Papier zu bringen, wie wir das machen könnten und wie jeder ein kleiner Bill Gates auf seinem Gebiet werden kann. Ich brauche eine konkrete Zielgruppe und deren größtes Problem, den Engpass, der sie an einer verbesserten Entwicklung oder verbesserten Innovation hindert. Mit dem Hintergrund des gesamten Weltwissens gilt es nun, die Engpasslösung anzugehen; löse ich dieses Problem, verbessere ich meine Absatzchancen, meine Machtposition, verbessere ich aber gleichzeitig die Innovation meiner Zielgruppe. Die Zielgruppe wächst, damit wächst deren Nachfrage, damit wächst wiederum meine Position.

Ich habe das x-mal dargestellt: Das ist eine spiralförmig wachsende Entwicklung, die davon ausgeht, dass ich meine Kräfte darauf fokussiere, ein brennendes Problem meiner Mitwelt besser zu lösen als alle anderen. Ich habe es an zig Beispielen gezeigt – dazu brauche ich keine besondere Intelligenz, sondern nur eine bessere geistige Strategie.

Verstärkt die Globalisierung die Probleme der Wirtschaft oder schafft sie ihr neue Chancen?

Die Globalisierung verstärkt natürlich die Möglichkeiten. Das ist ganz klar, das hat Ricardo schon entdeckt. David Ricardo hatte um 1800 – wie zuvor übrigens auch Adam Smith – die Voraussetzungen der EKS längst erkannt. Ricardo hat gedacht, dass sich jede Nation auf das spezialisiert und konzentriert, was sie am besten kann. Dadurch würde sie am besten tauschfähig und könnte ihre Spitzenleistung gegen die Leistung der anderen eintauschen. Das ist das Grundprinzip der EKS.

Hier sind wir bei dem typischen Fehler. Viele sind der Überzeugung, jeder Mensch müsse ein geistig und wirtschaftlich autarkes System sein; das ist die ganze Basis unseres Denkens. Das ist Schwachsinn. Vielmehr müssen wir eine Gemeinschaft schaffen. Wenn sich in einer Gemeinschaft jeder seinen eigenen speziellen Stärken entsprechend auf das von ihm am überzeugendsten lösbare wichtigste Problem seiner Umwelt konzentriert, dann entsteht eine viel größere Effektivität, es entsteht ein besseres Tauschverhältnis, um mit Ricardo zu sprechen, und eine viel höhere Effektivität. Wir müssen uns darüber klar sein, dass die Zeit der Einzelkämpfer vorbei ist, aber wir denken immer noch so. Wir leben in einer Gemeinschaft, in der es darauf ankommt, wie man unter Wahrung der eigenen Eigenarten sich mit dem Ganzen vermählt.

Kommen wir zurück zu Darwin. Man muss realistisch überlegen, wie man mit seinen speziellen Stärken – jeder Mensch, jeder Betrieb ist ein Individuum – seine Nische findet, statt dass man durch das herrschende Bildungswesen schön über einen Kamm rasiert wird. Glücklicherweise gibt es inzwischen eine Menge Leute, die zu dem Schluss kommen, dass man die Schulausbildung differenzieren müsse. Die Möhnesee-Schule hat vom Bundespräsidenten einen Preis bekommen dafür, dass sie – und das ist nun EKS – nicht alle Schüler mit dem gleichen Lernprogramm unterrichtet, sondern dass sie sich zusammen mit den Eltern und den Schülern überlegen, welche speziellen Eigenarten jedes Kind hat und worin sich der Schüler von den anderen unterscheidet – um es dann in seinen speziellen Eigenarten zu stärken und dann auch auf die Bedürfnisse der Umwelt auszurichten.

Das Motto lautet: Wie füge ich mich in das Ganze der Gesellschaft so ein, dass diese optimal gefördert wird, dass es die Nachfrage bei mir verstärkt, dass gleichzeitig aber meine spezielle Stärke am besten entfaltet wird und ich mich am besten entwickele? Das ist und war, wenn man ganz zurück geht bis Plato, immer die Idealvorstellung der alten Griechen – sie haben bloß nicht gewusst, wie man das praktisch machen kann. Und deswegen musste von der Praxis einer kommen, der als Praktiker mit beiden Teilen des Gehirns arbeitet, nämlich sowohl mit dem empathischen Teil, also dem Fühlen, als auch mit der Ratio.

Man hat den westlichen Menschen leider immer stärker auf das Rationale fokussiert. Obwohl wir alle wissen könnten, dass vor dem Rationalen gefühlsmäßige Fähigkeiten stecken. Wir können es an jedem Hund erleben, wie der sich auf sein Herrchen einstellt. Und wie er blitzschnell registriert, ob ihm ein neu Hinzugekommener wohl gesonnen ist oder nicht. All diese Fähigkeiten, Dinge zu fühlen, die wir gar nicht messen können, die auch im Menschen angesiedelt sind, haben wir verkümmern lassen. Wir wissen, dass der Mensch zunächst, wenn er geboren ist, alle Muskeln besitzt. Aber welche Muskeln sich dann tatsächlich ausbilden, dass hängt vom Üben ab – ebenso wie bei den Fähigkeiten, die an sich vorhanden sind, dann aber nicht trainiert werden. Und das sind die emphatischen Fähigkeiten des Menschen.

Weiteres Beispiel: Wie machen das eigentlich die Zugvögel, wenn sie sich zur richtigen Zeit in Bewegung setzen, wie orientieren sie sich? Diese Fähigkeiten hat der Mensch auch besessen, sie aber nicht entwickelt. Wir haben uns völlig „rationalisiert", und da werde ich Pessimist. Wir haben den Kontakt zur Komplexität der Natur verloren.

Muss die Art des Managens und Wirtschaftens grundlegend neu den aktuellen Bedingungen angepasst werden?

Sicherlich, ja, das muss sie. Zum Beispiel sehe ich schon seit 30 Jahren Konflikte in der Strategie bei Daimler Benz. Daimler Benz war eine intuitiv richtig entstandene, ungeheuer erfolgreiche Firma mit einem hervorragenden Ansehen. Ich erinnere mich, als ich nach dem Krieg zufällig zu einer französischen Familie kam – damals war die Währungsverfügung noch sehr beschränkt – hat sie sich nach einem Mercedes gesehnt. Über deren Sehnsucht ist bei uns dann die Wertschätzung für Mercedes entstanden. Und wie diese Firma dann ihre Chancen verschenkt hat! Ich entsinne mich, dass wir gerade in der Schweiz unterwegs waren, als ich im Autoradio hörte, wie DB-Chef Edzard Reuter sein Programm ein weltweites Technologiecenter nannte. Da habe ich zu meiner Frau gesagt: „Wenn das nicht schief geht, fresse ich einen Besen. Das kann kein menschliches Gehirn. Das kann auch kein Betrieb".

Dann ist Schrempp als Nachfolger gekommen und hat gesagt, Reuter hat die und die Fehler gemacht (wobei natürlich eine Krähe der anderen kein Auge aushackt), wir werden uns jetzt konzentrieren. Dann hat er die von ihm selbst aufgebaute Fokker Flugzeug-Firma abgestoßen, ist dann aber eingestiegen bei Mitsubishi und – er wollte doch die Kräfte konzentrieren – landete bei dem Kauf von Chrysler. Also wurden die gesamten Managementkräfte wieder verzettelt. Es war vorauszusehen, dass das schief geht. Jetzt, nachdem das Unternehmen seine Kräfte konzentriert, gewinnt es wieder – erkennbar an der Statistik des ADAC – wenigstens sein Image zurück.

Die Firmen müssen, um es ganz klar zu sagen, ihre speziellen Stärken auf konkrete Zielgruppen und deren jeweils als am wichtigsten empfundene Probleme konzentrieren anstatt zu versuchen, alles selbst zu machen. Dazu gibt es mittlerweile viele Bestätigungen, aber früher hat man mich beschimpft, da waren alle für Diversifikation, also die Kräfte möglichst breit zu verteilen, um überall zu verdienen und das Risiko zu begrenzen. Dann kam endlich Anfang der 90er Jahre das Umdenken mit der Konzentration auf das Kerngeschäft (da gab es die EKS schon seit 30 Jahren).

Nun wissen viele Unternehmer aber leider nicht, das Kerngeschäft richtig zu definieren. Durch die aktuelle Krise kommen sie nun erneut mit der Idee, man müsse die Kräfte wieder neu verteilen, um überall abgesichert zu sein. Entschuldigung, das ist Schwachsinn. Man braucht nur mal die Entwicklungsgesetze der Natur zu verfolgen. Ich lehne Diversifikation gar nicht ab – aber zwischen der Konzentration der Kräfte und deren Diversifizierung besteht ein ganz bestimmter Zusammenhang. Eine Pflanze, die sich erstmal entfalten muss, wenn sie ihre Kräfte entwickeln will, muss diese konzentrieren. Wenn sie dann stark genug geworden ist, sich mit ihren Nachbarn auseinandersetzen kann und über diese hinweg wächst, dann darf und soll sie sogar diversifizieren, um ihre Lücke auszufüllen.

Das Gleiche haben wir zwischen Spezialisierung und Generalisierung. Die Leute meinen immer, es bestehe ein Konflikt zwischen Spezialist und Generalist. In Wirklichkeit ist das hintereinandergeschaltet: Über die Spezialisierung wächst man in die tieferen Zusammenhänge hinein und bekommt den generellen oder universellen Überblick. Man unterschätzt dabei die Motivationsvorgänge. Das hat der amerikanische Psychologe Mihaly Csikszentmihalyi mit seinem Flow-Effekt wunderschön dargestellt. Das Wichtigste: Ich muss die Menschen motivieren. Und wenn ich sie motiviere, dann können sie Fähigkeiten entwickeln, die sie sich vorher gar nicht zugetraut haben. Also, wir müssen das wirklich völlig neu durchdenken und vor allem die engstirnige Fokussierung auf die Ratio vermeiden. Da gibt es übrigens einen neuen Star der Volkswirtschaftslehre in Deutschland, Professor Axel Ockenfels. Der sagt ungefähr das Gleiche und meint, dass das Modell des „Homo Öconomicus" falsch sei (in Laborexperimenten hatten Ockenfels und andere Ökonomen immer wieder festgestellt: Menschen verhalten sich in der Realität nicht so streng egoistisch, wie es der „Homo Öconomicus" in den traditionellen Modellen der Volkswirte tut). Das sehe ich so: Der Mensch wird weiterhin rational handeln, jedoch unter Einbeziehung der emotionalen Vorgänge. Die eigentliche Gefahr ist, dass wir uns fokussiert haben auf die geldlichen und materiellen Vorgänge. Aber es entstehen in einer Wirtschaft aus dem Verhalten der Beteiligten auch emotionale Veränderungen. Das sehen wir jetzt ganz deutlich. Die Bankmanager haben das Vertrauen der Geldgeber und der Sparer zerstört. Wo steht eigentlich Vertrauen in einer Bilanz? Jetzt sehen wir, dass dies ein ganz wichtiger Faktor der Entwicklung ist. Wir haben unter der engstirnigen Fokussierung auf das Geldlich-Materielle die emotionale Fähigkeit, die wir alle haben, immer weiter verkümmern lassen und damit den Kontakt zur Umwelt verloren. So hat man auch nicht gesehen, dass man durch die Entwicklung der Produktionstechniken die Umwelt schädigte – geahnt haben dies aber viele.

Um auf die Frage zurück zu kommen – muss nun die Art des Managens grundlegend den aktuellen Bedingungen angepasst werden?

Ja. Wie man das macht, kann man wunderschön sehen an dem, was Justus von Liebig aus der Entwicklung von Pflanzen gelernt hat. Die Menschen und die Unternehmen entwickeln sich nach den gleichen Evolutionsgesetzen wie die Pflanzen. Und meine Überzeugung ist heute: Wir haben keine Krise wie in den 1930er Jahren, sondern wir haben eine Krise wie 1820, 1830 oder 1840. Im vorvergangenen Jahrhundert gab es den englischen Sozialphilosophen Robert Malthus, der der europäischen Menschheit (und alle akzeptierten das) den Untergang voraussagte, weil die Nahrungsmittelproduktion nicht so schnell gesteigert werden könne wie die Bevölkerung wachse. Das wurde vorgerechnet und von der Wissenschaft allgemein akzeptiert. Da gab es Jahre, in denen in Deutschland drei Millionen Menschen der damals viel geringeren Bevölkerung verhungerten. Deswegen die Auswanderungswellen: Millionen haben damals Europa wegen der Hungersnot verlassen.

Und dann kam ein Apothekerlehrling – eben jener Justus von Liebig – nach England und stellte fest, wie man das Wachstum von Pflanzen und deren Erträge verbessern kann. Er hat damit das Grundprinzip entwickelt, das die EKS dann auf die Unternehmen fortgeschrieben und weiterentwickelt hat. Denn dass man durch die lineare Fortsetzung des ursprünglichen Minimumfaktors wieder das zerstört, was man vorher aufgebaut hat, passiert uns nicht.

Wenn die Grünen heute die Mineraldüngung verteufeln, dann verteufeln sie im Grunde deren lineare Übertreibung. Denn ursprünglich hat sie die Menschheit gerettet. Also hat uns Justus von Liebig den Ansatz, wie wir die Krise lösen können, vorgemacht und aufgezeigt. Nach seiner Entdeckung des Minimumfaktors hat doch die Bevölkerung in der zweiten Hälfte des 19. Jahrhunderts so gut gelebt wie niemals vorher. Die Lösung der Krise ist in Wirklichkeit relativ einfach – wir müssen bloß leider völlig umdenken.

Die technische Innovationslawine rollt, aber der Anwendernutzen ist oftmals zu beklagen. Was bedeutet in diesem Zusammenhang Ihr Begriff „High Soz"?

Wir sehen die Zukunft heute in der sogenannten technischen Innovation. Wenn ich also mein neues Auto betrachte, komme ich mir immer vor wie in einem Feuerwerk angesichts der vielen verwirrenden Lämpchen. Aber die Zukunft liegt gar nicht in diesen technischen Innovationen, vielmehr übertreiben wir sie schon. Die hoch entwickelten Computer-Fans können mich nicht verstehen, wenn ich mit meinem Computer nicht mehr zurecht komme. Außerdem habe ich eine ganz neue, angeblich tolle Multi-Fax-Anlage, die funktioniert hinten und vorne nicht; sie kann angeblich alles machen, Speicherchips aus dem Fotoapparat entwickeln, kann wunderbare Farbkopien versenden oder auch Abzüge machen, bloß wenn es ums reine Faxen geht und das schlichte Telefonieren, hat sie ständig Störungen. In der Vergangenheit habe ich mich eigentlich immer ein bisschen einsam gefühlt und hab gedacht, na du wirst alt, die anderen kommen damit zurecht; aber den anderen geht es ebenso.

Ich sehe das an unserer Jugend. Die können zwar prima diese tollen Computerspiele machen. Aber sie können nicht dieses ungeheure Potenzial, das ihnen der Computer in die Hand gibt, tatsächlich beruflich nutzen. Im Gegenteil, sie werden sogar von der beruflichen Förderung ausgeschlossen. Dabei liegen allein in der Entwicklung der Mikroelektronik so ungeheure Möglichkeiten für die Verbesserung des Wohlstands der Bevölkerung, für das Miteinander, die Gemeinsamkeit und das Ziehen am gleichen Strick. Manchmal verzweifle ich und sage mir, wie dusselig kann die Menschheit eigentlich sein, diesen Weg nicht zu finden.

Das klingt jetzt ein bisschen arrogant, aber vielleicht fordert es dazu heraus, sich mit der Sache zu beschäftigen. Wir müssen einen Unterschied machen zwischen der technischen und der sozialen Innovation, wie ich zum Beispiel Leute zur besseren Zusammenarbeit bringe. Das nennen wir „High Soz" statt „High Tech", und wenn man mal genau verfolgt, wo die großen Erfolge der jüngeren Vergangenheit entstanden sind, stößt man beispielsweise auf die Beatles: Sie haben für eine gemeinsame Leistung besser zusammengearbeitet.

Heute sagt man, dass die Chinesen technisch aufholen (die Japaner schon seit langem). In der Tat haben die Chinesen und die Südkoreaner in der Technik praktisch bereits gleich gezogen. Dann könnte unser Vorsprung darin liegen, dass wir in der Lösung der sozialen Probleme und in den Formen der Zusammenarbeit – etwa wie wir vorhandene Kräfte besser ineinandergreifen und am gleichen Strick ziehen lassen – eine Vorreiterrolle spielen.

Auf gut Deutsch gesagt: Wenn wir komplizierte Innovation zu praktischen Lösungen entwickeln, können wir überzeugende Vorsprünge erreichen und uns auch stabilisieren. Übrigens entstand der Erfolg im Merkuria-Fall nicht durch den technischen Vorsprung, sondern durch die bessere Form der internationalen Zusammenarbeit. Ähnliches gilt für Franchise-Betriebe. Dort nutzen ganz normale Leute eine bessere Form der Zusammenarbeit. Nämlich mit einer geistigen Führungszentrale, die alle neuen Erfahrungen schnell in Vorsprünge umsetzt, und mit lokalen Ausführern, ich denke da an McDonald's, wo ganz einfache Leute durch die bessere Zusammenarbeit riesige Erfolge erzielen.

Die Erfolge der Zukunft werden nicht durch die Steigerung der rationalen Intelligenz entstehen, sondern durch die Verbesserung der Zusammenarbeit und durch Kooperation. Die EKS zielt in erster Linie auf soziale Verbesserung und auf die der geistigen Zusammenarbeit. Dann entstehen als Folge von „High Soz" bessere technische Innovationen.

Dass Innovation heutzutage, auch politisch, gefördert werden soll, steht in den Vorschlägen zur Überwindung der Krisen. Das ist schon richtig. Die EKS verbessert dabei die Zielrichtung für wirkungsvolle Innovationen. Sie ist eine zentrale Lösung, auf die auch Ingenieure zielen müssen. Was man heute machen sollte (ich bin nicht so für staatliche Unterstützung) ist, dass möglichst Privatleute sich zusammenschließen, um eine Innovations-Akademie unter dem Motto „wie kann man die Innovationsfähigkeit steigern" zu betreiben. Denn die oben genannten Beispiele zeigen ja, dass die Welt gar nicht innovationsfreundlich ist, sondern dass die Etablierten ein Interesse daran haben, grundsätzliche Innovation zu verhindern. Wie hat man schon früher gesagt: Neue Erkenntnisse setzen sich nicht dadurch durch, dass man die Vertreter der alten Ideen überzeugt, sondern dadurch, dass sie wegsterben. Aber so lange sollten wir eigentlich nicht warten.

Die acht Erfolgsbausteine der EKS

Wolfgang Mewes

Besser miteinander statt gegeneinander

Wir alle wurden erzogen unter dem Aspekt des materiellen Denkens. Gleichzeitig wissen wir jedoch, dass es auch ein immaterielles Vermögen gibt: Denken Sie an den „good will" oder an Patente, Markenrechte, Franchise- oder Kundenbindungssysteme.

Die EKS sagt nun: Es ist falsch, wenn ich mein materielles Vermögen egozentrisch vergrößere, denn dann verfeinde ich mich auf die Dauer mit meiner Umwelt. Diese baut immer größere Widerstände auf – höhere Steuersätze, steigende Gewerkschaftseffektivität und vieles mehr.

Wer jedoch sein immaterielles Vermögen vergrößert und damit den Nutzen für die Mitwelt, kann sich der steigenden Zustimmung dieser Mitwelt sicher sein. Dann habe ich – um das Wort zu gebrauchen – einen nachhaltigen Erfolg.

Die EKS ist im Grunde gar nichts Neues. Die nachstehend beschriebenen acht Wirkursachen sind eigentlich alle bekannt, zum Teil seit Jahrtausenden. Und man weiß auch, dass sie in der Lage sind, die Menschen und Unternehmen um ein Mehrfaches erfolgreicher zu machen als vorher. Das Entscheidende an der EKS sind nicht diese acht verschiedenen Wirkursachen als solche, sondern deren Wirkzusammenhang. Hier greifen die einzelnen Ursachen ineinander, verhindern ihre zweifelsohne vorhandenen Nachteile und verstärken sich gegenseitig. Diese systematische Bündelung bewirkt dreierlei:

1. Die acht Wirkursachen (oder auch Erfolgsbausteine genannt) greifen nahtlos ineinander und ermöglichen erst gemeinsam die große Wirkung.

2. Sie decken gegenseitig ihre Flanken ab und schließen dadurch die einzeln vorhandenen Gefahren und Nachteile, vor allem die häufigen Unter- und Übertreibungen, aus. Frei nach Paracelsus wird somit die Fehldosierung eines an sich zunächst positiven Faktors durch übermäßige Gabe mit dann negativem Effekt ausgeschlossen. All das verhindert diese systemische Zusammenfassung der Erfolgsfaktoren.

3. Sie verstärken einander zu einer kaum vorstellbaren Kettenreaktion von steigender Wirkung und Erfolg.

Wir wissen, dass man durch Spezialisierung erfolgreich werden kann. Ebenso weiß man, dass man durch Kooperation erfolgreicher werden kann. Aber es kann auch schief gehen. Die EKS dagegen fasst dies alles in einem System zusammen, in dem die Nachteile mit absoluter Sicherheit wegfallen und die Vorteile noch verstärkt werden.

Die erste Wirkursache ist spitzere Konzentration und Spezialisierung der Kräfte. Das widerstrebt noch immer unserem heutigen Bildungswesen, aber die Wirtschaft bestätigt diese Entwicklung durch ihre Spezialisierung auf das Kerngeschäft. Noch bis Anfang der 1990er Jahre war Diversifikation das oberste Ziel. Aber dennoch muss ich an dieser Stelle warnen – die Konzentration auf das Kerngeschäft ist nicht des Rätsels letzte Lösung. Denn da könnten im Grunde die von Adam Smith sehr überzeugend dargestellten Gefahren trotzdem eintreten. Richtig ist vielmehr die Konzentration der Kräfte auf eine konkrete Zielgruppe sowie die Steuerung durch die Zielgruppe und deren Bedürfnisse.

Die 1. Wirkursache: Spitzere Konzentration der Kräfte

Schon Adam Smith hat entdeckt, dass jeder Mensch und jeder Betrieb durch Spezialisierung in kurzer Zeit über hundertmal wirkungs- und erfolgreicher werden kann. Wie? Durch Zuspitzung der Kräfte! Diese Wirkung entsteht nämlich praktisch durch Konzentration beziehungsweise Spezialisierung. Schon der Steinzeitmensch entdeckte einst, dass er die Wirkung seiner Kräfte durch Zuspitzung – beispielsweise auf Steinbeil, Speer oder Pfeilspitze – enorm vergrößern kann. Wer es nicht tat, verlor an Wettbewerbsfähigkeit und ging unter.

Jede Kraft gewinnt durch Zuspitzung an Wirkung. Das gilt nicht nur für die körperlichen, sondern auch für die geistigen, wirtschaftlichen und selbst die politischen Kräfte der Menschen und Betriebe. Die Menschheitsgeschichte zeigt an vielen Beispielen, dass man die Wirkung jeder Art von Kraft durch „Zuspitzung" enorm vergrößern kann.

Die 2. Wirkursache: Genaueres Zielen auf den wirkungsvollsten Punkt

Wie hat der schwache David Goliath besiegen können? Durch exaktes Zielen auf dessen schwächsten Punkt, die Schläfe. Vom wirkungsvollsten Punkt aus, nämlich dem Engpass, kann man nicht nur Gegner sehr viel effektiver besiegen, sondern umgekehrt auch Wachstum und Erträge in vorher unvorstellbarem Maße steigern. Beispielsweise hat Justus v. Liebig entdeckt, dass man das Wachstum und die Erträge von Pflanzen von ihrem wirkungsvollsten Punkt (Minimumfaktor) her vervielfachen kann. Er hat dadurch Millionen von Menschen vor dem Verhungern und auch vor Kriegen gerettet.

Ein einfaches Beispiel dazu: Man braucht eine im Schatten kümmernde Pflanze nur stärker in die Sonne zu rücken, damit sie sich ganzheitlich, das heißt in allen ihren Teilen und Prozessen, völlig von selbst besser entwickeln. Eine einzige Maßnahme hat dabei letztlich Tausende von positiven Folgen. Die EKS zeigt, dass man auf dem prinzipiell gleichen Weg nicht nur die Entwicklung und Erträge von Pflanzen, sondern auch von Menschen, Betrieben und Volkswirtschaften vervielfachen kann. Durch genaueres Zielen werden Schwache stärker als Stärkere, kleine Betriebe erfolgreicher als größere, Durchschnittsmenschen erfolgreicher als Genies.

Die EKS ist eine Methode, mit der sich in der jeweiligen beruflichen oder betrieblichen Situation mit absoluter Sicherheit den wirkungsvollsten Punkt treffen lässt. Und dabei sind wir nun besser als Liebig: Dieser dachte stets, es gehe um den Minimumfaktor des Systems der Pflanzen. In Wirklichkeit aber geht es um den Minimumfaktor meiner Mitwelt. Denn dort ist sie am empfänglichsten. Wenn ich den wirkungsvollsten Punkt meiner Mitwelt, nämlich den größten Mangel, treffe, dann wird sie zu meinem Unterstützer.

Das ist die zweite Wirkursache. Ich hoffe, dass trotz dieser Kürze klar wird, was es bedeutet, zu lernen, in einer Situation den jeweils wirkungsvollsten Punkt zu treffen.

Die 3. Wirkursache: Verbesserung des Ziels

Ein Zielwechsel ist in der Regel nötig. Statt die Steigerung des eigenen Gewinns anzuvisieren, sollte man die Steigerung des Nutzens für seine Zielgruppe und deren Umwelt als Ziel wählen. Das ist vielleicht die dramatischste Änderung: Ich kann die wirkungsvollsten Kettenreaktionen auslösen, wenn ich den Mangel meiner Mitwelt anspreche, indem ich feststelle, an welchem entscheidenden Punkt diese in ihrer Entwicklung behindert wird, und indem ich in diese Richtung eine Lösung entwickle. Das richtige Ziel ist also, sich gar nicht mehr um die eigenen Engpässe, sondern um die der Mitwelt zu kümmern.

Ein größerer Nutzen für die Zielgruppe führt automatisch zu größerer sozialer Anziehungskraft. Die größere Anziehungskraft führt zu steigender Nachfrage. Diese wiederum bewirkt in der Produktion größere Stückzahlen und bessere Kapazitätsauslastung. Resultat: größere Produktivität, schnellere Stückkostendegression, höhere Gewinne, größere Kreditwürdigkeit, mehr Liquidität, wachsende geistige, finanzielle und persönliche Bewegungsfreiheit sowie schnelleres Wachstum. Das ist eine Kettenreaktion, die dadurch ausgelöst wird, dass Sie Ihren Nutzen für Ihre Zielgruppe vergrößern.

Und das ist gar nicht so schwierig, wie wir zuerst denken. Denn wir befinden uns in einer ungeheur dynamischen Situation, in der alles immer schneller veraltet, in der aber gleichzeitig Lösungen auftauchen von einer Wirkungsmacht, die wir früher gar nicht gekannt haben. Denken Sie an die rasante Entwicklung der IT oder der Nano-Technik – das sind ungeheure Chancen. Ich wundere mich immer, wie sehr wir wie angsterfüllte Kaninchen auf die durch die Dynamik wegsterbenden Chancen schauen, statt systematisch danach zu suchen, welche neuen Chancen es denn eigentlich gibt, um sich vor der Zielgruppe auszuzeichnen.

Und darin liegen die besonderen Erfolge der EKS'ler. Es gibt zwei grundsätzliche Ziele des Denkens und Handelns. Zum einen die Maximierung des eigenen Gewinns: Das ist Shareholdermanagement, darauf sind wir heute trainiert. Zum zweiten die Maximierung des Nutzens für eine zunächst kleine, dann immer größere Zielgruppe, um schließlich für die Gesellschaft den Nutzen zu vergrößern.

Manfred Antoni prägte einmal den Satz: „Säe Nutzen, ernte Gewinn." Wir machen nichts anderes als die Landwirte. Die müssen auch zuerst Saat ausbringen. Das kostet Geld, dafür werden sie mit der Ernte belohnt. Und nichts anderes tun wir hier. Wir entwickeln einen Nutzen für unsere Zielgruppe. Ich kann nur immer wieder sagen: Es ist viel leichter, als wir es uns vorstellen, und wir bekommen dafür größere Zustimmung und Nachfrage der Mitwelt.

Dietrich Mateschitz, Gründer der Red Bull GmbH im österreichischen Fuschl am See, meinte in diesem Zusammenhang: „Mit manchen gängigen, an der Uni gelernten betriebswirtschaftlichen Leitsätzen stehe ich auf dem Kriegfuß." Wenn jemand als eines der obersten Unternehmensziele Gewinnmaximierung lehrt, dann ist das schlichtweg falsch. Und die meisten sehr erfolgreichen Unternehmen wurden über das Nutzenangebot groß.

„Do, ut des. – Gib, damit dir gegeben wird." Seit Jahrtausenden weiß man, dass man durch die Steigerung seines Nutzens für seine Mitwelt erfolgreicher werden kann, als wenn man ohne Rücksicht auf die anderen den eigenen Gewinn verfolgt. Schon Platon entdeckte, dass, wer altero-zentriert, das heißt auf „die anderen gerichtet" denkt und handelt, auch persönlich erfolgreicher wird, als wer ego-zentriert denkt und handelt. Das Prinzip ist: Steigere deinen Nutzen für deine Mitwelt, um dich unter deren positiverem Echo (beispielsweise der stärkeren Nachfrage) selbst am besten zu entwickeln.

Die EKS hat dieses schon seit Jahrtausenden empfohlene, aber bisher wegen der Überlagerung durch andere Einflüsse sehr unsicher funktionierende, Prinzip zu einer absolut sicheren Methode entwickelt.

(Man kann darin eine Weiterentwicklung des Kant'schen „Kategorischen Imperativs" sehen: Die EKS lehrt nicht nur, wie Kant, nichts zu tun, was der Mitwelt schadet, sondern das zu tun, was ihr am meisten nutzt. – Was zu der derzeit vielgesuchten Versöhnung von persönlichem Erfolgsstreben und Ethik beziehungsweise Kapitalismus und Sozialismus führt.)

Die 4. Wirkursache: Zunehmende Integration in eine konkrete Zielgruppe als Hausmacht

Ich muss mich mit einer Zielgruppe vernetzen. Das muss aber eine kleine Zielgruppe sein, die ich übersehen und in der ich relativ schnell wirklich überzeugende Erfolge schaffen kann. Ich muss sie mir zur Hausmacht entwickeln, und auf dieser festen Basis kann ich dann in eine immer größere Zielgruppe hineinwachsen. Das entspricht einem der zentralen Entwicklungsprinzipien der Natur, und es erzeugt Synergie.

„Nur wer auf Zielgruppen zudenkt, denkt wirklich", resümiert der kanadische Soziologe Marshall McLuhan.

Auch um Gutes zu bewirken, braucht man Macht. Macht zu erlangen ist wichtiger als – wie es Betriebswirtschafts- und Managementlehre vermitteln – Geld beziehungsweise Kapital zu gewinnen. Denn durch die wachsende Macht mehren sich Geldgewinn und Kapital fast von selbst. Wo aber hat sich die offizielle Wissenschaft je damit beschäftigt, wie man planvoll Macht gewinnt?

Die EKS lehrt, sich nicht wie bisher auf einzelne Rohstoffe, Verfahren, Produkte, Kerngeschäfte oder Fächer, sondern auf konkrete Zielgruppen zu spezialisieren sowie sich der Veränderung ihrer Probleme, Wünsche und Möglichkeiten synchron anzupassen.

Die 5. Wirkursache: Zielgruppenteilung

Schon Machiavelli sagte: Im Dorf der Erste zu werden macht mächtiger, als in der Stadt einer von vielen zu sein. Sie können so klein und so schwach sein, wie Sie wollen – Sie können dennoch in jedem Markt durch Zielgruppenteilung einen Teilbereich entwickeln oder eine Teil-Zielgruppe erobern, für die Sie besser sind als die andern. Wo Sie sozusagen Marktführer werden. Und Sie wissen, dass auf den Marktführer eine Menge Vorteile zukommen, die alle anderen nicht haben: Er zieht automatisch Kunden, Interessenten und die Presse an. Durch Teilung der Zielgruppe kann ich der Gefragteste werden. Lesen Sie die Methoden dafür im EKS-Lehrgang – sie funktionieren garantiert.

Die 6. Wirkursache: Gezieltere und dadurch schnellere und erfolgreichere Innovation

Wenn ich mich konkret auf eine übersichtlichere Zielgruppe konzentriere und innigeren Kontakt mit ihr bekomme, dann kann ich ihre Ideen aufnehmen und spüre viel genauer, wie sich in Wirklichkeit ihre Bedürfnisse, ihre Sorgen und ihre Probleme verändern. Und dann entwickeln sich ganz von selbst bessere Innovationen, als wenn ich die ganze Welt vor mir sehe und irgendetwas für jedermann erfinde.

Das Entscheidende ist, die Innovation von den Bedürfnissen der Zielgruppe her zu entwickeln statt vom technisch Möglichen. Wir nennen das soziale Innovationsstrategie (High-Soz statt High-Tech). Ein markantes Beispiel ist der Transrapid. Ich habe voraus gesagt, dass die Sache schief geht. Da wurde aus dem technisch Möglichen zwar ein neues Verkehrsmittel geschaffen, jedoch wurden letztlich Milliarden vergeudet. Betrachten wir dagegen Bill Gates: Der hat doch eigentlich gar nichts technisch Neues erfunden. Vielmehr erkannte er das Problem, dass die Möglichkeiten des Computers von den meisten Menschen eigentlich nicht genutzt werden können, weil es zu kompliziert ist. Er hat nichts anderes gemacht, als die Anwendung der Technik mit Hilfe von Microsoft zu erleichtern. Damit ist er Milliardär und einer der reichsten Menschen der Welt geworden. Der Unterschied: Erstere ist eine technische, letztere eine soziale Innovation.

Wie auch am Beispiel der Belimo AG zu sehen ist, muss man sich zur „Denk- bzw. Innovationsfabrik" entwickeln, dann kann man das Produzieren getrost anderen überlassen und sehr viel mehr Nutzen und auch mehr Arbeitsplätze schaffen als bisher. Überdies stellen die „sozialen" Innovationen die Chance der Zukunft dar – wir sitzen alle gleichsam auf einer riesigen Goldmine, wissen nur nicht, wie wir herankommen können.

Die 7. Wirkursache: Systemischere Kooperation statt Selbermachen

Statt Einzelkämpfer zu sein gilt es, wichtigstes Glied eines Netzwerkes zu werden. Denn dem Einzelnen fehlt immer irgendetwas zum Erfolg – ob Kenntnisse, Kapital, Produktionsmittel oder Beziehungen. Durch Kooperation jedoch lassen sich diese Elemente sicherer, leichter, schneller und sehr viel besser beschaffen als dadurch, dass man sie langwierig selbst zu erwerben versucht. Gemeinsam mit anderen lassen sich Erfolge und Durchbrüche sowie Markt- und Machtstellungen erzielen, die man allein nie erreichen kann. Aber dazu braucht man eine grundsätzlich andere als die bisher übliche Kooperations- bzw. Vernetzungsstrategie. Sie muss vor allem am Kundennutzen orientiert sein.

Die 8. Wirkursache: Gezieltere Beobachtung und Nutzung der Dynamik

Wir sind alle ein bisschen vergesslich. Schon Archimedes hat gesagt: „Gebt mir einen festen Punkt, und ich hebe euch die Welt aus den Angeln." So brauchen auch wir heute nur einen festen Punkt, um die Dynamik der Welt auf unsere Mühlen zu leiten.

So wie der Mensch gelernt hat, die Triebkraft des Wassers und des Windes zu nutzen und sie für sich arbeiten zu lassen, kann er auch lernen, jede Art von Dynamik und Triebkräften zu nutzen – die der Technik, der Wirtschaft und der Gesellschaft.

Dass der Erfolg jedes Lebewesens – und dazu gehören auch Mensch und Betrieb – von seiner besseren Anpassung an die Umweltverhältnisse und somit von deren Dynamik bestimmt wird, hat schon Charles Darwin entdeckt. Jeder hat diese Erkenntnis in der Schule gelernt oder im Darwinjahr 2009 schon einmal gehört, aber die allerwenigsten handeln danach. Dabei ist sie das grundsätzlichste Überlebens- und Erfolgsgesetz überhaupt.

Den festen Punkt haben wir: die 4. Wirkursache, eben die Hausmacht. Und jetzt leite ich die Dynamik der Entwicklung auf diese Mühle. Auf diese Art und Weise wird die gleiche Dynamik, die uns so furchtbar viel zu schaffen macht, weil sie alles so schnell veralten lässt, zum Antrieb meines eigenen Erfolges.

Nutzen als Forderung und Vorteil

Die EKS zeigt auf, dass es auch in der Wirtschaft ganz bestimmte, in der Naturwissenschaft längst bekannte, natürliche Evolutionsentwicklungsgesetze gibt. Sie lehrt, sich im Einklang mit ihnen zu entwickeln und nicht, wie derzeitig, gegen sie. Anders gesagt: Statt mühsam und letztlich immer wieder vergeblich gegen die naturgesetzliche Entwicklung anzukämpfen, muss man sie sich zu Nutze machen. Jeder Schwimmer oder Segler weiß, dass dadurch das Vorwärtskommen enorm beschleunigt wird. Von jeder dieser acht Wirkursachen ist seit langem bekannt, dass sie um ein Mehrfaches erfolgreicher machen kann.

Ein Aspekt ist noch zu beleuchten: Teilen und Herrschen, eines der wichtigsten politischen Erfolgsrezepte. Dies tun wir mit der Zielgruppenteilung und Spezialisierung. Das Entscheidende an der EKS ist, dass sie die Gefahren der Spezialisierung ausgeschlossen hat. Und zwar durch die Verbindung der acht Erfolgursachen zu einer systemisch ineinander greifenden Verbindung der Erfolgursachen, die sich einander auf diese Weise nahtlos verstärken und die im Einzelnen damit verbundenen Gefahren ausschließen.

Das zentrale Prinzip der EKS heißt: Steigere deinen Nutzen für deine Mitwelt, um dich unter ihrem positiveren Echo und unter anderem ihrer stärkeren Nachfrage selbst am besten zu entwickeln. Die EKS ist nahtlos und Schritt für Schritt methodisiert. Diese besondere Stärke lässt sich risikoarm aus jeder beruflichen und betrieblichen Ist-Situation heraus entwickeln. Eine Wirtschaft und Gesellschaft, in der jeder nach besten Kräften seinen Nutzen für die Mitwelt steigert, weil er weiß, dass er auf diese Weise selbst am erfolgreichsten ist, wird sich sukzessiv zu einer völlig anderen, effektiveren, menschlicheren und harmonischeren Wirtschaft und Gesellschaft entwickeln als es die jetzige ist.

Stellen Sie sich ganz einfach vor, dass wir nicht wie zurzeit immer heftiger gegeneinander kämpfen. Betrachten Sie die Große Koalition: Die Hälfte unseres Sozialprodukts geht heute im Gegeneinander verloren, und nur von der übrigen Hälfte leben wir. Die EKS erreicht dagegen ein zunehmendes, aus eigenem Interesse gesteuertes „am gleichen Strick ziehen". Jeder einzelne muss sich weniger anzustrengen, und trotzdem springt für alle Beteiligten mehr heraus. Wir erreichen dadurch eine menschlichere, harmonischere Wirtschaft und Gesellschaft.

Die acht Wirkursachen der EKS in Kurzform

1. Spitzere Konzentration der Kräfte

2. Genaueres Zielen auf den wirkungsvollsten Punkt (Jiu-Jitsu-Prinzip, David-Goliath-Wirkung, Dominoeffekt)

3. Zielwechsel: Statt eigenen Gewinn den Nutzen für seine Mitwelt/Zielgruppe verbessern

4. Integration in eine konkrete Zielgruppe als „Hausmacht", mit der Folge einer zunehmend besseren Anpassung an deren Probleme

5. Zielgruppen-Teilung: In einer kleinen, notfalls klitzekleinen Zielgruppe der überzeugend Beste und damit Marktführer zu sein macht erfolgreicher und vor allem „mächtiger", als in einer größeren Zielgruppe einer unter mehreren gleich Guten zu sein

6. Gezieltere und dadurch schnellere und überzeugendere Innovation – an den Engpässen der Zielgruppe orientiert (High-Soz)

7. Statt Selbermachen systematischere Kooperation zu besserem Kundennutzen

8. Gezieltere Beobachtung und Nutzung der Dynamik (wie beim Segelfliegen: Auf- und Abwinde vor den Mitbewerbern erkennen und nutzen)

Globalisierung mit der richtigen Strategie – der Merkuria-Fall

Bernd Brogsitter

Kaum ein Text aus dem umfassenden Werk von Wolfgang Mewes zeigt so klar sein visionäres und strategisches Denken auf wie der Fall Merkuria. Dieses Fallbeispiel wurde erstmals 1963 in dem Lehrgang „Machtorientierte Führungslehre" veröffentlicht. Überarbeitete Versionen erschienen in den beiden nachfolgenden EKS-Lehrgängen (1972 und 1989). Das Merkuria-Konzept enthielt schon damals alle Elemente der aktuellen EKS. Es ist der Klassiker für das Top-Management, das im Sinne einer sinnvollen Globalisierung gezwungen ist, seine Firmenstrategie weltweit am Kundennutzen auszurichten.

Das Fallbeispiel Merkuria bezieht sich auf ein konkretes Unternehmen, das bereits in den 1960er Jahren damit beginnt, sein Wachstum konsequent zu internationalisieren. Merkuria zeigt außerdem, dass das Prinzip der Kräftekonzentration auf die Stärken des Unternehmens – das Erfolgsprinzip Nr. 1 der EKS – nicht so einfach ist, wie es auf den ersten Blick aussieht.

Mewes bewies, dass es keinen Sinn macht, sich auf „High Tech" zu spezialisieren, sondern dass es vordringlich ist, ein Unternehmen auf – wie er es nennt – „High Soz" auszurichten, um die bestmögliche Integration in die Bedürfnisse der Umwelt zu erreichen.

Die innovativen Überlegungen von Mewes zeigten schon damals den Ausweg aus den schwierigen wirtschaftlichen, ökologischen und gesellschaftlichen Problemen der 1990er Jahre. Vor dem Hintergrund der heutigen weltweiten Krise sind sie aktueller denn je. Dieser Beitrag zeichnet die wesentlichen Elemente des Falles Merkuria nach, beschreibt seine Bedeutung vor dem Hintergrund neuerer Managementlehren und kann als wegweisendes Konzept für eine global anzuwendende EKS begriffen werden.

Ausgangssituation

Mewes beschreibt im Merkuria-Fall die Entwicklung eines Herstellers von Ein-, Zwei- und Vierfarbendruckmaschinen. Bei den Einfarbendruckmaschinen handelt es sich um Standardprodukte, die mittlerweile kaum noch Deckungsbeiträge erzielen. Die Zweifarbenmaschinen befinden sich ebenfalls unter zunehmendem Preisdruck. Dagegen erwirtschaften die Vierfarbendruckmaschinen als Spezialmaschinen hohe Deckungsbeiträge, jedoch bei geringen Stückzahlen.

Zwischen Neumann, dem Leiter der Kostenrechnung, und dem Vorstand entsteht eine Diskussion über die geeignete Geschäftspolitik des Unternehmens. Soll Merkuria die in großen Serien produzierten Einfarbendruckmaschinen zurückfahren oder gar einstellen und sich voll auf die Zwei- und Vierfarbendruckmaschinen konzentrieren? Diesen Schluss lässt die Umsatzkosten-Analyse zu, die Neumann aus der Kostenrechnung abgeleitet hat. Denn sie weist aus, dass die Verluste der Einfarbenmaschinen die Gewinne der Vierfarbenmaschinen halbieren und dass an den Zweifarbenmaschinen kaum noch etwas verdient wird.

Den Einwand des Vorstandes, dass die Einfarbenmaschinen einen hohen Fixkostenanteil decken, versucht Neumann mit der Begründung zu widerlegen, dass durch Konzentration auf die Zwei- und Vierfarbenmaschinen die Lieferzeiten nennenswert reduziert und somit Umsatz und Deckungsbeitrag drastisch gesteigert werden könnten, weil die Nachfrage nach den Spezialmaschinen sehr groß sei.

Strategische Entscheidungen gehen über kostenrechnerische Überlegungen hinaus

Diese gegenteiligen Ansichten führen bei Merkuria zu einer intensiven Untersuchung des strategisch einzuschlagenden Weges. Die unternehmerische Analyse der Merkuria umfasst verschiedene Problemkomplexe. Es wird untersucht, inwieweit die Kostenrechnung überhaupt als strategische Entscheidungsgrundlage dienen kann. Denn strategische Entscheidungen verlangen weniger die Transparenz auf der materiellen Ebene, wie zum Beispiel die Zuordnung der Kosten und der mit ihnen bewirkten Erträge und Verluste, sondern vielmehr klare Aussagen über immaterielle Faktoren, wie zum Beispiel den Grad der Bekanntheit des Unternehmens oder Ursache und Ausmaß des Vertrauens, das der Abnehmerkreis dem Druckmaschinenhersteller entgegenbringt. Solche Informationen über immaterielle Eigenschaften, die für die Anpassung der Firmenstrategie an die tatsächlichen Verhältnisse zentral sind, kann die Kostenrechnung nicht liefern.

Es stellte sich dabei heraus, dass die Einfarbenmaschinen dem Unternehmen die Kunden zuführt, die zu einem späteren Zeitpunkt Bedarf an Zwei- und Vierfarbenmaschinen haben. Die einwandfreie Qualität, die umfassende Unterstützung des Kunden und der weltweite Verkauf der Einfarbenmaschinen haben zu der hohen Anziehungskraft von Merkuria geführt, auf deren Grundlage der Nachverkauf der teuren Spezialmaschinen funktioniert. „Nicht die Wirtschaftlichkeit, sondern die Macht eines Betriebes ist das Wesentliche", folgert Mewes und zeigt auf, dass Handlungen auf der Machtebene die wirtschaftliche Betrachtungsweise dominieren. Nach dieser These folgt einem Zuwachs an Marktmacht unweigerlich ein Gewinn an Wirtschaftlichkeit.

Würde Merkuria die Herstellung und den Verkauf der „unwirtschaftlichen" Einfarbenmaschinen einstellen, würde kurzfristig die Wirtschaftlichkeit erhöht, die Bedeutung der Merkuria im Markt jedoch zurückgehen. Diese Potenzialausschöpfung entspricht einer auf kurzfristige Gewinnmaximierung bedachten Geschäftspolitik, mit der auf lange Sicht die Überlebensfähigkeit des Unternehmens in Frage gestellt wird. Bereits im Lehrgang „Praktischer Betriebs-wirt" weist Mewes auf die Gefahren des einseitig kapitalorientierten Verhaltens hin: „In einer Gesellschaft, in der die einen nach der Maximierung des Kapitals, die anderen nach der Ma-ximierung der Macht streben, werden die Machtstreber siegen und eines Tages über das Kapi-tal verfügen" (siehe Mewes 1959/63).

Die weitere Frage war, warum die Machtstellung bei den Ein- und Zweifarbenmaschinen offensichtlich gering und bei den Vierfarbenmaschinen so stark ist, dass bei diesen ein Ge-winn von 35 Prozent erzielt werden kann. Die Machtstellung resultiert aus der Fähigkeit, Probleme bzw. Engpässe der Anwender lösen zu können. So treten bei der weiteren Fallana-lyse folgende Faktoren auf:

Engpässe bei Einfarben- und Zweifarbendruckmaschinen

- Wettbewerb im Inland, weil

  - die Herstellung geringes Fach-Know-how verlangt
  - wichtige Patente abgelaufen sind
  - geringer Kapitaleinsatz erforderlich ist

- Wettbewerb im Ausland, weil dort vergleichsweise billige Produktionsfaktoren vorhanden sind

- Hohe Fixkosten durch Überqualifikation von Personal und Anlagen

Stärken bei Ein-, Zwei- und Vierfarbenmaschinen

- Weltweite Verbreitung der Ein- und Zweifarbenmaschinen

- Exportanteil 75 Prozent

- International bekannter Name

- Spezialisierung der Mitarbeiter

- Qualifikation des Managements

- Vertrauen und Geltung beim Abnehmer durch

  - gezielte Werbung
  - Vorsprung an Kompetenz
  - weltweiten Absatz der Maschinen
  - breites Maschinensortiment
  - kundenfreundliche Reklamationsbearbeitung
  - weitgespanntes Informations-, Beratungs-, Vertriebs- und Servicenetz

- Kenntnis der Anwenderprobleme

Stärken bei Vierfarbenmaschinen

▨ Standort in einem hochindustrialisierten Staat

▨ Geringer Wettbewerb

▨ Existenzabhängigkeit des Kunden von der Funktionssicherheit der technisch komplizierten Maschine

▨ Macht durch Vertrauen wegen Zuverlässigkeit

Machtvorsprung durch Vertrauen

Wegen dieser Stärken genießt Merkuria ein hohes Maß an Vertrauen bei Interessenten und Abnehmern, das der Wettbewerb nicht durch geringere Angebotspreise ausgleichen kann. Das Vertrauen der Druckereien in die für sie existenzentscheidende Funktionssicherheit der Maschinen resultiert in einem Machtvorsprung, der für das überdurchschnittliche Betriebsergebnis verantwortlich ist. Innerhalb einer bestimmten Bandbreite sind die Kunden einfach bereit, angemessen hohe Preise zu bezahlen, weil sich Merkuria nicht in einen Preiswettbewerb begeben hat, sondern Qualitätskonkurrenz betreibt. Deshalb spielen auch Kostenüberlegungen bei der Herstellung der Vierfarbenmaschinen eine sekundäre Rolle und beeinflussen das Betriebsergebnis kaum.

Absatzpotenzial in den Teilmärkten

Nachdem Problemstellung, spezielle Stärken und Geschäftsfeld der Merkuria herausgearbeitet worden sind, wendet Mewes seine Blickrichtung auf die Marktsituation. In einer sorgfältig angelegten Marktanalyse untersucht er die Zielgruppen und deren Bedarfspotenziale, differenziert nach Ein-, Zwei- und Vierfarbenmaschinen.

Nicht weniger gründlich und umfassend wird auch untersucht, wie sich der zunächst geschätzte Bedarf an Ein,- Zwei- und Vierfarbenmaschinen sukzessive in Aufträgen konkretisiert. Die verschiedenen Phasen vom grundsätzlichen Bedarf bis zum Kaufentscheid nutzt Mewes als Früherkennungsindikatoren für Auftragseingang und Fertigungsauslastung. So analysiert er das Potenzial der Interessenten und der Nachfrage, damit genügend Zeit für die Beschaffung und Fertigung bleibt.

Der „Absatzbericht" ist eine Analyse der zu erwartenden Absatz- und Umsatzvolumina in den Teilmärkten der Merkuria. Das Ergebnis dieser Marktuntersuchung bestätigt die Stärkenanalyse. Die ungleiche Gewinnentwicklung bei den Maschinen folgt aus der unterschiedlichen Marktmacht in den Geschäftsfeldern der Ein-, Zwei-, und Vierfarbenmaschinen.

Am meisten Erfolg versprechende Zielgruppe

Auf welche Zielgruppe soll sich Merkuria verstärkt konzentrieren? Die Untersuchung ergibt, dass die traditionellen Buchdruckereien ihren Einstieg in den Offsetdruck üblicherweise mit einer Einfarbenmaschine beginnen. Sie arbeiten sich in das neue Verfahren ein und lernen die kundenorientierte Dienstleistung des Druckmaschinenherstellers zu schätzen. Merkuria baut mit ihren Einfarbenmaschinen das Vertrauen auf, aus dem sich ihre Anziehungskraft auf ihre Zielgruppen entwickelt. Sie ist ein wesentliches Element für den späteren Kauf der Zwei- und Vierfarbenmaschinen. Damit ist eine gute Problemlösung für den Einfarbenmaschinenbezieher entscheidend für den Folgeumsatz mit hochwertigeren Maschinen. Die Einfarbenmaschinen übernehmen somit die „Eisbrecherfunktion" für den späteren Verkauf der Vierfarbenmaschinen, deren Absatz noch dadurch unterstützt wird, dass auf dem Vierfarbenmaschinenmarkt die Zahl der Hersteller nicht und die Verfügung von Fertigungskapazitäten langsamer wächst als der Bedarf.

Sollte Merkuria aus kurzfristigen Gewinnüberlegungen die Bezieher von Einfarbendruckmaschinen vernachlässigen, verliert sie langfristig die Basis für den Verkauf derjenigen Maschinen, an denen sie am meisten verdient. Im Übrigen öffnet sie damit der Konkurrenz den Markt zu den teuren Spezialmaschinen. Eine solche Politik würde zum einem Verlust an Marktmacht führen mit allen wirtschaftlichen Konsequenzen.

Eine undifferenzierte Anwendung des Prinzips der Kräftekonzentration würde bedeuten, die Fertigung von Ein- und Zweifarbenmaschinen einzustellen und die frei werdenden Ressourcen auf die Fertigung von Vierfarbenmaschinen zu konzentrieren. Um zu einer strategisch angemessenen Entscheidung zu kommen, tritt neben die Regel der Konzentration das Machtprinzip, weil Geldkapital und Wirtschaftlichkeit von Macht abhängen. Demnach müssen nach dem „Primat der Macht" die Einfarbenmaschinen im Verkaufssortiment bleiben.

High-Soz versus High-Tech

Merkuria begeht also nicht den Fehler, sich von ihren Standardprodukten abzuwenden und sich ausschließlich auf die technisch anspruchsvollen Vierfarbenmaschinen zu konzentrieren. Beispiele für Managemententscheidungen, den High-Tech-Bereich zu favorisieren und die einfachen Produkte der nachrückenden Konkurrenz zu überlassen, gibt es in nahezu allen Branchen. Ein exemplarischer Fall ist IBM. Der Computerhersteller konzentrierte sich auf die technisch hochwertigsten Datenverarbeitungsgeräte und öffnete dadurch den verschiedensten Wettbewerbern das Tor zum eigenen Markt (siehe Mewes 1991, Heft 36). IBM konzentriert sich auf High-Tech; bei Merkuria sind bereits klare Ansätze einer Konzentration auf die Verbesserung der sozialen Beziehungen mit der Zielgruppe zu entdecken.

Brennendstes Problem der Zielgruppe

Mit der technischen Leistung ist Merkuria den Ansprüchen der Kunden voraus. Dagegen empfinden die Druckereien Defizite in der „Maschinenanwendung", und zwar vor allen Dingen in Organisation und Absatz. Schließlich soll der Maschineneinsatz der Druckerei Gewinne bringen, langfristig deren Existenz sichern und das Geschäft ausweiten. Engpass der Druckereien ist somit der Nutzen, der mit der Top-Technik erwirtschaftet werden kann.

Existenzsicherungskonzepte für den Druckmaschinenanwender

Damit ist die Problemlösung, die von den Maschinenanwendern erwartet wird, weitestgehend definiert. Merkuria muss ihren Kunden nicht nur ein günstiges Preis-Leistungs-Verhältnis bieten, sondern auch die Informations- und Strategiefunktion übernehmen. Mit diesen Funktionen übernimmt es Merkuria, ihren Druckereien maßgeschneiderte Firmen- und Marketingkonzepte zu liefern. Dazu hat sie das wesentliche Know-how, weil sie aufgrund ihrer jahrelangen Geschäftsbeziehungen mit den Problemen dieser Anwendergruppe bestens vertraut ist.

Mewes entwickelte bereits damals den strategischen Ansatz, nicht Produkte, sondern Problemlösungen zu liefern, den er in einem Vortrag vor der Leistungsgemeinschaft (EKS) e. V. präzisiert hat: „Zwischen der Herstellung und Lieferung der Produkte und der tatsächlichen Lösung der Probleme, beispielsweise dem Kauf einer Druckmaschine und dem tatsächlichen Erfolg, liegt eine Kluft, deren wirtschaftliche Marktlücke in der Größenordnung von Milliarden DM zu dimensionieren ist" (Mewes, Vortrag 1994). Diese „Kluft" ist nur in dem Maße auszufüllen, wie es dem Hersteller gelingt, „Fertigerfolge" zu liefern.

Konzentration auf hochwertige Funktionen

Es wird beschlossen, die Kräfte des Unternehmens sukzessive auf hochwertige Funktionen zu konzentrieren. Weniger anspruchsvolle Fertigungen sollen an kostengünstigere Produktionsstandorte delegiert werden. Soweit diese Aufgabe Führungskräfte nicht bindet, sollen die Maschinen und die Marketing-Strategie verbessert und die Exportförderungsmaßnahmen vermehrt ausgeschöpft werden. Mit diesem Einstieg in strategisch innovative Lösungen baute Merkuria ihren Machtvorsprung weiter aus.

Unterschiede zwischen kosten- und machtorientierter Strategie

Kostenorientierte Strategie	Machtorientierte Strategie
Gewinn als Unternehmensziel	Macht als Unternehmensziel und dadurch Steuerung des Gewinns als Ergebnisziel
Konzentration auf Produkte	Konzentration auf Produkte, Konzentration auf Zielgruppenprobleme und deren Lösungen
Erzeugung von Marktwiderstand	Erzeugung von Anziehungskraft
Konzentration auf Probleme des eigenen Unternehmens (introvertiertes Verhalten)	Konzentration auf Zielgruppenprobleme (extrovertiertes Verhalten)
Technische Spezialisierung	Soziale Spezialisierung auf spezielle Zielgruppen
Förderung der Produktivität	Förderung der Kreativität

Entwicklung zum geistigen Führungskopf in der Branche

Die zugrunde liegende Idee ist, dass sich Merkuria zu einem „geistigen Führungskopf" im Marktsegment entwickeln soll. Grundsätzlich hat dieser Hersteller zwei strategische Möglichkeiten: Konzentration auf High-Tech, das heißt auf die technisch anspruchsvollen Vierfarbenmaschinen, oder auf die für die Kunden wichtigsten Funktionen, das heißt auf die erfolgversprechendsten Produkte und Funktionen, die das Problem des Abnehmers, Geld zu verdienen, lösen, und den Wettbewerb daran hindern, im Druckmaschinenmarkt Fuß zu fassen. Mit der konsequenten Konzentration auf innovative Problemlösungen wird die Konkurrenz von der Merkuria abhängig; sie überflügelt den Wettbewerb und wird von ihm kooperativ getragen, weil sie einerseits durch Delegation Auftragsbeschaffer geworden ist und andererseits von ihm als Zulieferer attraktiver Leistungen profitiert.

In Analogie zu militärischen Erkenntnissen entwickelt Mewes seine strategische Vorgehensweise, um die erfolgreiche Durchschlagskraft der schiefen Schlachtordnung auch auf wirtschaftliche Verhältnisse zu übertragen. Denn überzeugende Spitzenleistungen resultieren aus der Konzentration auf einen hinlänglich kleinen Bereich.

Wie Merkuria ihre Kräfte „spitz" statt „breit" einsetzen soll, erklärt Mewes mit den nachfolgenden Prinzipien:

Strategische Verhaltensgrundsätze der Merkuria

1. „Konzentration der Energien und Mittel auf das Wesentlichste des Wirtschaftszweiges.

2. Das Wesentlichste sind Machtstruktur und Machtverhältnis. Vom Machtverhältnis hängen Einfluss, Geltung, Liquidität, Wirtschaft, Absatzzahlen, Produktionsserien und Produktivität ab.

3. Um den Machtverfall zu stoppen und das Machtverhältnis wieder zu verbessern, sind die Energien und Mittel auf den Faktor zu konzentrieren, der für die Macht am wichtigsten ist.

4. Der wichtigste Machtfaktor ist die Engpassfunktion; sie wird „erobert" durch Konzentration auf a) die Engpassfähigkeit und b) das Engpassmittel.

5. Die Engpassfunktion des Wirtschaftszweiges ist (unter den herrschenden Verhältnissen!) der Absatz. Die Engpassfähigkeit ist, Kundenbeziehungen zu knüpfen und aufrechtzuerhalten, das Engpassmittel ist der Marktanteil.

6. Der wichtigste Faktor (Ursache) des Marktanteils ist die Geltung.

7. Der wichtigste Faktor (Ursache) der Geltung sind (behauptete oder tatsächliche) Vorteile in den Augen der Kunden.

8. Der wichtigste Vorteil ist unter den herrschenden Verhältnissen ein allgegenwärtiger, zuverlässiger und preiswerter Service (Kundendienst) – besser gesagt: die Garantie, bei den Problemen im (Offset-)Druck nie im Stich gelassen zu werden.

9. Was nutzen Leistungsvorsprünge, wenn sie nicht bekannt werden? Ob Leistungsvorsprünge zu Geltung werden und vorhandene Geltung aufrechterhalten wird, entscheidet sich im Informationswettbewerb. Er ist der unmittelbarste Engpass." (siehe Mewes 1963, Lehrbrief 10)

Macht als Ziel

Die von Mewes aufgestellten Verhaltensgrundsätze der Merkuria verbinden das Prinzip der Kräftekonzentration mit der Forderung nach Stabilisierung und Verbesserung der Machtverhältnisse. Das Thema Macht begann Mewes zu faszinieren, als er zunächst aus der Geschichte erkannte, dass oftmals Menschen mit Macht, aber nicht mit Wissen ausgestattet waren. Andere dagegen verfügten über eine tiefere Einsicht der Zusammenhänge, besaßen aber keinen Einfluss und wussten nicht, wie sie die erforderliche Macht erlangen konnten, um Entscheidungen zum Wohle des Ganzen zu treffen. Ebenso erging es Teilnehmern seines Lehrgangs „Praktischer Betriebswirt", die ihr Wissen nur dann erfolgreich einsetzen konnten, wenn sie in den Unternehmen die entsprechende Entscheidungskompetenz besaßen.

Die Betriebswirtschaftslehre untersucht ihr Erkenntnisobjekt Betrieb hauptsächlich unter dem Gesichtswinkel des ökonomischen oder erwerbswirtschaftlichen Prinzips. In der Verfolgung gewinnmaximierender Ziele werden von ihr emotionale und psychologische Vorgänge nicht berücksichtigt. Immaterielle Kräfte zu erzeugen und zu steuern erschien Mewes aber notwendig, um soziale Widerstände zu überwinden. Die Tatsache, dass betriebswirtschaftliche Kenntnisse – und seien sie noch so gut – für den Erfolg nicht allein ausschlaggebend waren und dass sich Leistung ohne Macht nicht angemessen einsetzen lässt, veranlasste Mewes, sich mit dem „energetischen Phänomen" der Macht auseinanderzusetzen.

Es ist das Verdienst von Mewes, das Erkenntnisdefizit über die Zusammenhänge des Dominanzfaktors Macht ausgefüllt und in eine praktizierbare Handlungsmaxime für den wirtschaftlichen Erfolg gebracht zu haben. Machiavelli und Soziologen hatten zwar das Phänomen Macht untersucht, jedoch konnte auf der Grundlage ihrer Erkenntnisse keine praktikable Handlungslehre abgeleitet werden.

Engpässe entscheiden über Machtpositionen

Um eine praktikable Handlungslehre ableiten zu können, sammelte Mewes Fälle aus der Praxis, deren Entwicklung auf das Phänomen Macht zurückzuführen war. Eine vergleichende Betrachtung zeigte ihm jedoch, dass sich jede unternehmerische Machtstellung auf eine andere Ursache zurückführen ließ. Macht konnte im Einzelfall bedeuten, dass ein Unternehmen über moderne Produktionsanlagen, Kapital, Bekanntheit oder hohe Marktanteile verfügt. Deshalb galt es, den ihr zugrunde liegenden gemeinsamen Nenner zu finden. Eine der großen Leistungen von Mewes ist die Entdeckung, dass die Machtposition eines Unternehmens allein von dem Engpassempfinden der anzusprechenden sozialen Gruppe außerhalb des Unternehmens bestimmt wird. Danach entscheidet die augenblickliche „gesellschaftliche Engpassstellung" über die Wirkung von Machtfaktoren (Mewes 1963, Lehrbrief 6).

Macht erlangt derjenige, der einer bestimmten sozialen Gruppe den jeweils von ihr am stärksten empfundenen Engpass löst. Er kann subjektiv empfunden und/oder objektiv vorhanden sein und hat meist entscheidenden Anteil an der Weiterentwicklung des Empfängers der Engpasslösung. Damit wird auch deutlich, dass derjenige, der Macht missbräuchlich anwendet, gegen die Interessen seiner Umwelt verstößt. Er selbst weicht die Wirkung seiner Macht auf und zerstört sie letztendlich. Macht basiert also darauf, dass sich andere mit dem Machtausübenden solidarisch erklären, weil sie sich von ihm einen Vorteil erhoffen, der einen höheren Wert darstellt als ihr eigener freiwillig zu leistender Beitrag. Folglich handelt es sich nicht um „Sanktionsmacht", die auf bestimmten Zwängen beruht (Weber 1973) und ethisch negativ ist. Mewes postuliert die Entwicklung eines existenziellen Nutzens für die Zielgruppe. Es entsteht ein Solidarisierungseffekt, der Nutzenanbieter baut die ethisch einwandfreie, positive Solidaritätsmacht auf.

Die schneller werdende Veränderlichkeit der Engpässe (empfundene Probleme) verdeutlicht, dass Besitz oder Eigentum an Machtfaktoren, die nicht an den Wandel angepasst werden, wertlos werden. Dies unterstreicht ein von Mewes gewähltes Beispiel. Nach der Notlandung eines Flugzeuges in der Sahara bekommen die Passagiere sehr schnell Durst. Automatisch richtet sich das Interesse aller auf denjenigen, der Wasser hat oder von dem erwartet wird, dass er es beschaffen kann. Die anderen unterstützen ihn, lesen ihm seine Wünsche von den Augen ab und versprechen ihm ein Königreich. Sobald ausreichend Wasser vorhanden ist, verflüchtigt sich die Macht des Betreffenden zusehends.

Immaterielles dominiert Materielles

Das Beispiel zeigt, dass immaterielle Werte zunehmend an Bedeutung gewinnen, materielle dagegen immer mehr an Wert einbüßen. Sie unterliegen einem Beschleunigungsprozess in der wirtschaftlichen und gesellschaftlichen Entwicklung, der dazu führt, dass die Fähigkeit, machtorientiert zu handeln, immer wichtiger wird. Machtverfall ist demnach auf passive, linear ausgerichtete Verhaltensweisen, Machtzuwachs dagegen auf aktives, „engpasskonzentriertes" Handeln zurückzuführen.

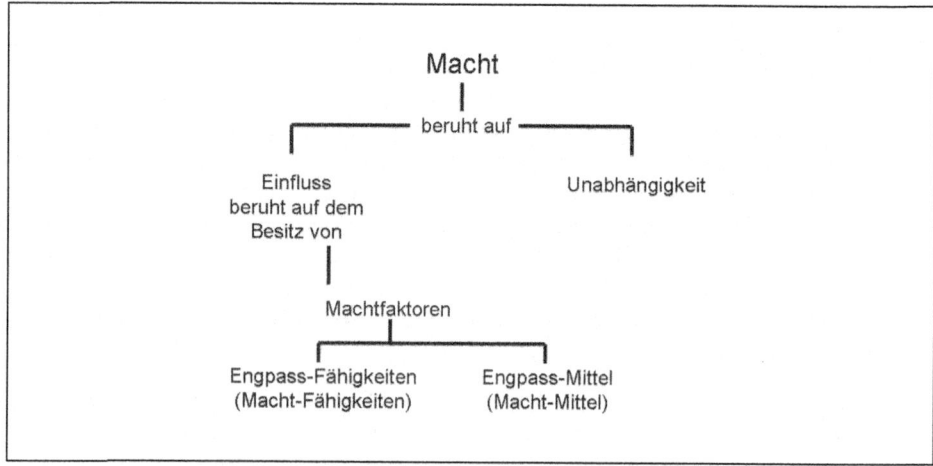

Abbildung 1:   *Macht-Differenzierung (Mewes Lehrbrief 6, 1963)*

Macht ist gleich soziale Anziehungskraft

Das zentrale Thema der von Mewes diskutierten Macht ist also Anziehungskraft, die durch einen überzeugenden Nutzen für die Marktteilnehmer aufgebaut wird. In dem Maße, wie Merkuria ihre Macht in nützliche Lösungen für bestimmte Gruppen investiert, wird sie ihren Machtvorsprung erhalten und ausweiten.

Ob im konkreten Fall der Merkuria eine deutliche Nutzenstiftung für die Umwelt (Abnehmer, Zulieferer als Kooperationspartner usw.) gelingt, hängt freilich davon ab, inwieweit das Unternehmen sich in der jeweils nachfrageintensivsten Marktlücke zu positionieren und die zu ihrer Bedienung erforderlichen eigenen und fremden Kräfte zu mobilisieren vermag.

Unternehmerischer Erfolg

Der Weg zu ihrem unternehmerischen Erfolg führt über den unmittelbaren Nutzen für den Kunden, gemäß der in der Natur nachgewiesenen Erfolgsparallele des „Schlüssel-Schloss-Verhältnisses" (siehe Hass 1987). Wenn Leistung und Bedarf zueinander passen, entsteht eine Hebelwirkung zugunsten des eigenen Unternehmensgewinns. Der Betrieb muss bei der Lösung der von der Zielgruppe als besonders „brennend" empfundenen Problem besser sein als der Wettbewerb. Die positive Reaktion auf echte Leistung steigert sich in dem Maße, wie der Kunde begreift, dass ihm bei der Lösung seiner Probleme wirksam geholfen wird. Und aufgrund seiner eigenen Interessenlage unterstützt er die Bemühungen seines Geschäftspartners. Es kommt zwischen beiden Kontrahenten zu kooperativen und Selbstorganisations-Prozessen, die für beide Seiten Früchte tragen.

Folglich ist es strategisch nicht nur entscheidend, das Unternehmensziel dem dringendsten Engpass seiner Zielgruppe anzupassen, sondern diese Gruppe muss auch darüber informiert werden. Das Unternehmensziel der stetigen Nutzensteigerung (Innovationen) für die Zielgruppe ist also ein qualitativer Erfolgsfaktor und nicht vergleichbar mit quantitativen Umsatz- und Ertragszielen, die im Zuge der herkömmlichen Produktivitäts- und Gewinnplanung ermittelt werden.

Die Erfolgsprinzipien der EKS

Die in den Verhaltensgrundsätzen postulierten Maximen für die Merkuria entsprechen den Erfolgsprinzipien der EKS.

1. Auf spezielle Stärken konzentrieren

2. Auf erfolgversprechende Zielgruppen spezialisieren

3. Kräfte und Mittel auf das als am brennendsten empfundene Problem der Zielgruppe ausrichten (Marktlücke mit jeweils höchster Bedarfsintensität)

4. Problemlösungen entwickeln in „die Tiefe der Zusammenhänge", das heißt zunehmend „zentrale Probleme" lösen. Spitzenlösungen produzieren durch Delegierung von Aufgaben an besser geeignete Spezialisten. Auf der Grundlage dieses Erfolgsprinzips kommt es zu einer synergetischen Kundenbeziehung, weil Anbieter und Nachfrager das größte Interesse haben, an einem Strang zu ziehen. (Siehe Mewes 1976, Heft 10 und 1980)

Energetische Denkweise als Lösungsansatz für die heutige Wirtschaftskrise

Da der Fall Merkuria alle Elemente der heutigen EKS enthält, ist er auch nach 45 Jahren noch ein Musterbeispiel für Führungskräfte, die ihre Firmenstrategie am Kundennutzen ausrichten wollen. Aus diesen unternehmensbezogenen Gesichtspunkten heraus leitet Mewes einzigartige Lösungsansätze ab, die den bestmöglichen Ausweg aus den heutigen schwierigen wirtschaftlichen, ökologischen und gesellschaftlichen Problemen beschreiben. Seine Handlungsgrundlage ist die energetische Denkweise, die das Immaterielle in den Vordergrund stellt. Sie steht im Gegensatz zum materialistisch-mechanistischen Weltbild, das die vergangenen Jahrhunderte und die heutige Zeit geprägt hat.

Extrovertiertes versus introvertiertes Management

Vor diesem Hintergrund unterscheidet Mewes zwei grundsätzliche Managementrichtungen mit weitreichenden Folgen auf privat- und gesamtwirtschaftlicher Ebene. Einerseits eine nach innen gerichtete, auf Produktivitätsvorteile abhebende Unternehmenspolitik, deren unmittelbares Ziel die schlanke Organisation ist, um die Wettbewerbsfähigkeit zu sichern. Sie wird auch heute, besonders unter dem Druck der weltweiten Wirtschaftskrise, in ihrer extremen Ausprägung als Lean Production mit der Konsequenz umfangreicher Personalfreisetzung praktiziert (siehe Mewes 1993, Strategiebrief Nr. 1). Namhafte Konzerne und ganze Branchen, wie Automobilindustrie, Stahlindustrie, Chemie oder Landwirtschaft, haben sich bisher mehr oder weniger produktivitäts- und kostenorientiert verhalten, ohne ihre Wettbewerbssituation nachhaltig zu verbessern.

Dieser introvertierten Vorgehensweise, Wettbewerbsprobleme auf dem direkten Wege zu lösen, stellt Mewes das Konzept des naturwissenschaftlich abgesicherten indirekten Weges der machtorientierten Unternehmensstrategie gegenüber. Sie beruht auf der Entwicklung von sozialer Anziehungskraft und muss durch einen dynamischen Innovationsprozess verwirklicht werden.

Anziehungskraft gewinnen durch klare Vorwärtsstrategie

Der strategische Ausgangspunkt der Merkuria ist entscheidend. Er wird im Wesentlichen durch die speziellen Stärken dieses Unternehmens bestimmt. Eine Erkenntnis von Mewes ist, dass man sich primär auf Stärken im Wettbewerb und nicht auf Schwachstellen und ihre Beseitigung konzentrieren muss, eine These, die inzwischen auch in der Automobilindustrie als Handlungsmaxime anerkannt wird (siehe Milberg 1994).

Im nächsten Schritt kommt es zur Lösung der Engpassprobleme in den Teilmärkten der Merkuria und in einer weiteren Entwicklungsphase zur Ausrichtung auf besonders erfolgversprechende Probleme der Druckereien. Bei den sich ableitenden Maßnahmen werden zunächst möglichst schnelle Erfolge als Nahziele und dann längerfristige Ziele angesteuert. Hierbei wird es erforderlich, einzelne Aufgaben und Funktionen an leistungsgünstigere Produktionsstandorte zu delegieren.

Die Maßnahmen dienen der Lösung des jeweils brennendsten Problems der Druckereien. Die Lösung erfolgt durch die kontinuierliche Steigerung der eigenen Attraktivität bis zur umfassenden Spezialisierung auf das konstante Grundproblem der Geschäftsausweitung und langfristigen Existenzsicherung dieser Abnehmergruppe. Konsequenterweise versteht sich Merkuria nicht mehr primär als Produktlieferant, sondern als Problemlöser für Druckereien, wenngleich die Maschinen selbstverständlich in den 1960er Jahren noch der wesentliche Bestandteil der Problemlösung waren.

Schon damals verwies Mewes auf das im immateriellen Bereich liegende und bis heute nahezu brachliegende Marktpotenzial, das nicht durch Produkte oder Dienstleistungen, sondern durch gezielte „Lösung bestimmter Probleme" des Käufers genutzt werden kann (siehe Mewes, Vortrag 1994). Durch die bessere Vernetzung mit dem Markt erreicht Merkuria leichter und nachhaltiger das aus strategischer Sicht indirekte Ziel der Gewinnoptimierung. Damit ist Gewinn nicht Ziel, sondern eine automatische Folge des Nutzens.

Obwohl Mewes in den folgenden Jahren nach Erscheinen des Merkuria-Falls zwei umfangreiche Lehrgänge über die weiterentwickelte EKS sowie viele Fachartikel veröffentlicht und zahlreiche Vorträge gehalten hat, scheint die „neue" Denkweise der EKS von vielen Unternehmensführungen noch nicht adaptiert worden zu sein. Nach der jüngsten Untersuchung verhalten sich über 50 Prozent der Hersteller von Investitionsgütern entweder überhaupt nicht oder nur in geringem Maße marktorientiert (siehe Backhaus 1994).

Neue Wachstumschancen durch qualitatives Denken

Der bereits 1963 postulierte Ansatz, dem Abnehmerkreis nicht als Produktlieferant, sondern als Löser eines bestimmten Problems gegenüberzutreten, ist der Schlüssel, wie in der Wirtschaft qualitatives Wachstum evolutionskonform ablaufen muss. Der expansive Charakter der EKS richtet sich auf die Förderung qualitativen Wachstums. Im qualitativen Bereich erschließen sich völlig neue Märkte, die der Wirtschaft nahezu unbegrenzte Expansionsmöglichkeiten eröffnen bei abnehmender Beanspruchung der Ressourcen der Erde und der ökologischen Belastung.

Qualitatives Wachstum kann vielfältig betrieben werden. Für Merkuria ist es beispielsweise die Erschließung neuer Märkte in solchen Ländern, auch Drittländern, die nicht über eine ausreichende Kaufkraft verfügen. Da die Förderung innovativer Lösungen kaum vom Staat zu erwarten ist, ist das Unternehmen gefordert, selbst Ideen zu entwickeln, um die Voraussetzungen für die Finanzierung des Absatzes in den betreffenden Ländern zu schaffen.

An diesem Beispiel wird deutlich, dass die Überwindung der „Kluft zwischen Produkt und Problem" nicht die Lieferung einer technisch perfekten Druckmaschine sein kann. Denn eine wesentliche Stärke der Merkuria ist, dass sie nicht nur die Anwendungsprobleme ihrer Kunden analysiert, sondern die strategisch primäre Frage beantworten kann, wie ein zukünftiger oder bereits tätiger Druckereibesitzer in seinem Markt wirtschaftlich erfolgreich wird. Merkuria kann sich deshalb zum speziellen Problemlöser für die einzelne Druckerei entwickeln, weil sie kontinuierlich eine Vielzahl von Maschinen an dieselbe Zielgruppe liefert. Aufgrund der ihr quasi automatisch zuwachsenden Lerngewinne ist es ihr möglich, die für ihre Abnehmer entscheidende Problemlösungsqualität zu erreichen, die jedem einzelnen von ihnen konzeptionell und finanziell verwehrt bliebe, wenn er auf sich selbst gestellt wäre (Mewes, Vortrag 1994).

Lösungen für den „Fertig-Erfolg" sind bei Merkuria erprobte Existenzgründungsprogramme für den Aufbau oder Erfolgskonzepte für den Ausbau von Druckereien. Dieser Fall zeigt, dass sich zwischen Herstellung, Verkauf und Entwicklung erfolgreicher Unternehmenskonzepte, also das gesamte Spektrum aller Überlegungen und Maßnahmen für die tatsächliche Lösung des eigentlichen Kundenproblems, immer neue Marktlücken öffnen, die es zu füllen gilt. Solche Lösungsansätze würden in den betreffenden Ländern helfen, das Bruttosozialprodukt zu verbessern und als Nebeneffekt (indirekter Weg der EKS) dazu beitragen, den sich beschleunigenden Nord-Süd-Konflikt zu entschärfen (Klüver 1994).

Wenngleich jeder Wirtschaftszweig und jedes Unternehmen seine besonderen Ausgangspositionen und Voraussetzungen hat, bietet das auf qualitative Wachstumsprozesse gerichtete Denken der EKS-Lehre ähnliche Wachstumspotenziale in hoch entwickelten Industrieländern (siehe Mewes 1994, Strategie-Brief Nr. 4).

Mit zunehmender Problemlösungsorientierung wächst die Nachfrage nach Dienstleistungen und damit auch die Schaffung neuer Arbeitsplätze. Gleichsam neben neuen Wachstums- und Erfolgspotenzialen als Folge verstärkter Problemlösungsorientierung ergibt sich außerdem eine sparsamere Verwendung der knappen Rohstoffe und Ressourcen, weil sie entweder weniger verbraucht oder besser veredelt werden. Dieses Gedankengut findet sich bereits im Merkuria-Fall.

Wachstum durch Verringerung der Kluft zwischen Angebot und Kundenerwartung

Das in vielen Konturen sichtbare Konzept konsequenter Problemlösung in der „Kluft zwischen Herstellung, Lieferung der Produkte und der tatsächlichen Lösung der Probleme" einer Zielgruppe widerlegt die These vom „Ende des Wachstums". Bei einem Wirtschaftswachstum, das von der qualitativen Nutzenebene einer verbesserten Strategie seinen Ausgang nimmt, verlieren die ansonsten restriktiven Bedingungen endlicher Ressourcen und lebensbedrohlicher Umweltbelastungen ihre negative Wirkung und ändern sich eher zum Positiven.

Damit erschließt sich unter stringenter Anwendung der EKS ein neuer „Wachstumskontinent" (Mewes). Es ist sicherlich nicht vermessen, hieraus zu folgern, dass sich der Vorsprung der EKS gegenüber der traditionellen Managementlehre eher vergrößert hat.

EKS – Schlüsselkonzept zur Krisenbewältigung

Der visionäre Weitblick von Mewes manifestiert sich darin, dass die großen wirtschafts- und gesellschaftspolitischen Probleme, die bereits in der krisenhaften Zuspitzung der 1990er Jahre und heute im Jahr 2009 sichtbar geworden sind, unter einem konsequent angewendeten EKS-Verhalten gelöst werden könnten. Die elementaren Bausteine und Grundlagen sind bereits im Merkuria-Fall diskutiert und in Erfolgsprinzipien konkretisiert worden. Es ist Mewes' Erkenntnis, dass Macht unmittelbar mit dem „Nutzen für das Ganze" zusammenhängt und deshalb „Denken und Handeln" darauf zu konzentrieren sind (Mewes 1987). Tatsächlich hat Mewes als ein an der Wirklichkeit orientierter Wirtschaftsfachmann bereits damals gesehen, dass die gleichen Prinzipien, die für den Erfolg der Merkuria maßgebend waren, auch die richtige Antwort auf die dramatischen Fragen unserer Zeit sind.

EKS – Schlüsselkonzept zur Globalisierung

Neben seinem Lösungskonzept für Krisenzeiten und zur Vermeidung wirtschaftlicher Rezessionen hat Mewes auch das Wachstum durch die Internationalisierung behandelt und damit die Strategie für die erfolgreiche Globalisierung geliefert. Dieser Begriff war vor 45 Jahren bereits definiert (Levitt 1983), aber in der Geschäftswelt wurde er noch nicht verwendet.

Das Internationalisieren der Merkuria ist gerade der zentrale Punkt in der geschäftlichen Expansion dieses Druckmaschinenherstellers. Seine Einfarbenmaschinen in Verbindung mit der Lieferung von Fertigexistenzen – Spezial-Know-how für Existenzgründer – sind die Speerspitze für das Erschließen ausländischer Märkte. Dort können die einfachen Einfarbendruckmaschinen eingeführt und die Märkte entwickelt werden, die dann auch zur Nachfrage nach den Vierfarbendruckmaschinen führt.

Die EKS ist eine Spezialisierungsstrategie. Für einen erfolgreichen Spezialisten wird sich irgendwann die Frage stellen, wie es weitergehen soll. Soll er seine regionale oder nationale Marktführerschaft beibehalten oder soll er international expandieren. Mit Erreichen der inländischen Marktführerschaft lassen sich meist durch die strategisch bedingte Fokussierung auf eine spezielle Ziel- oder Teilzielgruppe keine nennenswerten Wachstumszuwächse erzielen. Mit der globalen Multiplikation des gleichen Konzepts baut der Spezialist seine Spezialisierungsvorteile weiter aus mit dem Ergebnis steigender Absatzmengen, sinkender Grenzkosten, steigender Lerngewinne, größerer Sicherheit sowie Ausbau der Kosten- und Marktführerschaft. Er handelt aus einer starken strategischen Position, wie dies in diesem Buch auch durch Roland Kamm am Fall Kärcher gezeigt wird.

Eine Geschäftsausweitung über das Eindringen in die Weltmärkte bietet sich besonders für solche Unternehmen an, deren strategische Signatur durch eine klare Zielgruppe und ein enges Leistungsprogramm definiert ist. Obwohl es noch andere EKS-konforme Diversifikationsstrategien gibt, verfolgen die von Simon apostrophierten „Hidden Champions" ihre Expansion über die Globalisierung (Simon 2007). Das Diversifizieren auf internationaler Ebene dieser erfolgreichen Weltmarktführer basiert auf den entscheidenden Elementen der EKS:

Leistungsfokus auf eine klar abgegrenzte Zielgruppe bei hoher Flexibilität in der Wertschöpfungskette und mit stetiger Innovationsbereitschaft.

Die von Mewes skizzierte Globalisierungsstrategie der Merkuria ist anspruchsvoll und komplex. Um sie erfolgreich umzusetzen, muss das Unternehmen in jedem einzelnen Fall bestimmte Voraussetzungen erfüllen, die zu den Konzentrations- und Spezialisierungsüberlegungen der EKS kompatibel sind. Denn der weitaus größte Teil der Diversifikationsstrategien ist entweder gescheitert oder hat nur zu geringen Erfolgen geführt. Wirkliche Unternehmenserfolge sind Konzentrationserfolge. Merkuria zählt heute zu den erfolgreichen Globalisierern der deutschen Industrie mit flächendeckenden Servicenetzen und hat sich auf der Grundlage der EKS zum Weltmarktführer von Druckmaschinen entwickelt.

Literatur

BACKHAUS, KLAUS, Investitionsgüter-Studie: Unternehmen vernachlässigen ihre Kunden, in: VDI nachrichten Nr. 5, 4. Februar 1994

BROGSITTER, BERND, Kundennutzen – Herzstück der ganzheitlichen Firmenstrategie, in: Harvard Manager 4/88, S. 113 - 119

BROGSITTER, BERND, Das EKS-Konzept am Beispiel von Steitz Secura und Kärcher: Mit Spezialisierung zur Marktführerschaft, in: Technischer Handel, Januar 2004, S. 24 - 26

BROGSITTER, BERND, Die Zukunft sichern – Mit Spezialisierung zur Marktführerschaft, in: Mewes, Wolfgang (Hrsg.), Mit Nischenstrategie zur Marktführerschaft, Zürich 2000, S. 15 - 34

HASS, HANS, Naturphilosophische Schriften, Band 3. Das verborgene Gemeinsame: Energontheorie II, München 1987

KLÜVER, REYMER, Das Menschheitsrisiko. Szenarien des Nord-Südkonflikts, Weinheim 1994

LEVITT, THEODORE, The Globalization of Markets, in: Harvard Business Review, Mai-Juni 1983

MEWES, WOLFGANG, Gestern richtig, heute falsch! in: StrategieJournal, Heft 1/2009

MEWES, WOLFGANG, Jetzt wird es ernst! in: StrategieJournal, Heft 3/2008

MEWES, WOLFGANG, Die großen Chancen des „kleinen" Mittelstandes, in: Mit Nischenstrategie zur Marktführerschaft, Beratergruppe Strategie (Hrsg.), Zürich 2000

MEWES, WOLFGANG, Ignacio López – eine beispielhafte Karriere?, in: Strategie-Brief Nr.4/1994

MEWES, WOLFGANG, Lean Production – eine Revolution?, in: Strategie-Brief Nr. 1/1993

MEWES, WOLFGANG, Brief an Hans Hass, Frankfurt 17.8.1987

MEWES, WOLFGANG, Die Kybernetische Managementlehre (EKS), Hefte 10 und 12, Frankfurt 1977

MEWES, WOLFGANG, Machtorientierte Führungslehre, Lehrbriefe 6 und 10, Frankfurt 1963

MEWES, WOLFGANG, Praktischer Betriebswirt, Darmstadt 1959/1963

MILBERG, JOACHIM/REINHARD, GUNTHER, Unsere Stärken stärken, Landsberg 1994

SIMON, HERMANN, Hidden Champions des 21. Jahrhunderts, Frankfurt/New York 2007

WEBER, MAX, Soziologie. Universalgeschichtliche Analysen. Politik, Stuttgart 1973

Nischen finden durch Spezialisierung

Hans Bürkle

Was sind Marktnischen?

In jeder Branche gibt es Unternehmen, die sich auf die Bedienung von Teilen eines Marktes spezialisieren. Diese Unternehmen verzichten darauf, den ganzen Markt oder große Segmente des Markts anzusprechen.

Die Marktnische ist definiert als ein Teilmarkt des Gesamtmarkts, der bislang nicht besonders gut oder gar nicht durch vorhandene Produkte und Dienstleistungen befriedigt wird. Sehr häufig sind diese Teilmärkte zu klein, um von großen Anbietern speziell bearbeitet zu werden. Kleinere Unternehmen mit beschränkten Ressourcen können diese kleinen, speziellen Märkte in der Regel besser bearbeiten. Aber auch kleine, eigenständige Unternehmensbereiche großer Konzerne können erfolgreich in Marktnischen tätig sein.

Um eine Marktnische zu besetzen, bedarf es einer Fokussierung der Kräfte: Zunächst identifiziert das Unternehmen, ausgehend von den eigenen Stärken, eine speziell definierte Zielgruppe, dann gilt es, ein auf die spezifischen Bedürfnisse der potenziellen Nachfrager ausgerichtetes Leistungsangebot zu erstellen. Das gesamte marketingpolitische Instrumentarium muss auf diese eine Zielgruppe zugeschnitten werden.

Der Zweck dieser Maßnahmen ist, sich über die präzisere Ausrichtung an den Wünschen der überschaubareren Zielgruppe vom Wettbewerb abzugrenzen, das kleine Marktsegment besser ausschöpfen zu können und insgesamt eine größere Chance für das Überleben des Unternehmens zu haben.

Ziel aus volkswirtschaftlicher Sicht ist die bessere Versorgung der Zielgruppe. Ziel für das Unternehmen ist die langfristige Absicherung der Marktnische gegenüber dem Wettbewerb oder kurz: Aufbau einer starken Markt- und Machtposition gegenüber Kunde und Konkurrenz und damit auch ein besseres Ergebnis.

Wie findet man Nischen?

Sie sind nicht auf der Straße zu finden. Nischen müssen erarbeitet werden und man muss intensiv recherchieren. Dazu müssen die Marktsegmente in Untersegmente zerlegt werden, bei denen differenzierte Problemstellungen oder Wünsche bestehen. So können zum Beispiel Hotels aus dem Segment der Geschäftsreisenden ihre Nischen suchen. So gibt es in diesem Segment Geschäftsreisende, die extrem ruhige Hotels suchen, ruhig im Sinne der Lage oder der Hotelabläufe und Veranstaltungen. Es gibt aber auch Geschäftsreisende, die während der Reise etwas erleben möchten und ein entsprechendes kulturelles oder unterhaltendes Angebot erwarten oder ein Hotel mit außergewöhnlichem Wellnessangebot bevorzugen.

Eine Marktnische ist dann lohnenswert, wenn folgende Situation vorliegt:

▨ Die Bedürfnisse im Teilmarkt sind deutlich zum Gesamtmarkt abgrenzbar

▨ Die Bedürfnisse im Teilmarkt sind komplex

▨ Die Zielgruppe reagiert positiv auf das besondere Nischenangebot, da jene in dem speziellen Angebot die Lösung von Problemen oder einen zusätzlichen Nutzen für sich sieht, die sie woanders nicht bekommt.

Um die Nische zu besetzen, muss das dazu erforderliche Leistungspaket speziell für diese Nische ausgelegt werden. Ist der Nischenbesetzer in „a leading position", dann kann er nur schwer von anderen Wettbewerbern angegriffen oder verdrängt werden. Fortschrittliche und flexible Unternehmen wenden sich dem Nischenmarketing zu und besetzen in schneller Folge lohnenswerte Nischen. Nischen können zudem über geschütztes Know-how (wie Patente) ge- und erfunden werden.

Gibt es Nischen für Großunternehmen?

Nehmen wir als Beispiel eine Hotelkette. Marriott International ist eines der großen Unternehmen im Beherbergungs- und Dienstleistungsbereich mit über 3.000 Hotels. Die Hotelkette umfasst derzeit 14 Produktlinien, die weltweit vertreten sind. Jede Hotelmarke ist den unterschiedlichen Gästebedürfnissen entsprechend konzipiert.

Die Marriott Hotels & Resorts umfassen derzeit:

▨ JW Marriott Hotels & Resorts

▨ Renaissance Hotels & Resorts

▨ Courtyard by Marriott

▨ Residence Inn by Marriott

▨ Fairfield Inn by Marriott

▨ Marriott Conference Centers

▨ TownePlace Suites by Marriott

▨ SpringHill Suites by Marriott

▨ Marriott Vacation Club

- The Ritz-Carlton Hotel Company, L.L.C.

- The Ritz-Carlton Club

- Marriott ExecuStay

- Marriott Executive Apartments

- Grand Residences by Marriott

Die Differenzierung reicht vom Luxushotel bis hin zum Mittelklassehotel. Sie sieht im Detail – der Marriott-Homepage entnommen – beispielsweise so aus:

„Marriott Hotels & Resorts

Das Marriott Hotel mit seinem renommierten Komfort und Service ist überall in der Nähe. Gäste genießen die vielen typischen Annehmlichkeiten wie superbe Restaurants, exzellente Zimmer- und Concierge-Services, Swimmingpools und Fitnessräume. Businessgäste profitieren vom Internetanschluss auf dem Zimmer, Businesscenter und den Serviceleistungen der Executive-Lounge an über 515 Standorten weltweit.

JW Marriott Hotels & Resorts

JW Marriott Hotels bieten Luxus in einer neuen Dimension – eine einzigartige Komposition aus feinem Ambiente, charmanter Eleganz und höchster Aufmerksamkeit erfüllen alle Wünsche und Bedürfnisse. Willkommen bei JW Marriott Hotels & Resorts – den weltweit schönsten und erlesensten Hotels der Marriott Familie. Gäste erleben die luxuriösen Annehmlichkeiten der großzügigen Gästezimmer, kulinarischen Erfindungsreichtum, außergewöhnliche Golf-, Fitness- und Spa-Angebote.

Renaissance Hotels and Resorts

Gäste der Renaissance Hotels & Resorts wissen Individualität und Unverwechselbarkeit zu schätzen, an über 140 Standorten weltweit. Sie kommen in den Genuss von Funktionalität und Originalität in perfekter Harmonie. Restaurants bieten lokale Highlights. Jedem Meeting oder Event – egal, ob groß oder klein – wird die ungeteilte Aufmerksamkeit zuteil. Die Gästezimmer bieten alle Annehmlichkeiten und Ausstattungen zum Entspannen oder zum Arbeiten."

Sind das echte Nischen? Nein. Bei dieser „Marriott-Spezialisierung" fehlt die klare Differenzierung zum Wettbewerb. Die Mitbewerber bieten dasselbe für diese Zielgruppen an. Eine Nischenorientierung ist bei dieser Größenordnung so nicht möglich. Die großen Hotelketten konzentrieren sich auf Vertriebsschienen, über die kleine Hotels nicht arbeiten können. Insofern hat jede Betriebsgröße ihre Möglichkeit, sich speziellen Teilmärkten zu widmen. Das Thema Nische ist für KMU's (Kleine und mittelständische Unternehmen) reserviert. Und jedem Nischenbesitzer ist dann vorbehalten, seine Leistung beispielsweise per Franchise zu multiplizieren und somit eine andere Marktgröße zu erreichen.

Also wo sind die Nischen? Es gibt Hotels deren Kundschaft das Ungewöhnliche lieben, zum Beispiel ausgefallenes Design. Das Designhotel „Gastwerk" in Hamburg hat 15 Prozent

Mehrauslastung als die üblichen Hotels. Ein anderes Beispiel sind Hotels, die Appartements oder kleine Suiten statt Hotelzimmer anbieten. Dort fühlen sich vor allem die Gäste wohler, die längere Zeit an diesem Standort bleiben. Diese sind auch bereit, einen höheren Preis zu zahlen. Die Villa Orange in Frankfurt konzentriert sich als Hotel auf Bio-Freunde; die Bio-Hotels arbeiten eben anders: für die Zielgruppe der „Bio-Verbraucher", und zwar mit Unterstützung vieler Unternehmen aus der Bio-Szene.

Die Frage, wie groß eine Nische sein muss, um sie wirtschaftlich zu bedienen, ist wesentlich für die Geschäftsstrategie von Unternehmen. In der Wirtschaft setzt sich die Meinung durch, dass in Zukunft nicht die großen Unternehmen die kleinen schlucken werden, sondern dass die kleineren und flexibleren die großen fressen werden. Gerade in der Besetzung von identifizierbaren Nischen mit kundengerechten Angeboten liegt die Chance vieler Unternehmen in Hochlohnländern. Mit dem richtigen Marketing und der dazugehörigen Organisation können sie die Vorteile der Kundennähe in ihrem heimischen hochpreisigen Markt gegenüber ausländischen Konkurrenten ausspielen, die mit billiger Massenware auftreten. Sie müssen das für die Kunden der Nische wertvollere Angebot machen und Änderungen der Kundenwünsche schneller erfassen und darauf reagieren, als entfernt liegende Wettbewerber dies können.

Aus einer Nische heraus groß zu werden, ist kein Widerspruch. Das haben uns schon Aldi oder Schlecker & Co. gezeigt. Aber auch die Großunternehmen können weitere Chancen nutzen, indem sie kleine Geschäftseinheiten gründen und mit diesen Sonderlösungen für spezielle Zielgruppenbereiche entwickeln.

Die Nische ist das Ziel

In einer Studie von Professor Hermann Simon über erfolgreiche Unternehmen mittlerer Größe wurde herausgefunden, dass der Erfolg dieser Unternehmen daraus resultiert, dass sie nicht die Bedienung des Gesamtmarkts anstrebten, sondern sich auf eine Nische fokussierten. Eine Vielzahl der Nischenversorger sind mit ihrem Spezialgebiet Europa- oder Weltmarktführer (hidden champions) geworden, wie zum Beispiel die Rational AG (Kombidämpfer) oder Winterhalter Gastronom GmbH (Geschirrspülanlagen), der Backofenhersteller Wiesheu und andere; sie sind übrigens mit der EKS-Strategie erfolgreich geworden.

Warum ist das Bedienen von Marktnischen gewinnbringend?

Einer der Hauptgründe für den ungewöhnlichen Erfolg der Nischenstrategie ist, dass der Anbieter seine spezielle Abnehmergruppe und deren Bedürfnisse genauestens kennt und speziellere Problemlösungen anbieten kann als jemand, der nur gelegentlich an diese Gruppe verkauft. Im Ergebnis kann der Nischenanbieter einen höheren Preis in Rechnung stellen, weil sein Angebot einen höheren Nutzenwert für den Kunden darstellt. Während im Massenmarketing hohe Stückzahlen erreicht werden müssen, werden beim Bedienen von Marktnischen schon mit kleinen Stückzahlen gute Gewinnspannen erzielt.

Die ideale Marktnische ist ausreichend groß, um Gewinn zu bringen, hat Wachstumspotenzial, stellt jedoch Anforderungen, die das Unternehmen optimal bedienen muss. Am wichtigsten ist, dass diese Marktnische von nicht allzu großem Interesse für die großen und finanzstarken Konkurrenten ist.

Dazu gibt es den sehr interessanten Fall „Motor-Presse Stuttgart". Dieser Verlag publiziert Medien rund um das Thema „Mobilität". Die diversen Zeitschriften sind thematisch klar positioniert und differenziert; sie haben jeweils eine eindeutig erkennbare USP (unique selling position) für die Leser und Anzeigenkunden. Bei dem Entstehen eines neuen Bedarfsfeldes, wie zum Beispiel „Cabrio", wird ruckzuck eine neue Zeitschrift etabliert. Doch findet man vergeblich eine Zeitschrift zum Thema „Gespanne" mit der Zielgruppe der Motorradfahrer mit Beiwagen.

Die Zeitschrift „Motorrad" hat eine große Zielgruppe, die Zeitschrift „Motorrad-Gespanne" hat jedoch nur 30.000 Leser. Diese Auflage ist dem Verlag in Stuttgart zu klein. Diese Nische erkannte der Verleger Götz, ein EKS-Schüler, und gründete eine Zeitschrift für diese Zielgruppe, die Gespannfahrer. Mit einem Abonnentenstamm von mehr als 10.000 Lesern agiert er heute in einem komfortablen Renditebereich. Diese Nische ist für ihn groß genug, für den Wettbewerb jedoch war sie uninteressant.

Die Risiken des Nischenanbieters

Das Bedienen von Marktnischen birgt mehrere Risiken in sich. Märkte ändern sich, der Bedarf nach diesen speziellen Produkten ist irgendwann gesättigt. Durch den technischen Fortschritt entstehen neue Produkte; häufig werden diese durch ähnliche Produkte substituiert oder es schafft tatsächlich ein Konkurrent, diesen Markt mit einem höherwertigen Verfahren zu besetzen.

Auch gibt es Unternehmen, welche drei, vier oder gar mehrere Nischenmärkte bearbeiten, um bei Verlust einer Marktnische mit den anderen Märkten überleben zu können. Solche Diversifikationen sind sehr problematisch, da die Märkte völlig separat bearbeitet werden müssen und jede Nische eigene Konzepte und eigenes Management verlangt. Die verfügbaren Ressourcen können zumeist nicht gebündelt eingesetzt und Synergien nicht genutzt werden. Besser ist es, einen Nischenmarkt so auf- und auszubauen, dass dieser auch in schwierigen Zeiten unangreifbar wird.

Flops mit Nischenmärkten

Fehler 1: Das Geschäftsfeld ist zu groß gewählt. Die Segmentierung von Märkten wird von vielen Unternehmen betrieben, um aus einem Gesamtmarkt oder in einer Branche ein Kuchenstück herauszuschneiden und in diesem Teilmarkt eine Vorsprungsposition (USP) aufzubauen. Auch die oben erwähnte Hotelkette Marriott geht mit ihren verschiedenen Hotelkonzepten so vor, die vermeintlich einen Nischenmarkt bedienen. Marriott gelingt jedoch aufgrund der Größe keine Nischenbesetzung, sondern lediglich eine Themenbesetzung und die Ansprache spezieller Zielgruppen, die das Hotel buchen sollen. Diese Differenzierung der Themen und Zielgruppen kann jedoch jede andere Hotelkette nachahmen. Um Erfolg haben zu können, ist der Start in einer wirklich kleinen „Markt-Ecke" zu empfehlen.

Fehler 2: Keine eindeutige Zielgruppe. Beispielsweise bieten sich größere Hotels als Tagungshotel an, bedienen jedoch auch Touristen, Geschäftsreisende und Familien mit Kindern. Wenn Tagungen stattfinden, konzentriert sich das Servicepersonal auf die Tagungsgäste, aber die anderen Teilzielgruppen werden vernachlässigt wenn nicht gar verärgert.

Besser machen dies auf Kongresse und Tagungen spezialisierte Seminarhotels und insbesondere die Klausurhotels. Sie vermieten ihre Häuser exklusiv an Firmen. Damit richtet sich der ganze Service wie Ausstattung der Tagungsräume oder die Planung der Mahlzeiten nur auf eine einzige Zielgruppe aus, eben auf diese Tagungsgäste. Auch die „Kinderhotels" sind hier zu erwähnen, die eine klar definierte Zielgruppe haben und sich nicht verzetteln.

Fehler 3: Kein zwingender Nutzen. Durch die Verzettelung in den Zielgruppen kann man es niemandem recht machen. Schon wer im Restaurant Hintergrundmusik für junge Leute anbietet, vergrault Senioren, die es ruhiger und ohne Bässe haben möchten. Bietet man für Familien mit Kindern einen hohen Nutzen, u. a. mit Rutschbahn im Outdoorbereich, dann wird es schwierig, Seminarbesuchern eine ruhige Lernatmosphäre zu vermitteln. Ist ein Hotel jedoch auf Hundebesitzer oder Biker ausgerichtet, dann kann dieser Teilzielgruppe genau das geboten werden, was sie erwartet. Und wenn der Nutzen stimmt, dann wird die Anziehungskraft so groß, dass sich die Spezialität herumspricht und das Hotel zum Insidertipp wird.

Fehler 4: Fehlende Differenzierung zur Konkurrenz. Eine Nische wird man nur festigen können, wenn dieselbe Leistung oder dasselbe Produkt nicht woanders im Sinne „Me-too" zu finden ist. So sollte nach einer Markt- und Wettbewerbsanalyse selbstverständlich eine Besserlösung angeboten werden und – was leider häufig unterlassen wird – der USP, das Alleinstellungsmerkmal deutlichst herausgehoben werden.

Spezialisierung

Die Vor- und Nachteile der Spezialisierung

Der englische Philosoph und Nationalökonom Adam Smith (1723 - 1790) erkannte schon 1776 die Vorteile der Spezialisierung durch Arbeitsteilung. Er beschrieb am Beispiel einer Nadelfabrik, wie sich die Produktivität um ein Vielfaches steigerte, nachdem die Arbeitsteilung eingeführt wurde. So ist seit langem bekannt, dass sich Aufgaben schneller und besser erledigen lassen, wenn man sie in Teilaufgaben zerlegt.

Welche grundsätzlichen Arten der Spezialisierung gibt es? Mewes unterscheidet in seinem Strategiewerk vier Arten der Spezialisierung.

1. Die Arbeitsteilung

Komplexe Aufgaben lassen sich schneller und besser erledigen, wenn man sie in Teilaufgaben zerlegt. Durch Übung bzw. Wiederholung der Tätigkeit ergibt sich ein Lernprozess, der die Arbeit nicht nur schneller erledigen lässt, sondern die Kreativität insofern fördert, als neue Arbeitsabläufe geschaffen werden und die Arbeit somit noch effektiver gemacht werden kann.

Die Arbeitsteilung führte zur beruflichen Spezialisierung. Zum Köhler, zum Müller, zum Bürstenbinder – zu Berufen, die längst ausgestorben sind. Hierbei melden sich immer wieder Bedenkenträger, die der Meinung sind, Spezialisierung führe in Sackgassen und sei schädlich. Dies zeigt auch der Brockhaus auf, der die negativ wirkende Spezialisierung auf die Verwissenschaftlichung und Praxisfremdheit der Universitäten zurückführt. Neue Techniken und Materialien lassen Berufe aussterben, gleichzeitig jedoch neue Berufe entstehen. Die einzige Gefahr der Spezialisierung liegt im Nichterkennen des technischen Fortschritts und des Wandels der Bedürfnisse. Diese Gefahr wird durch Spezialisierung auf eine soziale Grundaufgabe vermieden (s. u.). Die Arbeitsteilung erfordert zudem Kooperation.

2. Produkt- und technische Spezialisierung

Sie umfasst die geschäftliche Ausrichtung auf ein technisches Verfahren, auf Rohstoffe bzw. Materialien und Produkte. Diese kann sehr vorteilhaft sein, wenn man mit einer neuen Technik seinen beruflichen Einstieg verbindet. Diese Spezialisierung hat jedoch den Nachteil, dass die Produkte wegen der sich ändernden Marktverhältnisse und Bedürfnisse immer wieder „neu erfunden" werden müssen.

Beispiel: Ein Großhändler spezialisierte sich auf Korkverschlüsse für Weinflaschen. Das Produkt Kork schien lange Jahre die einzig wahre Verschlussmöglichkeit für gute Weine zu sein. Heute hat er Probleme, überhaupt gute Naturkorken zu bekommen, und zudem werden die Naturkorken immer mehr durch Kunststoffkorken, Glaskorken oder metallische Drehverschlüsse ersetzt.

Ein neues Produkt oder eine neue Technik ist eine super Sache, um in einen Teilmarkt erfolgreich zu werden – bis eben diese Technik überholt wird. Also muss diese Spezialisierungsrichtung ergänzt werden mit der langfristigen Perspektive der unten beschriebenen Grundaufgabe.

3. Problem- oder Themenspezialisierung

Die höhere und risikoarme Stufe der Spezialisierung ist die Spezialisierung auf Problemfelder oder Themengebiete. Beispielsweise liefert ein Einzelhandelsgeschäft mit bislang sinkendem Umsatz auf einmal nicht nur Brötchen, sondern liefert in Frankfurt-Niederrad ein komplettes Frühstück bzw. übernimmt die Kantinen der dortigen Verwaltungen, mit besserem Essen als zuvor bei günstigeren Kosten für die Firmen. Wenn es darum geht, Kunden zu bewirten, ruft man einfach an und das Verpflegungsproblem ist gelöst. Das Unternehmen hat die Produktspezialisierung aufgegeben und sich auf das Problemfeld „Versorgung mit gesundem Essen im Büro" spezialisiert. Dabei gilt es, eine Art Rundumversorgung für die Kunden zu entwickeln, also eine komplette Problemlösung.

Über die Problem- oder Themenspezialisierung hinaus gibt es eine weitere, die höchste Form der Spezialisierung, die „soziale Spezialisierung".

Abbildung 1:   *Klausurhotel Villa Spiegelberg, rechts Seminargebäude*

4. Soziale Spezialisierung

Dazu gibt es zwei Beispiele aus dem Hotelgewerbe: Der Heißenhof in Inzell und die Villa Spiegelberg in Nierstein. Beide Häuser sind ausgewiesene Tagungshotels. Sie stellen den jeweiligen Seminargruppen das ganze Hotel exklusiv zur Verfügung, keine weiteren Gruppen oder Touristen können die Tagungen und Veranstaltungen stören. Küche und Service konzentrieren sich voll auf die eine Seminargruppe, die dadurch hundertprozentig gut betreut wird. Für die Hauptauslastung sind im Jahr nur einige größere Unternehmen nötig, die dort regelmäßig Führungskräfte-Seminare und Meetings abhalten. Die Spezialisierung dieser Häuser auf die Wünsche der Tagungsgäste führte dazu, dass die Personalchefs dieser Firmen sich gegenseitig dieses Seminarhotel empfehlen. Die Werbekosten dieser auf klar abgegrenzte Zielgruppen spezialisierten Hotels entfallen. Durch langfristige Verträge und frühe Buchungen haben diese Hotels auch in der Rezession kaum Probleme.

Die soziale Spezialisierung liegt in der konsequenten Ausrichtung des Leistungsangebotes auf eine eindeutig abgrenzbare Zielgruppe, in diesem Falle die Zielgruppe der Trainer und Trainierten. Einzeltouristen werden bei diesen Fallbeispielen in der Regel abgewiesen. Bei der angesprochenen Zielgruppe hat sich mittlerweile herumgesprochen, dass diese Hotels beste Seminartechnik zur Verfügung stellen, die Mahlzeiten je nach Seminarverlauf zu den gewünschten Zeiten serviert werden und insgesamt der Lernerfolg der Gruppen durch das jeweilige Hotel optimiert wird (nicht umsonst wurde die Villa Spiegelberg als eines der besten Tagungshotels in Deutschland ausgewählt, wenn es um kreatives Tagen geht (Capital Heft 1, 1998) und bekam für seinen Zusatzservice den „Best of Wine Tourism Award 2011" der Great Wine Capitals.

Die Strategie der Hotels orientiert sich nach den Erfordernissen für Tagungen. Sie bieten das an, was von den Tagungsteilnehmern als sehr angenehm empfunden wird, von den meisten Seminarhotels aber nicht geleistet wird. Diese Erfordernisse sind zum Beispiel:

- reservierte Parkplätze für die Seminar-Gäste, da sie oft drei bis fünf Tage übernachten und viel Gepäck mitbringen

- keine Bürokratie beim Einchecken, die Formalia werden während der Tagung erledigt

- der Seminarraum ist kein Mehrzweckraum für Feiern, sondern zweckmäßig gestaltet

- die technische Ausstattung der Seminarräume ist optimiert: Fußbodensteckdosen, gute Projektoren, Leinwand, Klimatisierung usw.

- das Personal kennt sich mit der Tagungsbestuhlung und Einrichtung aus, so dass kein Trainer selbst Tische, Stühle oder Pinwände rücken muss

- die Gruppen müssen sich nicht in den Pausen und für die Mahlzeiten nach anderen Gruppen im Hotel richten

- der Service bei den Mahlzeiten ist zeitlich so geplant, dass die Teilnehmer noch genug Zeit zum Entspannen haben

- Sonderwünsche wie Diätspeisen usw. werden als Chance empfunden, Dauerkunden zu gewinnen

- alle Zimmer haben geeignete Schreibtische mit Telefon und Internetanschluss, um Arbeiten erledigen zu können

- die Abrechnung erfolgt wie abgesprochen

- Lernseminare können ungestört durchgeführt werden

- Kopier-, PC- und Fax-Service steht ständig zur Verfügung.

All die oben angeführten Aufgaben wurden mit der neuen Strategie, nämlich der konsequenten Ausrichtung auf reine Tagungsgruppen gelöst. Die soziale Spezialisierung hat zudem den Vorteil, dass die Hotel-Mitarbeiter die Wünsche der Trainer oder Gäste kennen und bei Stammkunden genau wissen, was die Gruppe an Technik, Seminaraufbau und Essensvariationen wünscht. Die soziale Spezialisierung führt zu einer dauernden Kundenbindung und zur Marktführerschaft am Platze.

Fazit: Die Konzentration auf eine einzige Zielgruppe führt bei diesen Tagungshotels wie auch bei anderen, ähnlich spezialisierten Hotels zu einer optimalen Kundenbindung und Auslastung. Diese strategische Ausrichtung nennt Mewes auch „Soziale Grundaufgabe" – sie ist der Anker aller weiteren Geschäftsideen.

Die Abbildung 2 zeigt in der rechten Spalte die Elemente der neuen Strategie: Im Falle der Klausurhotels heißt die Soziale Grundaufgabe beispielsweise: „Den Lernerfolg von Führungskräfte-Seminaren durch exklusiven Service und professionelle Technik unterstützen." Dazu gehört im konkreten Fall eine Bibliothek mit Managementliteratur und kostenlosem Internetzugang.

Soziale Spezialisierung firmenintern

Auch innerhalb von Unternehmen ist soziale Spezialisierung möglich. Der Inhaber eines größeren Brillengeschäftes überlegte, wie er seine Mitarbeiter besser motivieren könne, um sich selbst von Arbeitsüberlastung befreien zu können. Er dachte über die Stärken und Neigungen seiner Mitarbeiter sowie über potenzielle Zielgruppen nach. Das Ergebnis: Ein Mitarbeiter konzentriert sich auf Sportvereine, Sportler und deren Sportbrillen, eine Mitarbeiterin auf Kultur, Theater- und Schmuckbrillen, eine andere Mitarbeiterin auf Betriebe und die dort erforderlichen Arbeits- und Sicherheitsbrillen.

Der Inhaber selbst konzentriert sich auf Kinderbrillen und die „Normalkunden". Durch die bessere Vernetzung mit ihren Zielgruppen wurden die Mitarbeiter in der Beratung und im Einkauf selbständig. Der Umsatz und die Kundenbindung stiegen konsequent. Um bei diesen guten Mitarbeitern, die jetzt Zielgruppenbesitzer sind, Abwanderungstendenzen zu unterbinden, wurden sie am Unternehmen und ihrem Erfolgsbeitrag beteiligt – zum Vorteil aller.

Kriterien	Konventionelles Seminarhotel	Spezialisiertes Tagungshotel
Ziel	Bettenauslastung, Gewinn	optimaler Nutzen für Tagungsgäste
Zielgruppe	Jedermann	Trainer, größere Firmen mit regelmäßigem Schulungsbedarf
Zimmerpreise	50 - 150 Euro	100 Euro
Belegung	40 - 60 Prozent	90 Prozent
Personalkosten	ganzjährig	nur bei Belegung
Küche, Angebot der Gerichte	Vielzahl von Gerichten	nur ein bis zwei Gerichte, Frischkost bei günstigem, da planbarem Einkauf

Kriterien	Konventionelles Seminarhotel	Spezialisiertes Tagungshotel
Werbung	Anzeigen, Freiübernachtungen usw.	keine Werbekosten
Konkurrenz	viele in der Region	keine
Buchungen	kurzfristig	langfristig, bis 1 Jahr im Voraus
Service	aufwendig, verzettelt	nach systematischen Zeiten
Kundenart	Einmalkunden	Dauerkunden, Empfehlungen
Kundenniveau	divers	hochwertiges Publikum
Anziehungskraft	gering	Geheimtipp für Trainer/Firmen

Abbildung 2: Konventionelle versus spezialisierte Geschäftsausrichtung

Die von Mewes entwickelte „soziale Spezialisierung" bietet alle Instrumente, um den Kundennutzen zu optimieren und eine Nische konsequent abzudecken. Sie vermeidet die Schwachpunkte der technischen- oder Produktspezialisierung.

Was tun, um die Vorteile der sozialen Spezialisierung zu nutzen?

Jeder Unternehmer oder Leiter eines Profitcenters sollte seinen Bereich auf die Möglichkeit der besseren Spezialisierung prüfen. Ziel muss sein, für das Unternehmen bzw. den Geschäftsbereich die konstante, soziale Grundaufgabe zu definieren. Dann ist es leicht, gezielt Marktpotenziale aufzubauen und die Gefahren der Verzettelung abzubauen.

Die richtige Spezialisierung (Aufbau extremer Kundenbindung) hat vielen Firmen zu überraschend schnellen Erfolgen, der Nischenbesetzung und, je nach Zielgruppenpotenzial, schließlich zur Marktführerschaft verholfen. Die Vorarbeiten dazu sind jedoch nicht in drei Tagen zu erledigen. Es empfiehlt sich, in einem Unternehmen entweder einen Arbeitskreis Strategie zu gründen, der die Aufgabe hat, die Firmenstrategie konsequent zu erarbeiten und zu verbessern. Alternativ sind regelmäßige Workshops mit externen Beratern zu empfehlen, um den Prozess der Spezialisierung professionell durchzuführen. Was die Methodik der Umsetzung betrifft, gibt es eine Fülle an Fallbeispielen, Checklisten und Literaturhinweisen.

Literatur

BÜRKLE, HANS, Aktive Karrierestrategie, Wiesbaden 2002

BÜRKLE, HANS (HRSG.), Mythos Strategie, mit der richtigen Strategie zur Marktführerschaft, Wiesbaden 2010

FRIEDRICH, KERSTIN, Erfolgreich durch Spezialisierung, München 2003

MEWES, WOLFGANG, Keine Angst vor EKS-gemäßer Spezialisierung, in: Strategie Journal 2/1999, S. 22 ff.

MEWES, WOLFGANG (HRSG.), Mit Nischenstrategie zur Marktführerschaft, Strategiehandbuch für mittelständische Unternehmen, Band 1 und 2, Zürich 2000 und 2001

Literatur zur EKS

BAUER, JOACHIM, Prinzip Menschlichkeit – warum wir von Natur aus kooperieren, München 2008

BERATERGRUPPE STRATEGIE/WOLFGANG MEWES (HRSG.), Mit Nischenstrategie zur Marktführerschaft – Strategie-Handbuch für mittelständische Unternehmen, Band 1 und 2, Zürich 2001

BROGSITTER, BERND, Kundennutzen – Herzstück der ganzheitlichen Firmenstrategie, in: Harvard Manager 4/88, Seite 113 - 119

BÜRKLE, HANS, Strategie im Franchise-System: Profil entwickeln, in: Das Franchise-System – Handbuch für Franchisegeber und Franchisenehmer, herausgegeben von Jürgen Nebel et al., 4. Auflage, München 2008, S. 18 - 32

BÜRKLE, HANS, Aktive Karrierestrategie – Erfolgsmanagement in eigener Sache, Wiesbaden, 3. Auflage 2002 (4. Auflage in Vorbereitung)

BÜRKLE, HANS, Krisenbewältigung durch soziale Spezialisierung, in: Strategiebrief 9/93, S. 3 - 7, Hrsg. FAZ

BÜRKLE, HANS, Instrumente zur strategischen Ist-Analyse, in: Strategie Journal 11/94, S. 6, Hrsg. Leistungsgemeinschaft EKS, Frankfurt

BÜRKLE, HANS, EKS – Engpaßkonzentrierte Strategie, in: Schätzel u. a. (Hrsg.): Erfolgreich Wein vermarkten – Handbuch für Weinmarketing in der Praxis, Neustadt 1998, S. 180 - 187

BÜRKLE, HANS, Strategie als Grundlage von Franchisesystemen, in: Jahrbuch Franchising 2010, Deutscher Franchiseverband (Hrsg.), Münster 2010, S. 3 - 12

BURKHALTER, WALTER, Das Geheimnis des Belimo Erfolges: Eine Strategie führt zur Weltmarktführerschaft, Zürich 2010

FRIEDRICH, KERSTIN (HRSG.), Die EKS-Strategie – Hintergründe, Visionen, Erfolge, Frankfurt 1994

FRIEDRICH/SEIWERT, Basics of a successful business strategy, London 1994

FRIEDRICH/MALIK/SEIWERT, Das große 1 x 1 der Erfolgsstrategie, EKS® – Erfolg durch Spezialisierung, Offenbach 2009

FRIEDRICH, KERSTIN, Erfolgreich durch Spezialisierung, München 2003

FRIEDRICH/MEWES, Engpaß-Konzentrierte Strategie, Fernlehrgang, Pfungstadt 1998

GROSS, HERBERT, Das quartäre Zeitalter, Düsseldorf 1976

HASS, HANS, Der Hai im Management, München 1988, S. 225 f.

HASS, HANS, Energon-Theorie, Naturphilosophische Schriften, Band 2 und 3, München 1987

KAMM/WITZEL, Unternehmenswachstum – die natürlichste Sache der Welt, Norderstedt 2006

KPMG PEAT MARWICK TREUHAND (HRSG.), Erfolg durch Strategie, Kundenbroschüre, Frankfurt 1990

LANGE-PROLLIUS, HORST, Kräfte und Mittel – Elemente Strategischen Denkens als Spiegelbilder der Effizienz in Wirtschaft, Wissenschaft und Verwaltung, hrsg. von Peat Marwick, Mitchel & Co., Frankfurt 1986

LAUTENSCHLÄGER, MANFREd, Mythos MLP, Erfolgsgeschichte eines Finanzdienstleisters, Frankfurt 1996

MALIK, FREDMUND, Führen, Leisten, Leben, München 2003

MALIK, FREDMUND, Strategie: Navigieren in der Komplexität der Neuen Welt, Frankfurt 2011

MANN, RUDOLF, Das ganzheitliche Unternehmen – Die Umsetzung des neuen Denkens in der Praxis zur Sicherung von Gewinn und Lebensfähigkeit, Bern 1988

MEWES, WOLFGANG, Das goldene Buch des Berufserfolges, 4. Auflage, Frankfurt 1959

MEWES, WOLFGANG, Fallstudie Merkuria-Druckmaschinenfabrik, Managementtraining Lehrbrief 10, Mewes-Studium , Frankfurt 1969

MEWES, WOLFGANG, „Ihre Strategie ist falsch!", FAZ 23.8.1976, S. 15

MEWES, WOLFGANG, Systemmappe EKS, systematische Übersicht über Theorie und Anwendung der EKS-Strategie, Frankfurt 1985

MEWES, WOLFGANG, Das Innovationskonzept, Strategie Brief der FAZ, Frankfurt 4/95, S. 2 - 40

MEWES, WOLFGANG, Die kybernetische Managementlehre (EKS), Lehrgang, Mewes-Verlag Frankfurt, 1971 - 1977

MEWES, WOLFGANG, Wie kann der Mensch seine Kräfte vernünftiger, sichererer, effektiver und erfolgreicher einsetzen?, in: Management und Meditation, Nürnberg 1984, S. 48 - 72

MEWES, WOLFGANG, Führen und Strategie – Führen durch Beschleunigung der Lernprozesse, Vortrag am 10.5.1984 in Nürnberg auf dem Symposium der Arge Führungslehre an Fachhochschulen, in: Sammelband 10. Symposium (Hrsg. Prof. Bruno Wolf, FH Nürnberg), S. 111 -144

MEWES, WOLFGANG, Die kybernetische Managementlehre (EKS) – 36 Lerneinheiten, Frankfurter Allgemeine Zeitung GmbH (Hrsg.), Frankfurt 1991. Neu überarbeitet von Kerstin Friedrich (erhältlich bei www.sgd.de/persoenlichkeitsbildung/eks.php)

MEWES, WOLFGANG, Nachteile lassen sich zu Vorteilen machen - wie man mit geringem Kapital erfolgreich Innovationen entwickelte, in: Reichwald/Henning (Hrsg.): Erweiterte Wirtschaftlichkeitsbetrachtung facharbeitergerechter Modernisierung von Werkzeugmaschinen, Aachen 1996

MEWES, WOLFGANG, Die energo-kybernetische Managementlehre (EKS), in: Fortschrittliche Betriebsführung und Industrial Engineering 2/77, S. 99 - 103

MEWES & BARODA PRODUCITVITY COUNCIL (INDIA) (HRSG.), Energo-Cybernetic Strategy (ECS), Übersetzung von Gordon Whybird der EKS-Lehreinheiten MAN 9 und MAN 10, Frankfurt 1975

MUTHERS/HAAS, Geist schlägt Kapital, Wiesbaden 1994

N. N., German Lessons – EKS, in: The Economist, London, 15.7.96, S. 86

NAGEL, KURT, Die 6 Erfolgsfaktoren des Unternehmens, Landsberg 1986

NAGEL, KURT, 200 Strategien, Prinzipien und Systeme für den persönlichen und unternehmerischen Erfolg, Landsberg 1988

PATT, HANS WALTER, Rechnen Sie mit allem! Die Spannungsbilanz als Autopilot für den Erfolg kleiner und mittlerer Unternehmen, Renningen 2006

PORTER, MICHAEL E., Nur Strategie sichert auf Dauer hohe Erträge, in: Harvard Business Manager 3/97, S. 42 - 58

ROSS, IAN SIMPSON, The Life of Adam Smith, Oxford 1995, insbes. S. 238 ff.

RUPP, THOMAS, Strategie-Tableau - Klassiker der EKS-Anwendung, in: Strategie Journal, Frankfurt, 4/1996, S. 14f.

SEYFARTH, ERWIN, Unternehmensstrategien Plus + Minus, Hamburg 2002, hrsg. vom StrategieCentrum Hamburg

SIMON, HERMANN, Hidden Champions, Düsseldorf 1996

SUN TZU, L'Art de la Guerre, Paris 1978

SUN TZU, The Art of War, ChinaForeign Language Teaching and Research Press, 1997

THUROW, LESTER C., Mehr Wettbewerb verlangt mehr Kooperation, in: Herbert Henzler, Handbuch Strategische Führung, Wiesbaden 1988, S. 863 ff.

TROJE, HANS, Zielgruppenorientierte Regionalentwicklung – Wirtschaftsförderung in der Marktwirtschaft, Göttingen 1993

VENOHR, BERND, Wachsen wie Würth – das Geheimnis des Welterfolgs, Frankfurt 2006

WAGNER, KARL-LUDWIG, Erfolgreich führen statt verwalten, München 1984

WORCESTER/WAGNER (HRSG.), L'ABC de la stratégie du succès, La voie qui mène avec certitude à des performances inégalées. Les principes de base de l'EKS, Frankfurt/ Speyer 1995

WÜRTH, REINHOLD, Beiträge zur Unternehmensführung, Schwäbisch Hall 1985, insbes. S. 56 ff.

ZUR BONSEN, MATHIAS, Das Prinzip der Kräftekonzentration in der Unternehmungsstrategie, Dissertation St. Gallen 1985

Die Autoren und Interviewpartner

Manfred Antoni

hat Betriebswirtschaftslehre und Soziologie in Mannheim und Göttingen studiert. Er promovierte zum Dr. rer. pol. 1982 in Göttingen. Nach verschiedenen Stationen als Geschäftsführer in renommierten deutschen und internationalen Verlagen ist er nun Berater mittelständischer Unternehmen.

Kontakt: Hinter den Gärten 4, 69469 Weinheim, fantoni@t-online.de, Telefon +49 (0) 6201 15126.

Dirk Aßmann

sammelte als Holztechniker und Betriebswirt vor seinem Eintritt in das väterliche Unternehmen praktische Erfahrungen in der Möbelbranche in Deutschland und den USA. Im Unternehmen Assmann war er zunächst für die Produktion und Logistik zuständig. Mit der Kaizen-Methode verankerte er 1998 den kontinuierlichen Verbesserungsprozess, der bis heute fortgeführt wird und dem Unternehmen zu einer beispiellosen Produktivitätsrate verhalf. Als geschäftsführender Gesellschafter leitet er das unabhängige Familienunternehmen seit 1999 in dritter Generation.

Kontakt: Assmann Büromöbel GmbH & Co. KG, Heinrich-Assmann-Straße 11, 49324 Melle, Telefon +49 (0) 5422 706-0, www.assmann.de.

Rolf van den Berg

machte in der Industrie eine Ausbildung zum Groß- und Außenhandelskaufmann und studierte Betriebswirtschaftslehre mit dem Schwerpunkt IT und Logistik. 1991 wurde er bei der Esselte Meto International GmbH Leiter Qualitätssicherung und Logistik und 1993 Bereichsleiter für die weltweite Logistik. 1996 entschied er sich, mit Frank-J. Weise zusammen ein Spin-off-Angebot an Esselte Meto zu unterbreiten. Das Unternehmen erkannte die Vorteile des Existenzgründungsprojekts für beide Seiten, nämlich den Logistikpart und das Hochregallager auszugliedern. Van den Berg wurde zum Mitgründer des äußerst erfolgreichen Logistikunternehmens und fungierte als Vorstand für Geschäftsentwicklung und Vertrieb, Marketing (COO). Heute berät er Firmen und Existenzgründer mit dem Schwerpunkt Logistik.

Kontakt: Ringstrasse 4, CH-8573 Siegershausen, Schweiz, rvdberg@microsales-consult.com, Telefon +41 (0) 79 777 8240.

Bernd Brogsitter

studierte Betriebswirtschaftslehre und wurde an der Universität zu Köln promoviert. Er verfügt über Banken- und Industrieerfahrung und war Geschäftsführer in mittelständischen Unternehmen. Seit 1984 ist er selbständiger Unternehmensberater mit EKS für Unternehmen im In- und Ausland. Beratungsschwerpunkte: Karriere- und Strategie-Entwicklung für Führungskräfte und Unternehmen. Bernd Brogsitter hat mehrere Bücher und Fachartikel zu Strategie- und Karrierethemen veröffentlicht.

Kontakt: Am Kurgarten 79, 53484 Sinzig, Telefon +49 (0) 2642 43771, www.Dr-Brogsitter.com.

Hans Bürkle

war nach dem BWL-Studium Assistent bei Wolfgang Mewes in Frankfurt. 1981 Gründung eines eigenen Beratungsbüros mit EKS. Autor zahlreicher Fachaufsätze und Bücher zum Thema Karrierestrategie und Unternehmensstrategie. 1989 Berufung in den Vorstand der SCHAERF Aktiengesellschaft, Worms (Marktführer Büromöbel), europaweite Industrietätigkeit. 1994 Wiederaufnahme der Beratungstätigkeit. Viele Jahre Lehrbeauftragter für EKS an der Martin-Luther-Universität in Halle/Merseburg. Seit 1998 Beiratsmandate in diversen Unternehmen im In- und Ausland. Beratungsschwerpunkt: Nischenstrategien entwickeln und umsetzen.

Kontakt: Villa Spiegelberg, 55283 Nierstein, Telefon +49 (0) 6133 61046, www.eks-strategie.de.

Wolfgang Bürkle

studierte Soziologie an der Johannes-Gutenberg-Universität in Mainz, Abschluss: Magister Artium. 1999 begann er seine journalistische Tätigkeit als freier Mitarbeiter der Mainzer Allgemeinen Zeitung. Von 2004 bis 2005 war er beim Woschek Verlag in Mainz in der Redaktion der Zeitschrift „Alles über Wein" tätig. Nach einem Volontariat arbeitet er als Redakteur bei der Verlagsgruppe Rhein Main.

Kontakt: Hinter Saal 21, 55283 Nierstein, Telefon +49 (0) 170 7003449, wbuerkle@gmail.com.

Jürgen Dawo
machte sich mit 22 Jahren als Immobilienmakler selbständig. Als Fran-
chisegeber hat er seit 1990 viele Franchisenehmer in die Selbst-
ständigkeit in der Immobilien- und Baubranche geführt. 1997 gründete
er mit seiner Frau die Town & Country Lizenzgeber GmbH und ist verantwortlich für die Strategieentwicklung und das Systemmanagement.
1993 übernahm er den Vorsitz der Europäischen Kommunikations-
Akademie e.V. 1999 absolvierte er am Management Institut St. Gallen
den Studiengang Dipl.-Betriebsökonom SGMI. 2001 wurde er Leiter
des StrategieCentrums Deutschland Mitte, seit 2004 ist er Vorstands-
mitglied im Deutschen Franchise Verband e.V. Jürgen Dawo wurde 2006 in den Europäischen
Wirtschaftssenat e.V. EWS berufen. Town & Country Haus ist seit Jahren Marktführer der
Anbieter im Einfamilienhausbau. Das StrategieForum e.V. verlieh Jürgen Dawo im Frühjahr
2009 den Strategiepreis für die absolute Fokussierung auf den Kundennutzen.

Kontakt: Town & Country Franchise International GmbH, Hauptstraße 90 e, 99947 Behringen,
Telefon +49 (0) 36254 75230, juegen.dawo @towncountry.de, www.HausAusstellung.de.

Thomas Doeser
ist seit 1980 tätig als Rechtsanwalt und Partner einer international
tätigen Unternehmensberatung (BDU) mit Spezialität Vertriebs- und
Lizenzsysteme. 1980 war er Mitgründer der European Franchise
Lawyers Association EEIG. Auf- und Ausbau von Vertriebs- und
Lizenzsystemen im In- und Ausland (Europa, Russland, USA und
China). Seit 1980 zahlreiche Publikationen zum Thema Franchising und
Franchiserecht. Mitglied im Rechtsausschuss des Deutschen Franchis-
everbandes, Mitglied der Distribution Commission der AIJA, Mitglied
beim Deutschen Fachjournalistenverband, Vorstandsvorsitzender der
Beratergruppe Strategie (EKS) e.V.

Kontakt: Robert-Gradmann-Weg 1, 72076 Tübingen, Telefon +49 (0) 7071 600630,
www.franchiseanwalt.de, tdoeser@t-online.de.

Hans Fraenkler,
Wirtschaftsingenieur, war als REFA-Fachmann in der Arbeitsvorberei-
tung tätig, wurde Betriebsleiter und Geschäftsführer in der Glasin-
dustrie. Seit 1986 ist er geschäftsführender Gesellschafter im Institut für
Absatzförderung, Fraenkler TeamConsulting GmbH. Beratungsschwerpunkt ist die Entwicklung von mittelständischen Unternehmen nach EKS.

Er war Vorstandsvorsitzender des StrategieForum e.V., ist Mitglied im
Bundesverband der Mittelständischen Wirtschaft (BVMW), Experten-
kreis Münsterland und Lizenzpartner im Nachfrage-Sog-System.

Kontakt: Kerkstiege 28, 48268 Greven, Telefon +49 (0) 2571 5770112,
www.ifa-consulting.de, Fraenkler@ifa-consulting.de, www.strategie.net.

Kerstin Friedrich

studierte Volkswirtschaftlehre an der Universität Würzburg und wurde bei Prof. Dr. Otmar Issing promoviert. Ihr Berufsziel „Wirtschafts-journalistin" führte sie über das Institut der deutschen Wirtschaft zur FAZ GmbH. Dort hatte sie das große Glück, Wolfgang Mewes bei der Neufassung seines EKS-Lehrganges von 1989 begleiten zu dürfen. Nachdem sie ihren akademischen Skeptizismus gegenüber der EKS überwunden hatte war sie so begeistert von Mewes' Lebenswerk, dass sie sich fortan der Verbreitung seiner Lehre über Bücher, Seminare und Vorträge widmete. Seit 1991 ist sie selbständig als Beraterin und Publizistin.

Kontakt: Am Hang 28, 27211 Bassum, Telefon 04241-6030200, www.friedrich-strategie.de.

Dieter Fröhlich

studierte Klarinette und Saxophon bei den Dozenten Albert Kaiser und Erich Fröhlich, Musikhochschule Freiburg. 1977 gründete er die Musikschule Fröhlich und 1978 einen Musikgroßhandel. 1982 begann er mit der Einführung des Franchise-Systems für die Musikschule Fröhlich und erhielt 1997 den Deutschen Franchise-Preis. Dieter Fröhlich ist in der Musikbranche im In- und Ausland bekannt. Seine Leistungen beim Aufbau der Musikschule Fröhlich und des Franchise-Systems nötigen Fachleuten Hochachtung ab. Er bekleidet zahlreiche Ehrenämter. Dr. h. c. Dieter Fröhlich ist Präsident des Deutschen Franchise-Verbandes (DFV e.V.) und Vize-Präsident des Europäischen Franchise-Verbandes EFF. Er ist Ehrenvorstandsmitglied des Akkordeonlehrer-Verbandes der VR China, Ehrendirektor der Musikhochschule Tianjing, der bedeutendsten Ausbildungsstätte für Akkordeons in der VR China, Ehrenmitglied des Akkordeonlehrer-Verbandes der Bundesrepublik Deutschland, Mitbegründer des Berufsverbandes der Akkordeonlehrer, Gastdozent an der Universität Siegen und an der Goethe-Universität, Frankfurt/Main. Gründer der Fachschule für Franchising (Wilhelm-Knapp-Schule, Weilburg).

Kontakt: Am Forsthaus 1, 35713 Eschenburg,
Telefon +49 (0) 2774 92770, info@musikschule-froehlich.de

Robert Gebetsroither

absolvierte zwei Lehren als Former und Gießer sowie als Einzelhandels-kaufmann. Nach ersten Jahren mit Industrie- und Handelserfahrung erkannte er eine Geschäftsmöglichkeit und hat sich im Jahr 1981 mit dem Handels- und Vermietungsgeschäft von Wohnwagen und Reise-mobilen selbstständig gemacht. Das Unternehmen avancierte vom Ein-Mann-Betrieb zu einer international tätigen Unternehmensgruppe mit Firmen in Österreich, Kroatien, Italien und Ungarn: Vermietung von Mobilheimen/Caravans auf den besten Campingplätzen rund um Österreich und die Adria für die Zielgruppe Familie mit Kindern.

Kontakt: Gebetsroitherweg 1, A-8940 Liezen, Österreich, Telefon +43 (0) 3612 26300, office@gebetsroither.com, www.gebetsroither.com.

Anton Heinrich Hütte

arbeitete nach seinem Abschluss als Dipl.-Ingenieur der Holzindustrie bis 1960 in der Kiefer Lufttechnik GmbH in Stuttgart auf dem Gebiet der Holztrocknung. Er wechselte dann in das Fachgebiet Regelungs-technik bei Honeywell als Abteilungsleiter. 1967 machte er sich selb-ständig und gründete mit drei weiteren Teilhabern die deutsche Vertriebsgesellschaft der Schweizerischen Stäfa Control System AG. 1975 gründete er mit vier weiteren Teilhabern die Belimo Automation AG in der Schweiz und deren Vertriebsgesellschaft Belimo Stellantriebe GmbH in Stuttgart. Er führte Belimo in die Position des weltweiten Marktführers (www.belimo.ch). Bis zu seinem Ausscheiden 1997 war er Verwaltungspräsident in der Schweiz und Geschäftsführer der deutschen Vertriebsgesellschaft. 2001 gründete er mit sei-ner Frau Margot die „Kulturstiftung Hütte Oberwesel" und befasst sich seitdem mit Kunst, Kultur und Denkmalpflege in Oberwesel im oberen Mittelrheintal. Margot und Anton H. Hütte sind Ehrenbürger von Oberwesel.

Kontakt: Oberstraße 11, 55430 Oberwesel, Telefon +49 (0) 6744 8884, a.h.huette@online.de, www.kulturhaus-oberwesel.de.

Roland Kamm

hat nach dem Ingenieurstudium vier Jahre bei Dräger in Lübeck Spezial-tauchgeräte entwickelt. Seit 1968 war er bei Kärcher in Winnenden tätig, zuerst als Werkleiter, dann ab 1971 als Geschäftsführer Technik und Vertrieb. 1978 wurde er zum Sprecher der Geschäftsführung be-rufen. Er führte das Unternehmen Kärcher kontinuierlich zur weltweiten Marktführerschaft mit Hochdruckreinigern. Bis zu seinem Ausscheiden 2001 hat er an der Spitze des Unternehmens 28 Jahre ununterbrochenes Wachstum mit gestaltet. Neben seinem Oldtimer-Hobby gibt er seine beruflichen Erfahrungen in diversen Aufsichtsratsgremien an andere Unternehmen weiter.

Kontakt: www.rmk-stiftung.de, Schütteläcker 6, 71364 Winnenden, Telefon +49 (0) 7195 73055, roland@team-kamm.com.

Jörg Knies,

gelernter Elektroinstallateur, war 1991 durch den frühen Tod des Vaters gezwungen, den kleinen Elektrobetrieb mit 3 Mitarbeitern gemeinsam mit der Mutter fortzuführen. An der Bundesfachschule in Oldenburg schloss er die Meisterprüfung im Elektroinstallateurhandwerk mit sehr gutem Erfolg ab. Durch konsequente Fort- und Weiterbildung erweiterte er sein fachliches und unternehmerisches Wissen. Im Jahr 1980 absolvierte er den EKS-Fernlehrgang mit Erfolg; diesen Lehrgang bezeichnet er als die wichtigste Erfahrung in seinem Leben und führte damit seine Unternehmensgruppe zur regionalen Marktführerschaft. Er ist geschäftsführender Gesellschafter von drei GmbHs im Elektrobereich mit 70 Mitarbeitern. Diese arbeiten mit großem Erfolg in der Region Rhein-Main-Neckar. Viele Auszeichnungen, regional und bundesweit, zeugen von der kundenzentrierten Geschäftsstrategie.

Kontakt: Ludwig-Lange-Straße 8, 67547 Worms,
Telefon: +49 (0) 6241 946400 www.elektro-knies.de.

Wolfgang Mewes,

1924 in Berlin geboren, startete beruflich als Kostenrechner, war Bilanzbuchhalter, Prüfer in einer Wirtschaftsprüfungsgesellschaft und Leiter des Rechnungswesens in einem Zeitschriftenkonzern. Mewes spezialisierte sich auf die betriebswirtschaftlichen Kernbereiche der Buchhaltung und Bilanzierung sowie des Steuerrechts. 1951 startete Mewes mit dem ersten Fernlehrgang für Bilanzbuchhalter. 1958 entwickelte er den Klassiker-Lehrgang „Der praktische Betriebswirt".

Für die Entwicklung und den Vertrieb seiner Lehrmaterialien gründete er den Mewes-Verlag, der 1989 an die Frankfurter Allgemeine Zeitung verkauft wurde. Mewes entwickelte seine Erfolgsthese der „Engpasskonzentrierten Verhaltens- und Führungsstrategie" zur kybernetischen Managementlehre EKS® weiter.

Zur Verbreitung und Förderung seiner EKS gründete Mewes 1970 die Leistungsgemeinschaft EKS e.V. (heute Bundesverband StrategieForum e.V.). 1973 nahm er einen Lehrauftrag für Unternehmenspolitik an der Universität Würzburg wahr.

1991 gaben die FAZ Informationsdienste GmbH eine überarbeitete Fassung des Lehrgangs „Engpasskonzentrierte Strategie" heraus. 1996 gingen die Nutzungsrechte von der FAZ an die Deutsche Weiterbildungsgesellschaft (DWG) über, 2008 an das Malik Managementzentrum St. Gallen.

1984 erhielt Mewes die Verdienstmedaille der IHK Frankfurt, 1988 das Bundesverdienstkreuz am Bande und 1989 die Ehrenplakette „Für besondere Förderung der Frankfurter Wirtschaft" der IHK Frankfurt. Die Beratergruppe Strategie wählte ihn 1988 zu ihrem Ehrenmitglied und die Leistungsgemeinschaft (EKS) e. V. zum Ehrenaufsichtsratsvorsitzenden auf

Lebenszeit. Die Österreichische Gesellschaft für Baukybernetik verlieh ihm 2000 die Ehrenmitgliedschaft. 2004 wurde er Ehrenmitglied der GABAL e. V., und im selben Jahr erfolgte die Ernennung zum Ehrenprofessor der PEF Privatuniversität für Management in Wien. Auf dem EKS-Kongress 2009 in Zürich wurde ihm für sein Lebenswerk der Malik EKS-Ehrenpreis verliehen.

Kontakt: Fresenius-Straße 31, 65193 Wiesbaden, Telefax +49 (0) 611 2048771.

Jürgen Nebel

absolvierte nach der Siemens-Stammhauslehre zum Industriekaufmann ein Jurastudium sowie das Referendariat und promovierte im europäischen Franchise-Recht. Er war Deutschland-Geschäftsführer eines internationalen Franchisesystems im Bildungsbereich sowie Lehrbeauftragter für Franchising an mehreren Fachhochschulen und Berufsakademien in Deutschland und Frankreich. Er ist federführender Herausgeber und Co-Autor des Standardwerks im Franchising: Das Franchisesystem (4. Aufl., 2008, Vahlen). Viele Jahre war er zudem als auf Franchising spezialisierter Unternehmensberater, Managementtrainer und Moderator tätig, ferner als Executive Search Berater einer internationalen Personalberatung. Seit über fünf Jahren ist er selbständiger Personal- und Strategieberater.

Kontakt: Atzelweg 9, 65520 Bad Camberg,
www.nebelkarriereberatung.de, www.franchise-knowhow.de.

Ralf Nerling

startete nach dem Studium von Maschinenbau/Fertigungstechnik beruflich bei Bosch in Stuttgart und durchlief dort die Jungingenieurausbildung. Nach fünf Jahren bei Bosch machte er sich mit einem Kollegen selbständig und vertrat 10 Jahre lang zwei bedeutende deutsche Firmen als freier Handelsvertreter in Sachen Förder- und Lagertechnik.

1980 Gründung einer Fertigungsfirma, die 1986 in eigene Gebäude in Renningen bei Stuttgart umzog und spezielle Raumsysteme für die Industrie plante und fertigte. Nach der Wende Erweiterung der Produktionskapazitäten in Halle a. d. Saale zur Produktion von Systemraumkomponenten. Die Marktführerschaft bei klimatisierten Messräumen und das Mitwirken an den Regeln der neuen VDI/VDE 2627 für Messräume ist mittlerweile erreicht worden.

Sein Lebenswerk hat er nun an seinen Sohn Olaf weitergegeben, der den EKS-Gedanken bereits in jungen Jahren aufgesogen hat und nun fortsetzt. Ralf Nerling begleitet seinen Sohn weiterhin als Wissensmanager und Berater.

Kontakt: Stöckhofstraße 18, 71229 Leonberg, Telefon +49 (0) 7152 979830,
nerling@t-online.de, www.nerling.de.

Thomas Rupp

ist seit 1988 selbständig als Marketing-Berater und freier Journalist. Als Redakteur u. a. des Strategie Journals führte er zahlreiche Interviews mit erfolgreichen Unternehmern, Er schrieb unzählige Unternehmensfallstudien und berichtete vor allem über Strategieerfolge mit EKS. Von 2002 bis 2009 leitete er mehrere internationale politische Kampagnen in Frankfurt, London und Brüssel. Seit 2009 bietet er eine neuartige Informationsplattform für Unternehmen: Journalistisch aufbereitete Videos für Schulungen, Präsentationen und Webauftritt.

Kontakt: Vogelsbergstraße 6, 36369 Lautertal-Hörgenau,
Telefon +49 (0) 6643 798902, info@thomasrupp.com, www.ihrwebvideo.de.

Jacques Sanche

promovierte am Institut für Wirtschaftsinformatik der Universität St. Gallen und arbeitete als Berater bei der Boston Consulting Group, München. Dann wechselte er zu der Walter Meier Holding AG (WMH). Innerhalb dieser Unternehmensgruppe übte er verschiedene Geschäftsführerpositionen aus und sammelte Erfahrung in der Heizungs-, Lüftungs- und Klimabranche. Zuletzt war er dort als stellvertretender CEO und für den Bereich „Klimalösungen" zuständig. Seit September 2007 ist Dr. Jacques Sanche CEO der Belimo-Gruppe in Hinwil, Schweiz mit über 1.100 Mitarbeitern weltweit. Umsatz 2011 ca. 440 Mio. CHF. Belimo gewann 2011 erneut den „Corporate Excellence Award" als beste Schweizer Firma.

Kontakt: Belimo Holding AG, Brunnenbachstraße 1, 8340 Hinwil, Schweiz,
Telefon +41 (0)43 8436111, www.belimo.com.

Karlheinz Wiesheu

absolvierte die Ausbildung zum Metzgermeister und gründete gemeinsam mit seiner Frau Marga vor mehr als 35 Jahren die Wiesheu GmbH, Ladenbackofenbau in Affalterbach. Dort entwickelte er die ersten Backöfen mit Ober- und Unterhitze für Metzgereien. 1978 entdeckte er seine Marktlücke: Heißluftöfen für Bäckereien. 1990 Gründung der Niederlassung und Produktion Wiesheu Wolfen in Sachsen-Anhalt. 1999 die Erfindung des Selbstreinigungssystems ProClean. 2003 die Realisierung des „DIBAS", des intelligenten Backsystems mit dem das Unternehmen sein Ziel, den besten Backofen der Welt zu bauen, wohl erreicht hat. Das Unternehmen beschäftigt rund 350 Mitarbeiter bei einem Umsatz von ca. 58 Mio Euro.

Seit 1995 gab es viele Auszeichnungen: Bundesinnovationspreis, Innovationspreis der Steinbeis-Stiftung, Bayerischer Staatspreis, DBZ IBA Trophy, Wirtschaftsmedaille des Landes Baden-Württemberg für Karlheinz Wiesheu, Top 100 der mittelständischen Unternehmen Deutschlands, Ehrensenator des Deutschen Großbäckereiverbandes.

Kontakt: Daimler-Straße 10, 71563 Affalterbach,
Telefon +49 (0) 7191 903304-0, karlheinz@wiesheu-bs.de.

Wissen für die Unternehmensführung
↗

Alle Geschäftsabläufe
systematisch im Griff

Wie gelingt es, Prozesse im Unternehmen optimal zu gestalten? Die Autoren zeigen, wie Unternehmen eine kontinuierliche Leistungsmessung implementieren und innerbetrieblichen Widerstand konstruktiv nutzen können. Zahlreiche Beispiele, quantitative Tools, Checklisten und viele Praxistipps machen das Buch zu einem einzigartigen Werkzeug, um Wettbewerbsvorteile durch effektive Prozessoptimierung zu realisieren.

Eva Best / Martin Weth
Process Excellence
Praxisleitfaden für erfolgreiches Prozessmanagement
4. überarb. u. erw. Aufl. 2010.
256 S. Geb.
EUR 52,95
ISBN 978-3-8349-2211-3

Leistung von Unternehmen
kontinuierlich optimieren

Wie gelingt es Unternehmen, ihre Wettbewerbsfähigkeit zu sichern? Das Autorenteam vermittelt konkrete Methoden und zeigt ihre praktische Anwendung, um die Leistung von Organisationen, Prozessen und Bereichen kontinuierlich und erfolgreich zu verbessern.

Ein klarer nützlicher Leitfaden für Führungskräfte und andere Personen, die sich mit der Steigerung von Effektivität und Effizienz von Organisationen auseinandersetzen.

Matthias Hirzel /
Ingo Gaida (Hrsg.)
**Performance-Management
in der Praxis**
Die Wettbewerbsfähigkeit
von Organisationen
aufbauen und sichern
2011. 268 S. Geb. EUR 49,95
ISBN 978-3-8349-2485-8

Mit vielen Beispielen aus der Unternehmenspraxis, Testfragen zur Selbstanalyse sowie Checklisten

Bleiben bei einer gut aufgestellten Organisation die Erfolge aus, dann ist oft ein gefährlicher Organizational Burnout (OBO) die Ursache dafür. Erstmalig beschreibt Gustav Greve das weit verbreitete Phänomen des OBO, erklärt die Erfolgsdefizite der betroffenen Unternehmen und zeigt einen Weg aus der Krise.

Gustav Greve
Organizational Burnout
Das versteckte Phänomen
ausgebrannter Organisationen
2010. 281 S. Geb.
EUR 34,95
ISBN 978-3-8349-2291-5

Stand: Juli 2011. Änderungen vorbehalten.
Erhältlich im Buchhandel oder beim Verlag.

Abraham-Lincoln-Straße 46 . D-65189 Wiesbaden
Tel. +49 (0)6221 / 3 45 - 4301 . springer-gabler.de

 **Springer** Gabler

Professionelles Personalmanagement
↗

Das erste Buch zum Thema, das betriebswirtschaftliche, psychologische und abeitsrechtliche Faktoren gleichermaßen beleuchtet

Zielvereinbarungssysteme sind das wichtigste Führungsinstrument überhaupt. Systematisch praktiziert, ist die Steuerung des Mitarbeiterverhaltens über Ziele in jeder Organisation - unabhängig von Größe und Branche - ein zentraler Erfolgsfaktor. Dies ist das erste Buch, das eine kritische und verständliche Gesamtdarstellung mit konkreten Handlungsempfehlungen für die Praxis bietet.

Klaus Watzka
Zielvereinbarungen in Unternehmen
Grundlagen, Umsetzung, Rechtsfragen
2011. 308 S. Br. EUR 39,95
ISBN 978-3-8349-2624-1

Wissensvorsprung für die erfolgreiche Personalarbeit

Von der Analyse der konkreten Konstellation, der Ableitung des PE-Bedarfs, der Auswahl der für das Unternehmen geeigneten Methoden und Strategien bis zur erfolgreichen Implementierung und dem Controlling der Maßnahmen schildern langjährige Experten das notwendige Wissen.

Uta Rohrschneider /
Michael Lorenz
Der Personalentwickler
Instrumente, Methoden, Strategien
2011. 256 S. Geb. EUR 49,95
ISBN 978-3-8349-2289-2

Hochbegabte erfolgreich führen

Hochbegabte sind als Mitarbeiter einerseits besonders attraktiv, gelten aber andererseits als eher „schwierig" zu führen. In diesem Buch finden sich konkrete Ratschläge für den effektiven Umgang mit Hochbegabten im Unternehmen sowie mit Künstlern, Forschern und anderen Spezies.

Maximilian Lackner
Talent-Management spezial
Hochbegabte, Forscher, Künstler ...
erfolgreich führen
2011. ca. 180 S. Br. ca. EUR 34,95
ISBN 978-3-8349-2353-0

Stand: Juli 2011. Änderungen vorbehalten.
Erhältlich im Buchhandel oder beim Verlag.

Abraham-Lincoln-Straße 46 . D-65189 Wiesbaden
Tel. +49 (0)6221 / 3 45 - 4301 . springer-gabler.de

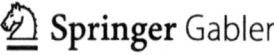 Springer Gabler

Printed by Printforce, the Netherlands